1. 洛伊德博士的"比目鱼"是第一个被记录在科学出版物上的三叶虫，现在被称为戴氏龙王盾壳虫。它来自南威尔士兰代洛镇附近的奥陶纪地层，具有月牙状的眼睛、八个体节和一个大尾巴。图与实物等大。

2. 用酸从石灰岩中溶解出的硅化希若拉虫（*Ceraurus*）头壳，这是哈里·惠廷顿从弗吉尼亚的奥陶纪地层中处理得到的。在腹侧（b），我们能够看到三叶虫口盖的位置；在前侧（c），我们可以看到突起的头鞍是如何保护三叶虫的重要头部器官的。

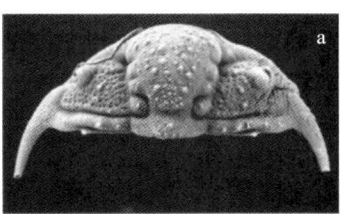

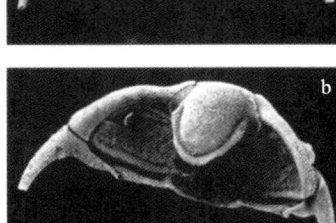

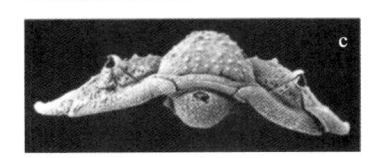

3. 这只一厘米长的大头虫身上的许多特征已经变得光滑或夷平。虽然眼睛仍然突出，但你已经很难找到头鞍。这是一种来自英国什罗普郡的犰狳状三叶虫。

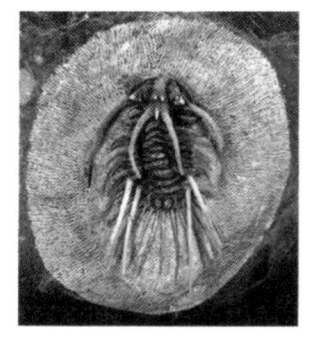

4. 射壳虫是一种来自摩洛哥的多刺泥盆纪三叶虫。胸部生长的细刺向同样多刺的尾部延伸，另一对大刺则从颈环长出。

5. 在欧洲志留纪地层中十分丰富的达尔曼虫是最早被发现的三叶虫之一，其体长约十厘米，以尾部末端的短刺为特征。图中标本来自英国的什罗普郡。

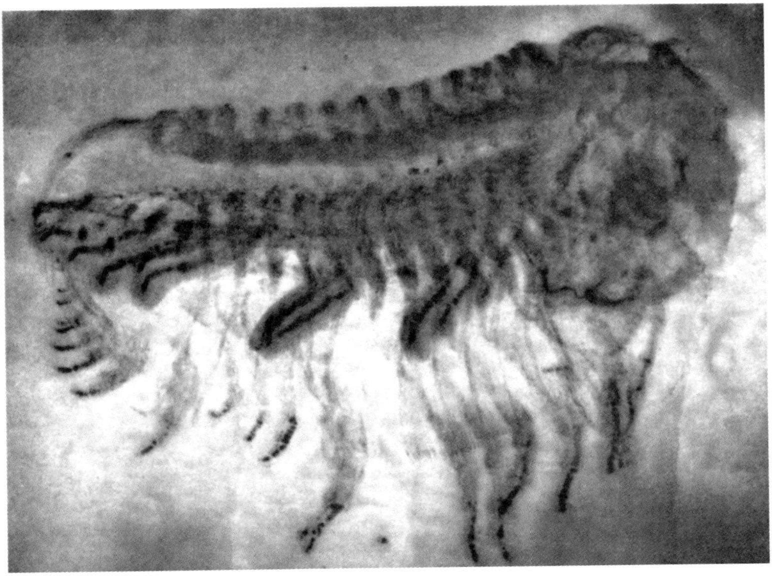

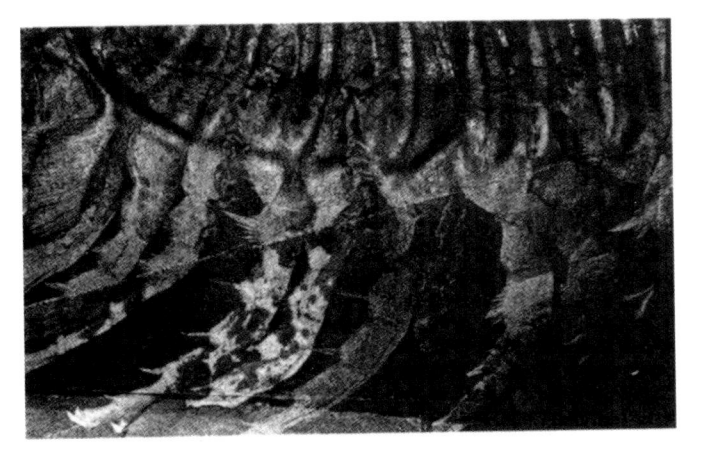

*f m

6. 来自德国泥盆纪洪斯吕克板岩中的一只镜眼虫的 X 光照片，鳃的末端从它幽灵一般的腿肢边缘处显露出来。

7. 寒武纪布尔吉斯页岩中锯刺拟油栉虫（*Olenoides serratus*）的附肢细节，从哈里·惠廷顿的精美照片上截取。上部是胸节，带刺的强壮腿肢从其下延伸出来。

8. 一只腹面朝上的油梳虫类：超长盾壳虫（*Hypermecaspis*，由 hyper "超" 和 mec "长" 两词根组成），可见其较小的头部、长而多节的胸部和近原位保存的口板。来自玻利维亚的奥陶系，图接近实物大小。

9. 产自英国什罗普郡早奥陶纪页岩中的油梳虫类——似瘦模虫（*Leptoplastides*）的"墓地"。标本上个体大小不一，大多只有一两厘米长，背面朝上与腹面朝上的个体数大致相同。

10. 小油栉虫是寒武纪早期地层中最古老的三叶虫之一，这块标本来自宾夕法尼亚。尽管时代古老，但它巨大的新月形眼睛已经非常明显了。它的体长通常能达到十厘米，第三个胸节比其他胸节都要大，尾部很小，被轴刺盖住了一部分。

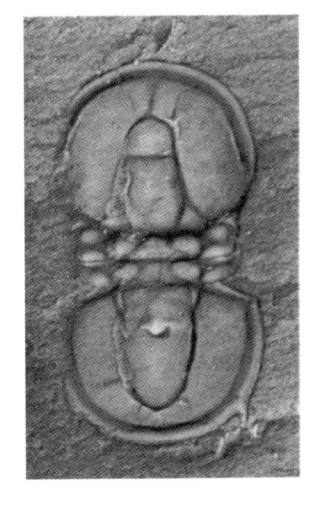

11. 这个小而盲的豆状球接子来自英国寒武纪晚期地层中。它最多只有几毫米长，头尾形态相近，只有两个胸节。

12. 这只精美的等称虫来自纽约的奥陶纪地层中，头上有一对高耸的眼睛。它的头部与尾部轮廓一致，以便在蜷缩时能够闭合，八节的胸部显示了它与龙王盾壳虫的亲缘关系。标本长约十厘米。

13. 这只像大奖章一样的盲眼三叶虫是来自威尔士奥陶纪地层的饰边三瘤虫，它独特的饰边迄今仍不能确定有何功能。这是一个蜕壳标本，因此没有颊刺。标本长约数厘米。

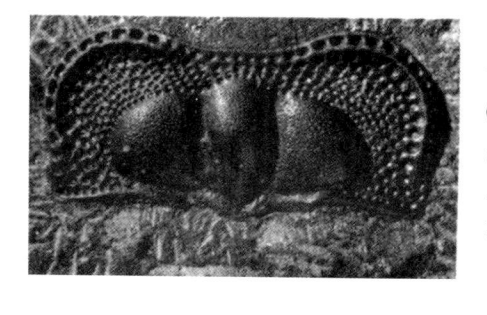

14. 于英格兰东部的一处钻井中发现的始劳氏三瘤虫（*Protolloydolithus*）是一类与三瘤虫相近的奥陶纪三叶虫，它美丽而对称的流苏状边缘上有成百个小孔。

15. 这个有着巨大眼睛的脑袋属于锯圆尾虫，来自威尔士南部的奥陶纪深水沉积中，其体长一般在三至五厘米。

16. 西维特以四种视角拍摄了一只来自瑞典哥特兰岛志留纪地层的隐头虫，其前视图展示了尾部是如何严丝合缝地镶到头甲之下的。

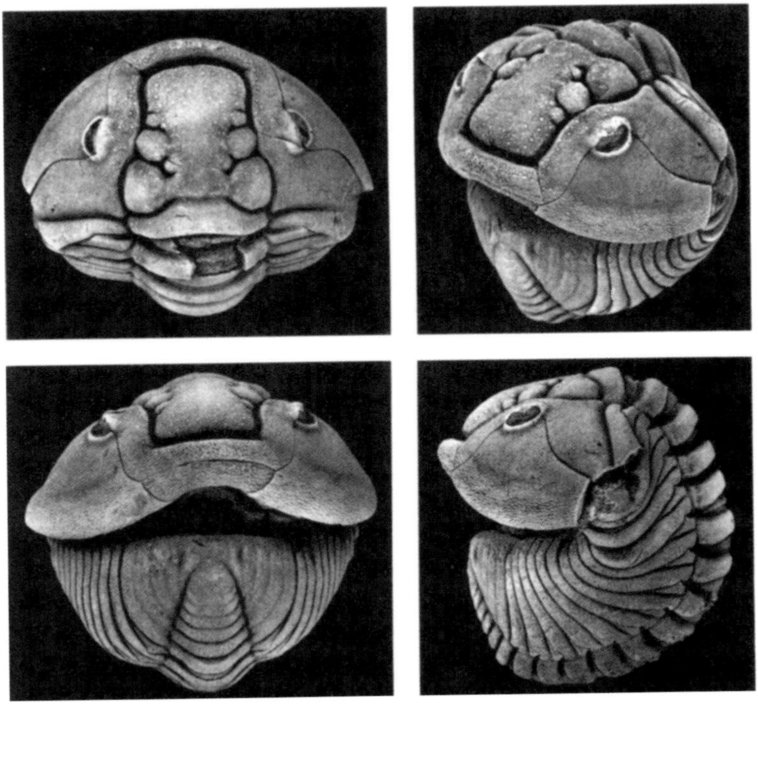

17. 一枚奇特的金制古董胸针，中心是一只志留纪三叶虫——隐头虫。

18. 一只卷曲的镜眼虫的侧视图，标本来自摩洛哥的泥盆纪石灰岩中，类似的种在北美、欧洲和远东也有发现。它的头鞍上有很大的瘤点。这个标本上，镜眼虫眼睛上球形且略微下凹的晶状体被展示得惟妙惟肖。

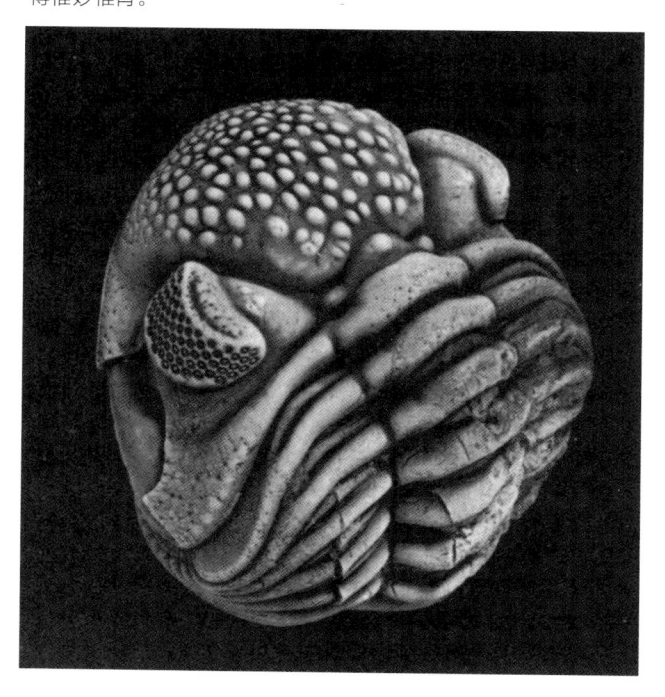

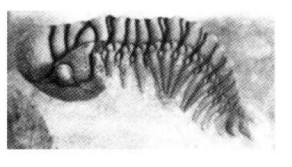

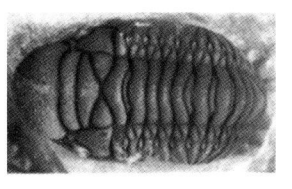

19. 来自摩洛哥泥盆纪的钟头虫。它的头鞍上发育有一对交叉的褶皱，胸节的尖端成为长刺，尾部也是如此。侧视图（上）可见其向上拱起的胸部和突起的眼叶。

20. 棘尾虫（*Acanthopyge*，右图）与裂肋虫有着亲缘关系，大小像一只蟹。它有奇特的头鞍和比头部还要大的尾部。标本来自摩洛哥泥盆纪地层。

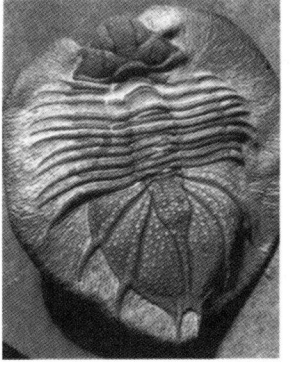 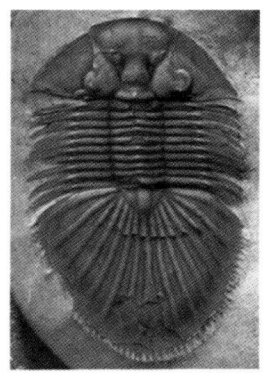

21. 缨盾壳虫（*Thysanopeltis*，最右图）是盾形虫的近亲，其扇形的大尾部比头部大得多。此类三叶虫的标本一般在十厘米长，来自摩洛哥的泥盆纪地层。

22. 摩洛哥泥盆纪灰岩中的五个弯盾虫（*Cyphaspis*），类似的三叶虫全球性分布。这一特殊三叶虫在头鞍上有一对魔鬼一般的角。如果三叶虫仰面着地，其胸部的长轴刺可能会起到帮助翻身的作用。其尾部相对较小。

23. 来自印第安纳石炭纪（密西西比亚纪）地层中的粗筛壳虫（*Griffithides*）是三叶虫最后的幸存者之一。标本长五厘米。

24. 副镰虫（*Paraharpes*）十分引人注目，其颊刺沿三叶虫体长的方向延展成为边缘，边缘的外侧平坦，以便活动于沉积物表面。这种三叶虫有非常退化的眼睛和数量繁多的胸节。其长度通常为五至六厘米。来自苏格兰的奥陶纪地层。

25. 威尔士中部奥陶纪页岩中的膝尾虫是线头虫的近亲。这是一类盲眼三叶虫，其中部中间有一根像剑一样的长刺，颊刺同样很长（图中标本只显示了右侧），向后一直延伸到超过体长；胸部六节，尾部具有发育的沟。

26. 三只盲眼三叶虫。来自波西米亚寒武纪地层的钝锥虫（*Conocoryphe*）因约阿希姆·巴兰德的研究而闻名，这三个个体中两个保存背面，一个为腹面。它们的尾部相对较小，有十四根胸节，而且是寒武纪众多具有花盆状头鞍的三叶虫中的一员。

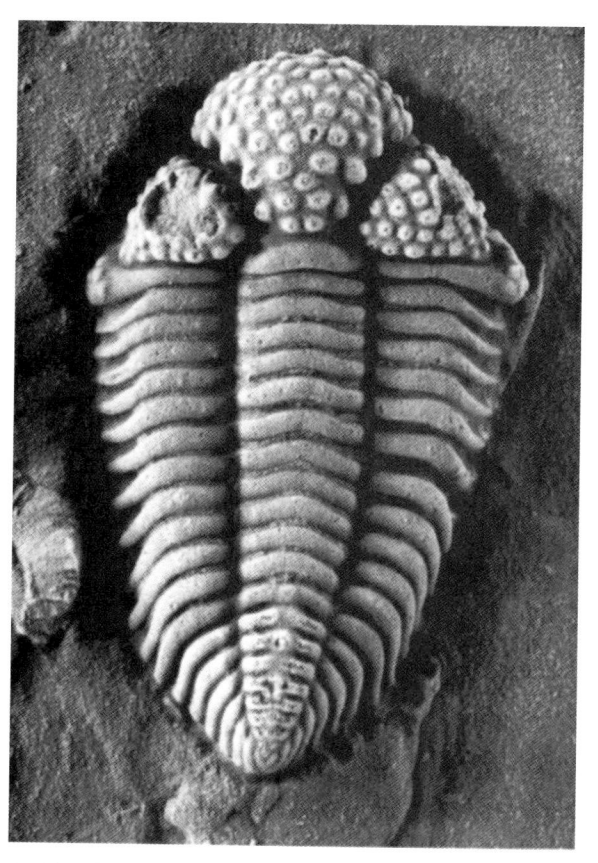

27. 这只志留纪的巴里柔玛虫像浮雕一般保存了原始的高凸状态，它是这一时期众多具有"草莓头"的三叶虫之一。它的头部有丰富的瘤点，尾部跟随在十二根胸节之后。标本来自英国伍斯特郡达德利的志留系文洛克石灰岩。

28. 新月盾虫的肋刺像颊刺一样极大地延长。在法国、西班牙、捷克和摩洛哥地奥陶纪地层中都有它们的身影，而这个标本来自于威尔士。此类三叶虫的分布有利于恢复冈瓦纳大陆的范围。

29. 佩奇虫是一种跳蚤大小的微型三叶虫，具有两个胸节及和头部大小相当的尾部。这种三叶虫与球接子有关，但它们的活动颊上还保留了一对小眼睛。标本来自加拿大不列颠哥伦比亚省的寒武纪地层。

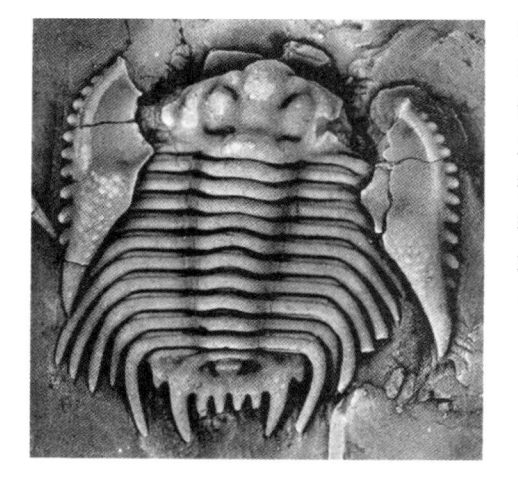

30. 这副美丽的蜕壳是狮头虫（*Leonaspis*）丢弃的外骨骼，可以清楚地看出面线在蜕皮过程中被打开，以及活动颊被甩到两侧的情形。蜕壳后的软壳三叶虫向前方爬走，并会重新长出新的硬壳。标本长约1.7厘米。

31. 来自波希米亚（捷克共和国）寒武纪地层的粗面飒虫。正文第239页有记述这个物种如何从幼体长大。这种三叶虫有明显的头鞍沟，眼睛大小中等，颊部有瘤点，胸部具有十六个体节，尾部小。

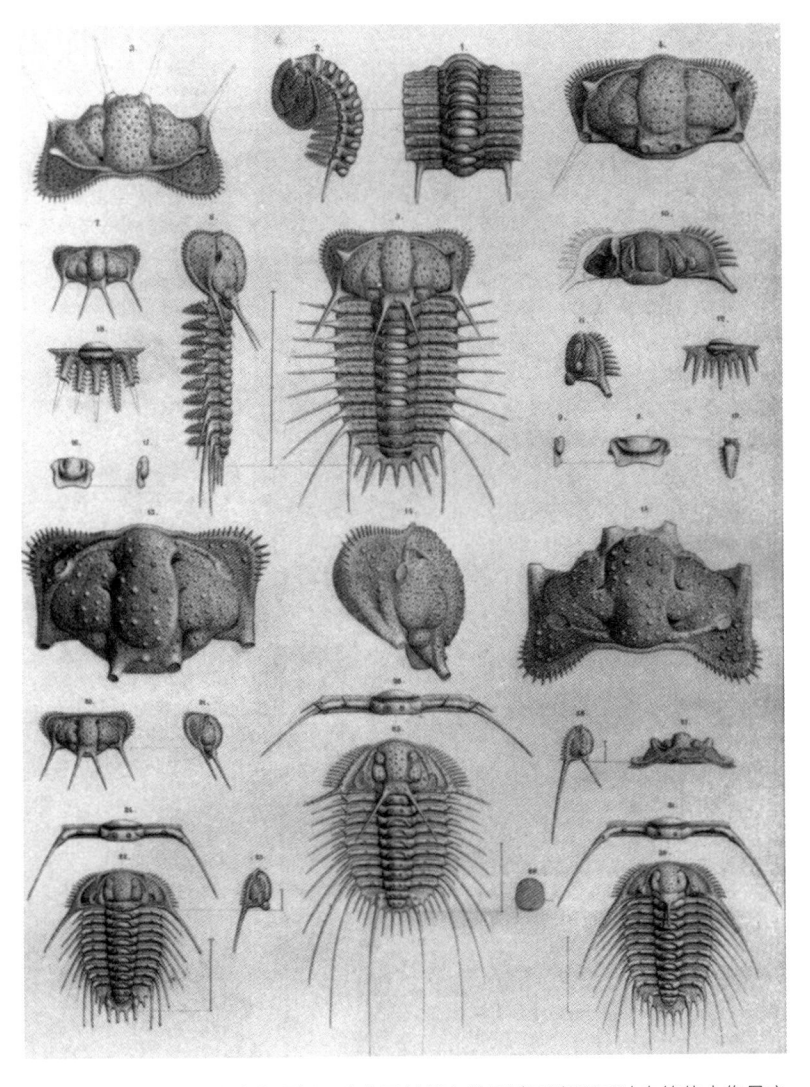

32. 一个齿肋虫类三叶虫的图版，来自巴兰德有关于波西米亚三叶虫的伟大作品之中。原版书有四开本那么大，细节相当清晰。

33. 三叶虫与民间传说相交融的一个例子：一块来自中国山东的寒武纪"燕子石"，上面有至少三种不同三叶虫的头和尾巴。标本由阿德里安·拉什顿摄影。

34. 一种来自摩洛哥泥盆纪地层的神奇多刺三叶虫——科姆拉虫。虫体上垂直的刺在石灰岩中被奇迹般地保存下来。

TRILOBITE!

EYEWITNESS TO EVOLUTION

三叶虫

演化的见证者

〔英〕理查德·福提 著

孙智新 译

商务印书馆
The Commercial Press
创于1897

序言

我醉心于三叶虫已经三十多年，本书一方面是对这些生灵的致敬，另一方面也是一种尝试：我想将在三叶虫研究中得到的快乐传递给更多的人。一些科学研究的方法可能就在这个过程中被顺便揭示出来。我的上一本书写的是从细菌到人类的整个生命史，三叶虫在里边仅仅是一笔带过的几页。在这本书里，我有机会重新调整焦点，让我最喜欢的动物详细地讲述它们的故事。即使如此，我也意识到有些内容我不得不舍弃。三亿年的漫长时光更需要概括性的而不是流水账式的描述，毕竟这段历史永远不可能被完整地讲述。我希望读者能够感受到重建消失的世界和看到三叶虫眼中的海洋是件多么令人兴奋的事情；我希望读者心中的探索之火能被本书点燃，而不是把本书当作一本专著。

1999 年 10 月于伦敦

目 录

序言 i

第一章　发现 1

第二章　外壳 26

第三章　附肢 53

第四章　晶状眼 88

第五章　三叶虫与大爆发 127

第六章　博物馆 157

第七章　死生之事 171

第八章　可能的世界 203

第九章　时间 231

第十章　目之所见 272

致谢 283

索引 284

书中的三叶虫属名及学名对照表 291

第一章　发　现

　　淡季时，博斯卡斯尔（Boscastle）的蛛网旅店（Cobweb Inn）具备了一切小酒吧该有的元素：厚重的横梁支撑着低矮的天花板，上面挂着许多古董酒瓶；朴素的地面用石板铺就；墙上则挂着当地女子飞镖队的照片，在这旁边还有一些裱框了的褪色剪报，上面记录了这家旅店的种种优点；柴火的燃烧使得屋里有些闷热。除了本地人用方言交谈发出的嘈杂低音，这里再找不到其他音乐。到了十一月，已经没有来自伦敦的客人还愿意光顾北康沃尔（North Cornwall）的海岸。蛛网旅店是个虽稍显破旧但令人舒适的老地方。如果需要的话，你可以找人聊几句；如果你一言不发，只是望着壁炉里的火焰发呆，也不会有人觉得奇怪。需要一些意志力才能让人离开这个如子宫般舒适而昏暗的旅店，到外面明亮的世界里去。但现在我必须要离开了，因为我要在天黑之前找到宾尼崖（Beeny Cliff）。入夜后，那里将变得非常危险。

　　英格兰西南方狭长的康沃尔半岛北岸一片荒凉，在瓦伦西河（River Valency）入海口附近，有一处裂缝般的狭窄港湾，博斯卡斯尔就是围绕着这里兴建的。这是一个老镇子，虽然有巫术博物

馆和小饰品商店，但这些旅游业的小点缀并没有完全成功地掩盖由板岩建材和艰苦生活为此地塑造的特质。曾经有一段时期，这个小镇上全是只为矿工和水手服务的小旅馆，蛛网旅店就是它们中的幸存者。你可以想象在通往港口的弯曲街道上，当时有十几家有着花花绿绿招牌的店面。虽然粉刷一新，仍难掩盖这些建筑曾经作为小酒吧的气息。当地粗糙的石材也赋予了建筑独有的特色，古老的屋顶已经在康沃尔板岩（Cornish slates）的重压下严重下塌，就连巫术博物馆也是如此景象。如今的港口已经空无一人，但我仍可以想象一个多世纪前，年轻的诗人兼小说家托马斯·哈代（Thomas Hardy）到访此地时的景象。

我离开了港口北侧的小镇，走上了一条通向陡峭山谷的蜿蜒小路。沿路有一丛丛的荆豆，即使在这个季节，它们的嫩枝依旧开满摇曳的黄花。一只鸫鹩和几只石鵰悄悄地飞越小径，仿佛在邀请我继续往上走。爬到这个高度，我可以看到古老的防洪堤保卫着狭长的港口入口，在伊丽莎白一世在位的时候，这些屏障就已经算是古董了。一阵阵冷风让我后悔没多穿一件毛衣，也让我庆幸赶上了阵雨之间的空当。忽然间，我已经爬到了可以看到大海的高度。在这样的阴雨日子，远处的地平线已经被海雾遮挡，好像大海延伸到无限远处。虽然不是暴风雨的天气，但我仍能听到海浪拍击峭壁的咆哮，这些浪潮一直延伸到大海的深处，一波接一波朝着岸边涌来。就像哈代所描述的那样：长浪鞭打着海岸，峭壁回应着轰鸣（*With its long sea lashings. And cliff side clashings*）。一道白色的碎浪标志着海陆的边界。悬崖的颜色很深，几近于黑色，而海面看

三叶虫：演化的见证者

起来异常沉重，好像起皱的犀牛皮，只有缓缓移动的白色碎浪为景致增添了一点活力。隐蔽在山谷中的城镇已经完全从我的视线中消失了，身边只剩下绝对的孤独。我躲到一堵墙后面避风，墙上盛开着一丛丛的海滨蝇子草和海石竹。墙体主要由一块块板岩堆砌成，但奇怪的是，这些石板是垂直排布的，所以看起来像是书脊朝里排列的书籍。相较而言，我还是比较习惯牛津附近采用水平砌法的石墙。直砌的板岩之间夹杂着由粗糙的雪白脉石英建构的柱子。工匠对石材的特性十分了解，垂直堆叠的板岩会让雨水（康沃尔地区经常下雨）迅速排走，而受外界环境影响很小的脉石英则作为坚韧的支柱。这两种岩石现在都装饰着形状各异的绿色地衣，使得原本刚硬的轮廓在这潮湿的天气中柔和不少。

仔细一看，我发现这些悬崖同样也是由这些黑色板岩构成的。难怪它们看起来如此冷峻和阴沉。这面危险的峭壁布满了裂缝，有些危岩已经摇摇欲坠。就像哈代所描述的那样：*形销骨立的陡崖千刃耸峙*（*haggard cliffs, of every ugly altitude*）。这陡峭的崖壁简直就是对晕眩的最好注释。我小心翼翼地走在又窄又滑的小路上，最近雨水很多，稍不留意就会酿成大祸。从倾倒的石墙可以看出，田野曾经一直延伸到悬崖的边缘，但如今在徒步者和峭壁之间只有一个陡峭的草坡，还有几只刀嘴海雀和暴雪鹱正在坡顶上空盘旋。坡上寥寥的几棵矮树向远离崖壁的那一侧倾斜，枝杈仿佛要恐惧地从崖壁逃离。

在爬上潘特冈湾（Pentargon Bay）的顶峰后，我对此地的地质有了些直观感受。那些耸立在绝壁上的黑色岩石肯定经受了构

造运动的巨大摧残，因为这些岩石全部扭曲而倾斜。没有地层是平直的，它们都经历了曲折的地质旅程。在海湾的另一边，我可以看到一条从悬崖边缘垂直延伸到大海的裂缝，数千年的风吹日晒已经使这条裂缝暴露无遗。这条穿过黑色岩石的巨大裂缝正是一个断层，在错位发生的那一刻，它必定曾引起了大地的震颤。断层作为地震的明显标志，将这段历史永远封存在岩石之中。整个沿海地区一定经历过剧烈的地层上升运动，岩层才会这样曲折破碎。远古的地壳剧变就这样被记录在这片高地上。

如果你观察得仔细些，就会发现构造运动的证据其实无处不在。在离断层不远的地方，有一条小溪顺着一条狭窄的山谷流淌，这条山谷就是沿着地层中的另一处薄弱面下切形成的。而在小溪流入大海的地方，山谷被悬崖切断，小溪突然直坠而下，形成两百英尺*高的瀑布，在风中扬起一片水雾。在靠近海岸的崖壁上，有许多受海水侵蚀而形成的洞穴与裂隙。即使在平静的天气下，我仍能听到海浪拍打崖壁发出的声响，海浪专门挑地层被褶皱破坏后最脆弱的部位下手，在每个小断层上拍击出许多裂缝或孔洞。这些拍击声既像吸吮，又像咳嗽。偶尔也会有海浪冲入洞穴，洞中的空气被压缩，发出爆破般的声响，这声音听起来像远方的炮击，又像为造山运动而鸣放的不规则礼炮。想象一下暴风天的大海会产生多大威力，你就会理解数千年的海浪侵蚀如何能使陆地隔绝形成小岛，就像博斯卡斯尔外海的莫查岛（Meachard）一样。当然，这

---

* 　1英尺等于0.3048米，即30.48厘米。——译者注

　　　　　　　　　　　　　　三叶虫：演化的见证者

些海蚀小岛迟早也要被侵蚀殆尽，消失于大海之中。我能很轻易地辨识出漆黑悬崖上的白色石英脉，它们清楚得就像黑板上的粉笔线。有处石英脉恰巧就顺着岩层的方向前进，将严重扭曲褶皱的地层展示得格外明显。有的变形已经使得地层上下倒转。我凭想象猜测，这种能轻易翻转坚固岩石的力量肯定是惊人地巨大。填充在断层裂缝中的厚层石英脉就像凝固在伤口上的血痂，将这些裂痕重新填充，而那些石墙所需的大量石材必定就来自于此了。有些被挤压的岩缝中也充填着石英，看起来就像一堆乱七八糟的面条。虽然石英比板岩坚硬许多，但当周围的岩层最终都被剥蚀掉后，石英也只得变成小石块。我敢打赌，我脚下潘特冈海滩上的那些小圆砾石应该都是由石英碎块磨出来的。这些石英砾的形成时间应该比这个悬崖要早，而且说不定比人类出现的时间还要早。

这些漆黑的页岩及板岩曾经都是沉积在深海中的软泥，时间将它们硬化为岩石并抬升至现今的高度，还让它们变形形成褶皱。真不知道这一系列的变化要经历多长的岁月。

我站的地方很靠近崖壁，那里有一则红字警告：注意！悬崖易崩裂，请格外小心！——这提示得一点不错，一大块页岩已经颤巍巍地悬在半空了。想象一下这块石头翻滚下悬崖并摔得粉碎的样子，就让人不免倒吸一口凉气。还有更直接的，沿海岸线北上有一个叫克金顿（Crackington）的港口，从名字中就提示了你这里地质结构的不稳定性。*

---

* 克金顿名字中的 cracking 就是裂缝、破裂之意。——译者注

我的外套口袋中装了一份博斯卡斯尔地区的地质报告，从地质图上绘制的岩层分布中，我也可以看出那些明确地表现在野外崖壁上的构造活动：有的岩层标注为褶皱且颠倒，岩层之上更是绘制了密集的断层。我很确定我所站的这块区域就是博斯卡斯尔组（Boscastle Formation）的露头。用枯燥的科学术语来说，这套板岩的形成年代为石炭纪早期（相当于北美地区的密西西比亚纪）。这说明这些岩石的形成远早于哺乳动物的出现，也远远早于恐龙时代。可以想见，当暴龙在这个山头称霸一方时，这些黑色板岩就已经歪曲变形，成为历经沧桑的古迹。如果继续追溯到这些地层刚露出地表的久远时代，那陆地上就只剩些原始蕨类、蟑螂和笨重的两栖类了。真是没有什么地方比这里更能见证地质历史的漫长了！

我们所能看到或听到的这些剥蚀作用确实非常缓慢，缓慢到即使穷尽一生的时间，也仅能看到这些悬崖发生过的微不足道的变化。也许突如其来的风暴会把断层上的裂隙加深一些；也许一块石头在掉落时会破坏一些悬崖边的植被。但我能肯定，"今月曾经照古人"，当年哈代站在此地眺望所看到的景色，和今天应该也差不太多。虽然植被已不知经历了几番更替，但悬崖的地质特征都原封不动保留了下来。站在这个角度看，等到悬崖变成平地，板岩风化成细沙，石英脉磨蚀成砾石，再历经海水日复一日的冲刷，然后最终变成又白又圆的卵石，那就真不知要花上多少时间了。任他时光流逝，物种消长，这悬崖仍能顽强挺立，与奔流不息的时间之河对抗。但是，只要时间足够长，这些防御波浪的屏障也终有一天会化为乌有，蛛网旅店中铺的石地板也终将化作沉积物，就像

其他所有人造工程一样，加入这不断变动的伟大循环。岩石受到风化作用，被侵蚀成沉积物，沉积物又经压实变成沉积岩，地壳运动把岩石抬出海面，经过构造运动的挤压变形，再抬升，最后又重新开始接受自然界的风化侵蚀，地球巨轮就是这样一直运转下去。如果马勒*以地质的视角进行创作，那他的《大地之歌》(*Das Lied von der Erde*)应该是表现侵蚀与沉积过程的无限循环，当然了，这种单曲循环可能会令最喜爱欣赏交响乐的人都失去耐心。

康沃尔曾是海西造山带(Hercynides)的一端，这条宏伟的山脉曾纵贯整个欧洲，就像现在的阿尔卑斯山一样。康沃尔地区岩层显示的明显褶皱就是当时构造运动无情蹂躏的结果，也只有弯曲才能化解构造运动施加在岩石上的巨大力量。潘特冈湾岩壁上的每一个小褶皱，都是构造运动的遗迹，它威力之大，任何岩石都难以幸免。当岩石被层层折叠堆砌，山脉就形成了。康沃尔埃克塞特大学(University of Exeter)的一些出色的地质学家，比如斯伍德(E. B. Selwood)等人，花了数年时间来试图弄清这些褶皱的复杂关系。他们认为，这片海岸的形成不仅仅是单纯的褶皱作用的结果，而是原始岩层破裂为许多巨大的片状岩块，这些岩块再层层堆叠，才形成了此地复杂的地质构造。当岩石无法用变形来完全吸收外界的压力时，它就会破裂。这些比一个小村子还大的破裂岩块，会在力的作用下沿着低角度的破裂面滑动，就像

---

* 古斯塔夫·马勒(Gustav Mahler)是著名的作曲家和指挥家，《大地之歌》是其代表作之一。——译者注

树枝会在强劲海风的作用下顺着风向倾斜。*在岩块底部的滑动面上，一些较软的岩石便会被反复弯折，就像堕落赌徒手中的一副皱巴巴的纸牌。上一次构造运动所产生的裂隙，在下一次构造运动时又会被石英脉所充填。在这之后，山脉剥蚀夷平，成了我眼前这幅景观，而古代"阿尔卑斯山"的遗物，也被建造成了那些青苔覆盖的石墙。当初堆砌石墙的农夫，其实在不知不觉利用了构造运动的力量，虽然他自己对此一无所知。

在向南几公里的博德明（Bodmin）附近，有一个花岗岩丘矗立于大平原之上。它的形象令人联想到玛雅的阶梯金字塔，不过虽然大小相近，但这个岩丘完全是大自然的杰作。这个奇特的巨石堆，是花岗岩历经数千年的风化剥蚀后的残留物。花岗岩比板岩要经久耐用得多，就像我在附近的圣朱利奥（St Juliot）墓地所看到的那样，但即使如此，花岗岩最后仍然会屈服于雨雪风霜的侵袭。花岗岩的来源与康沃尔海崖上的页岩完全不同，但它同样能够告诉我们关于那道消失山脉的故事。这些岩石是山脉最深处的炽热岩浆经过冷凝结晶形成的，你可以在上面看到大个的长石晶体，有时还能看到闪闪发光的云母。这些晶体讲述了一个完整的故事：在山脉的形成过程中，有许多岩层被挤压到地壳的深处，熔化为炽热的岩浆，与岩石相比，熔融的岩浆密度较小，因此这些液体矿物会再次上浮，并最终冷凝成层状或者分枝状的花岗岩岩体。在康沃尔半岛一带，花岗岩仍深埋在大地深处，而到了多沼泽的

---

* 此现象在地质学名词中被称为逆冲推覆构造。——译者注

三叶虫：演化的见证者

达特穆尔（Dartmoor）及博德明一带，它们得以露出地表。

　　有些矿物在结晶的那一刻就启动了放射性时钟。现在，精密仪器能通过测量矿物晶体中铀或钾（及其他几种元素）衰变而成的放射性同位素的比例，来估算结晶至今所历经的时间。这个方法为前面那个难题——这些过程到底历经了多少时间——提供了答案。由于放射性元素的半衰期是已知的，因此接下来只需精确测量其衰变的量，再经过缜密的计算，就能知道矿物形成的时间了。晶体在这里就像开启过去的眼睛，能够让我们将过去的时间纳入掌控之中。如果博德明地区的花岗岩是侵入到褶皱的岩层中的，那我们就可以断定褶皱的形成比花岗岩还要早。所以，如果我们测得花岗岩的结晶已过去了三亿年，就可以推断出悬崖的形成时间早于三亿年，而且在花岗岩侵入之前，黑色的板岩便已经历过褶皱形成过程了。

　　最终我们知道，那些固结并变形为板岩的软泥，最初沉积在三亿四千万年前石炭纪的海底；随着时光的流逝，这些软泥先是固结成岩，然后经过了构造运动的折叠，最后又经历了花岗岩浆的炙烤，这样过去了好久好久，才最终有了我们今天看到的险峻悬崖，成了暴雪鹱和三趾鸥筑巢的好地方。不过无论如何，古代海洋的生物仍能以化石的形式传递下来。当此地的海底还很年轻时，泥沙中散布着各种生物的外壳，一如今天布满贝壳的沙滩一样。这些壳体大多属于贝类、腕足类或者类似的小动物。随后，大陆剥蚀所带来的细小颗粒如雨点般将这些壳体埋入沉积物之中，这些小颗粒本身就是地球历史循环周期中的产物，它们也将壳体带入了

不断循环的地球故事之中。时光飞逝，很久很久之后，曾经的泥浆已经被深埋地下，并最终脱水成了页岩。而这些壳体的成分也随着其他矿物的长期渗透发生了变化。漫长的时间让贝壳褪去了原有的颜色，变成了化石的模样，成为过去生物的石质影像。

到这里，这些化石的旅程才刚刚开始。曾经生物繁盛、贝壳遍布的石炭纪海洋，被吞没在板块运动的洪流中。岩层和化石作为古老海洋的遗产，成为这次伟大旅行的旅客。很多化石会在中途退场，它们可能被卷入成长中的海西造山带的核心，在强烈的挤压或炙烤下变得面目全非；也可能在岩石重结晶的过程中灰飞烟灭。随着山脉在英国西南方的隆起，大片的岩石被挤得乱七八糟，同时又有花岗岩从内部迂回侵入。山脉一旦形成，又注定有一天会被剥蚀殆尽。因此，化石最可能的结局是被风化成微尘，进入下一趟地质循环之旅。所以，对于那些挺过了造山运动的摧残，并侥幸留存至今的化石，我们应该充满赞叹。

构造运动过后，封存于岩层中的化石仍须面对接下来的挑战：外力的剥蚀作用在持续不断地将山脉重新带入大海。在造山运动两亿多年后，海西造山带已经几乎被风化殆尽。当恐龙还在威尔德（Weald，英格兰南部地名）和西欧地区漫步时，海西造山带中的花岗岩就已经露出地表了。因为最早在距今一亿年前的白垩纪地层中，人们首次发现了这些花岗岩中具有的特殊矿物。这好比一场地质脱衣舞，构成古老山脉的岩石会被层层剥去，直到什么都不剩为止。我在潘特冈海崖所看到的，是还未湮灭的山脉内层，这些弯折扭曲的地层，就好像被弃置的薄纱。

什么样的化石才能留存在这黑色的板岩中？化石里体现了怎样的坚忍不拔和机缘巧合？虽然到处都是地质运动的证据，但这条湿滑小径上的漫游者，要如何才能真正了解浩瀚的地质时间意味着什么？俯瞰博斯卡斯尔，我几乎身临其境地捕捉到了过去的历史，就仿佛记忆里的电影片段在眼前浮现。我能轻易在心中描绘出哈代走在小径上的影像。或者再遥想一下一个多世纪前，脏兮兮的板岩矿工们拖着疲惫的脚步走向他们的旅店，而附近的绅士则精神抖擞地坐在他们的轻便马车上。或者追忆到都铎王朝时期熙熙攘攘的港口，装备精良的舰船在避风港内躲避狂暴的大海；酒店中，霍尔拜因画笔下的人物正在谈论着西班牙的无敌舰队。*我甚至能想象铁器时代的农民如何干农活，以及在今天这样的十一月天气里，他们在简陋而充满烟雾的小屋中生活会有多不舒适。我的视觉想象中充满了各种细节，这些细节来自对人类的共性，然后再合理地把场景安排在记忆中的各种古代器物之间。但是，当提到康沃尔板岩的形成时间时，我却必须将人们的常规时间尺度放大一百万倍。我已习惯描写百万年级的事物，就像瑞士的银行家惯于处理数百万美元的数额一样，数字中一行行的零已经失去了现实意义。就像普通的上班族能充分了解五十美元的购买力，也大致了解五万美元能做什么，但对于五亿美元，虽然知道这是好大一笔财富，但对这个数字就没有什么实际概念了。彩票中了五百万是

---

*　霍尔拜因（Holbein）是文艺复兴时期德国人物肖像画家，作者描绘的码头景象约发生在 16 世纪后期。——译者注

好大一笔钱，中了两千两百万也仍然觉得是好大一笔钱。或许我们可以先不考虑数字本身，而把它们想象成实际的一堆堆钱，一沓沓钞票，但它们在现实世界中到底有多大规模，我们还是无法理解。如果我们想要看穿过去百万年级别的历史，就需要一种特殊的时间观。我们要习惯于大的时间尺度，并且明白一百万年的时间在地球历史上也不是那么长。我们要把岩石和峭壁当作书籍来阅读，而不是只战栗于它的高度。

越过了潘特冈海崖陡峭的那一侧后，我走上较平坦的路面。有好心人在这里开凿了阶梯，方便人们攀爬，但即使如此，我还是爬得上气不接下气。接下来是一条湿滑的步道，沿着陡峭的草坡向前延伸。大海在下方很远的地方，我虽然知道巨大悬崖就在附近，但已经被草坡挡得严严实实，这使人有一种半空悬停的感觉。我看不到海陆的交界，却仍能很清楚地听到浪涛击打崖壁发出不规则的砰砰声，此时所在的高度让我感到很不真实，仿佛我正漫步于海天之间飘浮的夹层。几滴雨水重重地打在我的脖子上。一群海鸥突然自悬崖外飞起，盘旋在上升的气流中，大声地鸣叫。我很高兴在天色还未开始变暗前就抵达了宾尼崖。在这旅程的终点，我打个寒战并竖起了衣领。

在哈代的小说《一双蓝眼睛》（*A Pair of Blue Eyes*）中，宾尼崖曾发生过一段摄人心魄的情节。书中的男主角史蒂芬·奈特（Stephen Knight）在女主角艾尔弗雷德（Elfride）的陪同下，走过了我刚才途经的小径。艾尔弗雷德是哈代笔下第一个细腻复杂的女性角色。奈特对科学有着天然的兴趣，不知是为了展示他的

博学，还是单纯为了满足自己的好奇心，他想证明悬崖上面的气流是由下而上反向运动的。他认为"这是个反向的小瀑布……就像尼亚加拉瀑布一样棒，只是在这里上冲取代了下坠，气流取代了水流"。当奈特从小径跑下山坡时，他的帽子被反气流吹了起来，他想抓回帽子，但这不是一个好主意，他一不小心滑下了可怕的山坡，并一路滑到了悬崖的边缘，情况岌岌可危。以下是奈特与本书的主角三叶虫相会的情景：

> 当一个人处于千钧一发的紧张时刻，人们难免把眼前的一切与无机世界联系在一起。现在，奈特眼前出现的是一块嵌在崖壁上的化石，这块浅浮雕一样的化石属于一只有眼睛的动物。这双眼睛虽然已经石化，却仍在栩栩如生地盯着他。这是一种早期甲壳动物——三叶虫。*他们存活的时间相隔了几亿年，但如今，奈特和这小东西却似乎要在这里一同葬身了。这小东西曾经也和奈特一样真实地存在过，也曾像他一样，有副正在等待援救的躯壳。

我凝视着悬崖，下面是波涛汹涌的大海，上面是渐暗的天空，就在这个荒凉之处，三叶虫的影子在英国文学中短暂地闪过。宾尼崖的小径使我生命中的两个主题——三叶虫和写作——产生了唯一的交集。我非到这儿来一趟不可，而这个地方也没让我失望。

---

* 这是 19 世纪时的看法，三叶虫是与甲壳类并列的节肢动物门类。——译者注

"石化"的三叶虫眼睛，为我提供了一个恰当的创作意象：这本书正是试图带领读者透过化石的眼睛，来看鲜活的过去世界。小说家笔下的事实和科学家口中的事实具有明显的差异：前者只服务于作品的表现效果，而后者则看重其可重复性。但科学发现也必然带有激烈的情绪，且许多发现的始末，都足以作为小说的素材。这种差异与共性同样使我着迷。

哈代的描述到底有多少真实性呢？他的这本书最初是连载小说，这就要求剧情要时刻保留悬念，以不断激发读者的兴致。奈特的险境正是小说中最扣人心弦的情节——没有比让主角悬在半空中更让读者紧张的了。三叶虫的石化眼睛聚焦了奈特的窘境，而奈特的蓝色双眼，则映射小说的情感和标题。书评人帕梅拉·达尔齐尔（Pamela Dalziel）评论道，这些由"窥视"交织出的情节，使书中充满了视觉意象。

我感兴趣的是哈代在塑造这一惊险的情节时，对背景进行了多少细致的观察。学者从他早年生活的细节中找出了事件发生的确切地点。1870年，哈代以建筑师的身份受雇整修圣朱利奥教堂，在这期间，他认识了教区长的妻妹艾玛·吉福德（Emma Gifford），也就是他后来的妻子。由于哈代只对实际地点做了轻微掩饰，因此我们不难发现小说中场景的原型就在这一地区附近。*比起哈代其他小说，《一双蓝眼睛》有更多自传的成分，可能正是基于这点，他对这本小说显然更加珍视（多年后，他曾重

---

* 圣朱利奥教堂位于宾尼崖的附近。——译者注

写了其中的部分章节）。即使此时奈特还在危险的边缘挣扎，哈代仍然腾出了许多笔墨来描述悬崖的高度。他对悬崖对比描述之详细，让人觉得他在撰写这一部分的时候，应该是一手握笔，一手拿着翻开的地名辞典："根据实地测量，此处绝对不低于 650 英尺高……，是弗兰伯勒（Flamborough）海崖高度的三倍，比碧奇海角（Beachy Head）高 100 英尺……，有三个利泽半岛（Lizard）那么高。"（类似的描述在之后还重复了很多次。）除了这些详尽的描述，沿途的景色更让我确定现在我正是在小说中所描述的地方。我在潘特冈湾见到了哈代描述的瀑布：它从悬崖上奔流直下，在半途就散为千万个水花，像雨一样落在突出的岩块上，滋润出嫩绿的小草地。我也看到了哈代笔下"面目狰狞"的悬崖。从许多方面看，小说中的这段文字好像报告文学一般：哈代区分了石英岩和板岩，还介绍了它们的自然特征，顺便也谈到了一些地质学和气象学知识。当奈特在悬崖上命悬一线时，地质历史发生的种种事件在他的心中如电光火石般闪过，一直回到三叶虫的年代。从科学的角度来看，他介绍了 19 世纪 60 年代人们心目中的生命演化历程，真算得上不错的报告文学了。

但接下来，文学创作就要与科学报告分道扬镳了，当然，也许这些偏差正是小说的魅力所在。在小说中，哈代把宾尼崖称为无名崖，这是为什么呢？早在古地图中，宾尼这个地名就已经被清晰标注了，或许无名崖这个名称更能加深这个地方的神秘与恐怖。哈代经常在小说中使用类似的创作手法，用谐音词替换掉真实地名。同样的技巧也出现在意大利导演赛尔乔·莱昂内（Sergio

Leone）拍摄的意式西部片无名客三部曲＊中，克林特·伊斯特伍德（Clint Eastwood）饰演的就是一个没有名字的另类英雄角色。了解地名是我们熟悉环境的第一步，当我们看到高耸的海崖，自然会认为它应该有个名字。而匿名总是令人不安的，当一连串谋杀案发生后，最令人恐惧的就是不知道凶手是谁。小说家充分了解人的这一特点，并且在创作中巧妙地加以运用。哈代当然喜欢事实，但他也知道何时应该保留悬念。小说中的三叶虫本身就是虚构情节的一部分：康沃尔沿海一带的石炭纪岩层中几乎不含三叶虫，虽然这些岩层确实形成于三叶虫生活的年代，但在经过了构造运动的改造之后，能存留下来的化石已经所剩无几了。我们曾在这里找到过一些能断代的化石，比如早期菊石、双壳类及微体化石，但却未发现过三叶虫。如果哪一位化石采集者能从这希望不大的岩层中找一只三叶虫给我，我会非常兴奋，这算是很有科学意义的发现了。哈代在正确的地层位置杜撰出了一个不存在的三叶虫化石。小说的情节需要三叶虫凝视奈特，而读者也欣赏他的安排，这块"低等动物化石"的出场，无疑增加了小说的戏剧性。在小说中，这个杜撰的情节完全是无伤大雅的。但如果哪一个科学家发现自己的某位同行做了相同的事，他一定会大吃一惊，因为科学追求的只有真相与客观事实。为了创作，艺术家可以重组现实来创造事实，而科学家的职责则是探寻隐藏在表象中的真理，不过两者也有共同之处：他们都要有些想象力。

＊　*The Man with No Name*，也译为镖客三部曲、荒野大镖客等。——译者注

奈特最后靠一条绳子脱离险境，而这条绳子是艾尔弗雷德用她的内衣赶制出来的。这是小说里的一个转折点，象征这个不完美男人和不寻常女人之间的关系已经发生了变化。我们无须追究这幕情景是否真实地发生过，它已经完全融入小说的结构之中了。

我离开宾尼崖，顺着陡峭的台阶爬上了烽火角（Fire Beacon Point），在这里可以眺望整个海西海岸。这处地名可能来自从前用来警戒敌舰来袭的一系列烽火台，而今，这里只有一张纪念保罗·赫德（Paul C. Heard）的长凳。感谢赫德先生的亲属设了这个板凳，让我能在此稍作休息。我顺着一条有围墙的古道走向大陆一侧，准备拜访哈代曾整修过的圣朱利奥教堂。这间教堂坐落在一处隐蔽的山坡，在教堂的后面，一条小路穿过田野，羊群在上面悠闲地吃草。教堂的建筑令人沮丧，它掺杂了太多棱角分明的设计和太多的维多利亚风格，与周围的环境格格不入，这也许该归咎于哈代的重建失败。这地方实在是对不起我的想象，毕竟哈代曾经说："我生命的大半都根植于此。"虽然教堂建筑没那么庄严，但这里仍是个古老而神圣的地方。墓园里有一些刻有"朱利欧"（Jollows）字样的石碑，这可能说明他们是朱利奥（Juliot）家族的庶出姓氏。教堂里的一则告示提醒游客教堂中的板岩屋顶已经多被偷走。已经没有什么值得我注意的事情了。

在离开的时候，我发现了一些比教堂本身还古老的凯尔特十字架。在教堂大门旁有个约一人高的柱形十字架，像个守卫一样立在那儿。柱子顶端被雕成圆盘状，让人觉得上面可能会有些有趣的图案，但凑上前去一看，也只是刻了个简单的十字。跟板岩墓碑不

同，这些矗立的十字架是用花岗岩制作的，非常经久耐用。可以想见，当那些纪念朱利欧家族的板岩墓碑零落成泥时，这些十字架大概还都屹立如故。这些花岗岩来自海西山脉内部的火成岩侵入体，可能是采自博德明或达特穆尔地区，但不管产自哪里，采石工人都知道花岗岩有多么经久耐用。这里的每一个十字架，都昭示着地质时间的长远、岩石的韧性，以及人类生命的短暂。每一件都是人类意识与地质历史交错的象征。十字架顶端的圆盘好像一个目镜，能清楚地上溯到树蕨和肺鱼的时代。这就是我在寒冷的十一月来到博斯卡斯尔想要寻访的东西。冰冷的雨打湿了生长在花岗岩上的青苔，而这些花岗岩固结之时，三叶虫还在大海中游弋，想到眼前的一切与逝去的历史之间这种盘根错节的联系，我的心中就莫名兴奋。

如果天底下有所谓的一见钟情，那么我在十四岁时喜欢上了三叶虫就是如此。

圣戴维斯（St Davids）是威尔士西南边向西延伸入海的半岛，就好像小一号的康沃尔半岛。如同哈代在康沃尔遇到了真爱一样，我也在圣戴维斯遇到了真爱。圣戴维斯半岛和康沃尔一样，有许多古老而壮丽的海岸悬崖，而内陆的景色则相对扁平单调。这里也有些小港湾，例如索尔瓦（Solva）和艾伯堡（Abercastle），它们以前都是荒凉冷清的小渔村，在近些年经过了粗略的翻新。不过，这里的悬崖仍然保持着当年的荒芜，岩层也和康沃尔地区一样弯曲多褶。沿着海岸小径漫步，你会看到层层排布的岩层，颜色和成分的不同使得每层岩石都轮廓清晰：一边是厚重的黄色或紫色砂岩像裸露的肋骨一样插入翻腾的水泡中，另一边则是一组扭曲成

锯齿状的黑色页岩蜿蜒在悬崖上，宛如手风琴的风箱。而在卡菲湾（Caerfai Bay），亮红色页岩在周围褐黄的色调中鹤立鸡群。圣戴维斯的一切都比康沃尔更古老，这些页岩的起源可以一直追溯到寒武纪，也就是大约五亿四千五百万年前。*那是一个起源的时代，彼时植物还未登上陆地，而脊椎动物也尚未演化出来。**但当时已经有三叶虫来见证这个新世界了。这里所产的三叶虫比哈代在小说中杜撰的那只要早了两亿年，而这个时间差已经是人类短暂历史的一百倍了。当我拿着挖煤的锤子在这一带探索时，我还处在嗓音飘忽不定的变声期。当同龄的其他少年开始追求女孩时，我对三叶虫的追寻也开始了。

我将化石产地标注在了地图上，在这里曾报道了全不列颠最古老的化石。能在这样古老的地层中探索，简直让人兴奋不已。我将表面覆盖的人类活动浮土剥掉，露出了其下的原始地层，随着岩层一层层的揭露，我的思绪也一步步回到遥远的过去。在我辛劳的母亲忙于纺织或读书时，我已拿着锤子敲遍了圣戴维斯半岛的九井（Nine Wells）和波易豪（Porth-y-rhaw）（这两处产地现今已受到法律保护，但在我的学生时代还是开放采集的）。这一带的地层露头都很容易步行到达，而且敲起来也不太费力。我没有专业的地质锤，寻找化石纯靠一股探索的热情。渐渐地，我学会了要将坚硬的岩石顺着原始的沉积层面敲开，这样才比较容易获

---

* 在新的地层框架中，寒武纪的起始时间约为五亿三千八百万年前，这一数据还在不断更新。——译者注

** 一系列新的研究已经揭示了脊椎动物在寒武纪的祖先类型。——译者注

得可辨识的化石。构造作用使得地层倾斜到几近垂直，我必须从陡峭的剖面上取下大小适合的石块，在这一过程中，手背被剖面上的荆豆划伤乃是常事，但我浑然不觉。时间使这些岩石变得坚硬，却也使它们变得易碎，岩石经常会顺着节理面朝各个方向裂开，但通常不顺着我所希望的层面。在岩石敲开的层面上，你会看到一些光亮的黑色碎片，这些似是而非的东西可能是生物的残片，也可能什么都不是。最终，当一块更容易破开的岩石被打开时，三叶虫出现了。其实，包含化石的层面一般是比较脆弱的，所以岩石更容易顺着这个薄弱面裂开，这种现象给人一种错觉，好像化石自己想跑出来被人发现一样。现在我手握两块岩石，左手中就是那只三叶虫的实体（化石的正面），而右手中则是三叶虫印模（化石的副面），在我敲开前，这一正一反两块岩石已经紧紧依靠在一起数亿年了。化石上有一个褐色的污点，但对我来说，这绝不是一个残次品，而是一本活生生的教科书。纸上得来终觉浅，书上的任何一幅插画或照片，都无法提供这种探索的乐趣，对一个骄傲又热情的小男孩来说，这绝对是他的高光时刻。三叶虫改变了我的一生，而这是我与它的第一次相遇。它细长的眼睛注视着我，而我也凝视着它。任何一双蓝色眼睛都不会比它更加诱人了，这是一场相隔五亿年的相识。

后来我了解到这只三叶虫的属名叫奇异虫（*Paradoxides*）。当我和奇异虫第一次对视时，我还不懂三叶虫的分类学，对命名法则也毫无了解，但这都没关系，因为我还有着大把的时间去学习。我手中的这块标本大小适当，拿起来很顺手。虫体沿纵向明显地分为

三个部分：中间部分较为突起，左右两侧大小相同，较为平坦，这就是三叶虫的三个"叶"了。虫体的一端看起来较为膨大，虽然我也说不出个一二，但我认为较宽的一端应该是头部。那毫无疑问，虽然我对这个化石的结构没什么了解，但它的眼睛一定长在头上。就这样，尽管这个化石十分怪异，但我已经发现了我和三叶虫之间的共同点：我们的头都安排在类似的位置上。接着我注意到三叶虫的身体分成很多小段，后来我知道这些结构称为"体节"。此外，化石表面还有些非生物成因的裂缝，这是在我敲开这块石头之前，它已经经历的五亿年时空旅行的印记。这些穿过虫体的裂缝，是岩石本身的节理，它们是三叶虫漫长冒险历程中留下的伤疤，见证了它在上千次无情的构造运动中经历的各种力量。

可以说，这本书正是源于我跟三叶虫的第一次邂逅。在这本书中，我将向读者揭示三叶虫不亚于恐龙的魅力，及其两倍于恐龙的韧性；我将带读者透过三叶虫的视角看世界，并借它们的眼睛做一次穿越数亿年的旅行；我将让读者理解哈代将三叶虫描述为一种"低等的生命"是何其错误，而他将三叶虫置于生死大戏的中心才是正确的选择。本书要呈现的就是这样一种不折不扣的三叶虫世界观。

三叶虫是伟大事件的见证者，所以奈特或许才从三叶虫冷酷的眼神中读出了个人生死的微不足道。这些三叶虫经历过大陆的分离与汇聚，山脉的兴起和消亡，看过了岩浆的侵入，也见识过冰河世纪与火山爆发。所有的生物都逃不脱这花花世界，三叶虫的命运也毫不例外地受它们时代的环境所摆布。当有人觉得花一辈子时

菲利普·莱克（Philip Lake）于1935年发表的一幅描绘巨型三叶虫奇异虫的插画，标本原型来自威尔士西部的寒武纪中期岩石，我的第一块化石标本就是学生时代在那里敲到的。奇异虫的照片参见第235页。

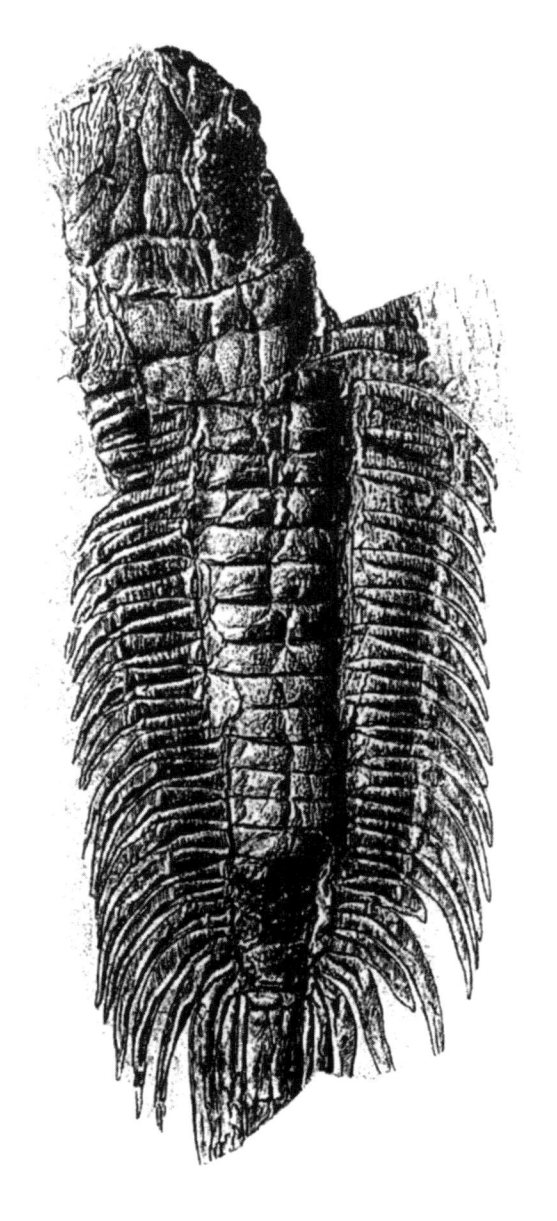

间去研究一种已灭绝的"小虫"是件奇怪的事时，我都会提醒他：仅仅最近几千年间发生的历史事件就足够让人眼花缭乱，而三叶虫所承载的以百万年计的内容是多么浩大！对于漫长的过去，我们永远在盲人摸象，感慨学海无涯。如果有人认为这些已经灭绝多时的失败动物不值得我们倾注太多精力，那我会明确地告诉他：我们人类所引以为傲的历史，在时间跨度上还不到三叶虫历史的0.5%，竟然想给成功生活近三亿年的老前辈贴上"原始""失败"的标签，真是不知哪来的勇气。

在许多对学术研究的报道中，科学发现常常被描述为一系列耀眼的荣誉，只有心智最强大的人方能摘得桂冠，这是把科学当成了擂台赛。也有人将科学研究比喻成在未知领域的探险，就像《金银岛》的作者、苏格兰小说家罗伯特·史蒂文森（Robert Louis Stevenson）所说："科学带我们进入推测的世界，那里还从没有过人类的踪迹。"一点不错，有人在科学的擂台上争取荣誉，有人向"推测的世界"吹起探索的号角，而数学家与物理学家常常是这种科学进步故事的典型代表。著名的科学哲学家卡尔·波普尔（Karl Popper）在他的《猜想与反驳》（*Conjectures and Refutations*）一书中，便非常完美地阐述了这种模式。不过，不论是擂台赛还是探险，这两种观点都还没有全面勾勒出不同学科中科学家们的努力方式。我认为，许多，甚至绝大多数科学家，其实都是好奇的物种，对他们而言，发现本身所带来的乐趣与解决问题的事业心一样重要。他们通常乐于合作，运用自己与生俱来的好奇心快乐地探索，如果因而有了意外的重大发现，反倒像是天降横财一般了。

千千万万科学家在科学事业上所做的贡献，就好比普通的士兵对战役的胜利所做的贡献。也许二流诗人的词句注定要被淘汰，出自济慈之流的伟大创作才会被人广为传诵[*]。但一个二流科学家仍能对重大的科学进展有所贡献，就像战役中的士兵，虽不能个个名垂青史，却仍不失为死得其所。

一叶知秋，即使是最冷僻的科研领域，都以微妙或意想不到的方式与更大的科学问题有着关联。在下面的章节里我们将会看到，像三叶虫这样一个明显冷门的研究方向，已经引发了我们关于新种的起源、进化的特征及本质，以及古地理复原等大科学问题的激烈争论。原本研究者只出于纯粹的好奇，想对这群消失动物的细节有更多的了解，但在这一过程中他们突然领悟到，三叶虫身上隐藏的许多细节信息，与古海洋的构成，或者小行星造访地球这样的宏伟叙事有关。

条条大路通罗马，我相信大多数的科学研究，其实是一条条各有趣味但互相连通的道路。有时我们目标明确，在大道上笔直前进，但更多时候我们则讶异于科学道路的曲折离奇。而在道路与道路交会的地方，那些我们没有预料到的新路径，可能会指引我们看到完全意想不到的景致。就像奈特和艾尔弗雷德在无名崖的意外遭遇改变了他们之间的关系，而像三叶虫这样微小而古老的东西，可能就是这种转变的催化剂。

本书将从我学生时代与化石的第一次邂逅出发，细数在追寻

_*　约翰·济慈（John Keats）是英国 19 世纪的杰出诗人。——译者注

三叶虫的科学道路上，我所探访的一些著名地点和接触过的杰出人士。知识来之不易，这其中有许多英雄人物的贡献，他们的名字只有我们少数圈里人知道，但他们其实应该受到更多瞩目。科研之路并不只是简单的进步与提升，人类的所有世俗与高尚最终都掺杂在其中。而某些人的人生悲剧，也成为三叶虫传说的一部分。探索三叶虫的故事只是科学史的一小部分，在我看来却是非常重要的一部分，这个小小的侧面对人类科研道路的展示，或许比一些伟大成就（如相对论和宇宙大爆炸）所体现的还要贴切。就像有时小肖像对人物神韵的表达，胜过了巨幅肖像。

请和我一起，通过三叶虫的晶体眼看看这个世界曾经的样子。我们将看到演化的模式，以及如何从岩石中解读这些故事；我们将看到山脉的诞生与湮灭，以及大陆的分散和汇聚；我们将看到被遗弃的躯壳如何复原成活生生的样子；我们将看到动物的起源与崛起壮大。借由三叶虫，过去已尽在掌握。

第二章　外　壳

　　1689 年，洛伊德（Lhwyd）博士在一封写给马丁·李斯特（Martin Lister）的信中，提到了他在南威尔士兰代洛镇（Llandeilo，奥陶纪中期地层单位"兰代洛阶"的命名地）附近的石灰岩中所发现的化石："（8 月）15 日我们发现了许多东西，它们显然是某种比目鱼的骨骼。"当然，洛伊德在信中所指的"比目鱼"，其实是三叶虫。

　　我的孩子们在小的时候经常把一个大海螺放在一只耳朵上"听"大海的声音，这并非毫无道理，你从中好像真的能听到远处海浪拍打海岸的声音，或者柔和的海风持续不断的呼呼声。后来他们知道，海螺只是放大了周围空气的嗡嗡声。但他们永远不会忘记，贝壳与海洋在这里被跨越式的想象联结在了一起。

　　古生物学研究就是在倾听"贝壳"的声音。我们不得不注意古生物的外壳，因为几乎只有这些坚硬的矿化外骨骼才会形成化石，而除了极少数的例外，我们对古生物软躯体的解剖学一无所知。这些软躯体不但是捕食者的食物，也深受分解者的青睐。如果在海边捡到一个死蟹壳，你一定会恶心地把它赶快丢掉，因为

里面满是腐败和恶臭。死亡的生物被无处不在的细菌一刻不停地分解成小的有机分子，然后被这些只有千分之几毫米大小的生命作为生活所需。再坚不可摧的躯壳也受不了这种侵蚀，最终，它们只剩下不能供养细菌的外壳和骨骼。与螃蟹、贝类等大多数海洋生物一样，三叶虫的外壳也是由方解石构成的。若不是因为有这层外壳，三叶虫根本不会在地球上留下任何它们存在过的痕迹；而若不是因为三叶虫在古代海洋里像燕麦粥里的麦片一样丰富，我们也无法那么充分地了解它们。值得玩味的是，外壳作为坚硬而毫无营养的残渣，是那些其他活着的生物所最不感兴趣的东西，而一旦变成化石，就成了学者和地质学家最感兴趣的东西。想了解三叶虫，当然要从外壳开始。

　　就连外壳的信息也不能在三叶虫死后完全保留，首当其冲要失去的信息就是颜色。众所周知，现今的海洋世界多彩多姿，充满了各种颜色，有些是警戒色，有些则是保护色，而有些似乎纯粹是为了展现勃勃生机。几亿年前的海洋很有可能和今天的一样多彩，但在生物成为化石的过程中，第一个消失的特征便是颜色。因此，从化石中看到的世界一片灰暗，我们只能靠想象为之增色。我在西威尔士看到的三叶虫化石，颜色和围岩一样暗沉，附近也没留下关于虫体生前的任何线索，所以我们只能凭想象上色。这本书（英文版）封面的颜色便是我天马行空的结果。

　　我在学生时代学习了三叶虫的外壳结构。那些专有名词仿佛赋予我一种神力，使我得以了解这些奇怪的动物。在我学会使用术语 cephalon 来称呼三叶虫的头部之后，我感觉我真正成为三叶

虫研究者的一员了。cephalos 是希腊文里"头"的意思，我们用这个词来代指三叶虫的头部。我还学到三叶虫确实是"三叶"的，它的身体横向纵向均可分为三个部分。头的另一端是尾部，用术语它应当被称作 pygidium，这又是一个希腊词语。

在此采用古典语言（希腊文、拉丁文）并不奇怪，因为在自然科学研究刚刚起步的时候，拉丁文是不同国籍的科学家之间交流的主要媒介。在当时，使用古典语言是知识分子养成的必要条件，作为一种通用语，把它夹在句子里可不仅仅是为了故意展示自己的博学。*时至今日，植物学家在发表新种时仍然被要求用拉丁文进行简要描述（虽然情况可能即将改变），而动物学家则早在一百年前就无须如此了。但不论是植物还是动物，一些用来描述解剖结构的古希腊术语一直被持续沿用了下来。医学生痛恨这些术语，但仍不得不死记硬背，而外行就只有干瞪眼的份儿了。这些术语可上溯至威廉·哈维医生（William Harvey，1578—1657）的时代，从他破解血液循环之谜开始，就一脉相传下来了。即使相关的概念已经更新，这些术语词汇仍将被沿用下去。这种保守的做法使得一门通用的语言得以维持，让专家们能一直精确地沟通。熟记这些词汇是新手入门的第一步，而当他能够熟练地使用术语与人交流时，说明他已经进入专家们的秘密俱乐部了。除了象征专业之外，正确使用术语最重要的意义是保证认识的准确无误。对一个东西解剖得越仔细，观察得越彻底，你就必然要掌握和使用更多

---

* 在这句话的原文中作者就故意使用了拉丁文 sine qua non 来指必要条件。——译者注

的术语。术语究竟是拉丁文还是希腊文并非重点，认识到术语是专业学习中的快捷工具，这才是重中之重。因此，术语系统是科学研究的入门必修课。

在头部和尾部之间，就是所谓的胸部了，尽管它的内涵与人体的胸部相当不同，但这个词确实是大家都比较熟悉的。这一部分通常是三叶虫身体中最长的一部分，至少在我最初研究的三叶虫中是这样。而胸部又由许多被称为胸节的体节组成。（在斯皮尔伯格导演名声大噪时，我幻想借用他的概念拍出一部电影，其中应当恢复三叶虫在生命大戏中应有的主角地位。我设计了这样的剧情：说不定有个疯狂的古生物学家，发现一种特别的魔法，让三叶虫死而复生，进而在纽约街头横行霸道，攻击穿着清凉的美女，破坏建筑物……这部戏可以叫作《胸节公园》[*Thoracic Park*] [*]。）

每个胸节都通过一个类似合页的结构与它前面或后面的胸节相连。这些胸节构成了一个内部相互关联的系统，就像排成一列的火车车厢。与火车一样，每个胸节也都多多少少有些类似，并相互耦合连接。如果我们试图把一只活生生的三叶虫扯成两半，那么可以想象，断口一定是在两个胸节之间。这和剥龙虾的原理一样：我们总是从头胸之间的关节处剥开。对比来看，乌龟壳就没有这样的分节，所以它很坚固，但相对来说也缺乏了灵活性。乌龟总是举步维艰，步履蹒跚地翻越障碍，如果一不小心翻了个四脚朝天，通常只能等死。没有什么比乌龟躺在地上不停蹬腿想要翻身更加徒劳

---

[*]　胸节 Thoracic 的英文发音与侏罗纪 Jurassic 类似。——译者注

无奈了。身体不分节的动物就是如此。当遇到障碍时，分节的身体能使得生物的运动更加灵活，它们能通过活动多个关节进行快速移动。关节间的活动是遵循一些力学原理完成的，这也是为什么在一些科幻电影中，那些身披铁甲的奇异虫子看起来很像机器却也能令人信服。体节其实就是一种分节的甲胄。当分节生物处于仰面朝天的境地时，它们还能通过活动体节，再将自己翻回来。对于三叶虫来说，虽然要付出使自己身体变得脆弱的代价来获得这种灵活性，但这也是值得的。一旦得到了这种灵活性，它们便可以灵活地越过障碍和转弯，就像一列无需铁轨的火车。

仔细观察三叶虫的尾部，你会发现它也是由若干个节组成的。但与胸部不同的是，这几个节之间并不能自由活动，而是融合在一起形成了一个硬壳。有些三叶虫的尾部比头部还长，有很多节，但也有些三叶虫的尾部很小。后来我才学到这些差异对于三叶虫的生活有什么用处。胸甲和尾甲的中部都有明显的突起区，这部分就是"三叶"虫中间的那一"叶"，如果用一个很简练的专业名词来说，可以称它为中轴。两道下凹的纵沟将中轴和两侧的肋叶（pleural）分开来。所以现在我们可以区分三叶虫的三个"叶"了：中间的中轴和两侧的一对肋叶，这是每一个胸节都具有的结构。我所收藏的第一只三叶虫的肋叶末端有些小尖刺，可以想象，如果它活着趴在我手上，我一定会觉得掌心刺刺的，就像惴惴不安地握着一只螯虾。

当年我第一次劈开圣戴维斯地区的寒武纪黑色页岩时，最先吸引我目光的三叶虫头部也有一个膨胀的中轴区，胸部的中轴

三叶虫：演化的见证者

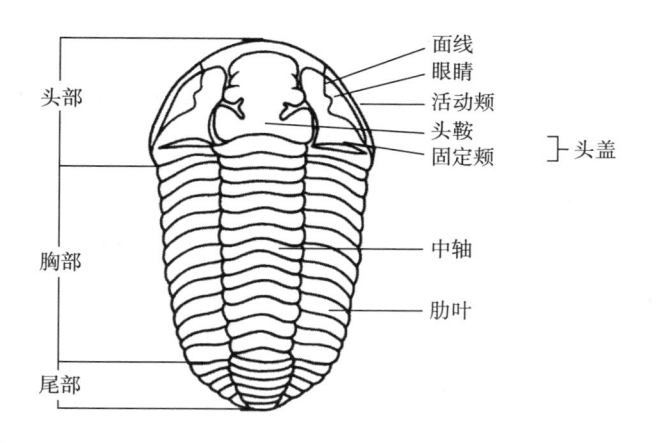

头部

面线
眼睛
活动颊
头鞍
固定颊
头盖

胸部

中轴

肋叶

尾部

三叶虫的解剖：在这只隐头虫身上所标记的这些术语，使我们
能够描述几乎所有的三叶虫。

延伸到头部，变得更加宽大肿胀，形成了头部的主要部分。"这
个，"我们的教授说，"就是三叶虫最重要和最具特点的结构：头
鞍（glabella）。"头鞍这个词比较生涩，并不容易一下子记住。还
好它的发音比较像雨伞（umbrella），这样有些大学生就可以用那
种谐音法来帮助记忆了，虽然这可能比单纯去硬记原来那一个单
词还难。头鞍上有一些横沟，说明头部原来不是只有一节，而是像
胸部和尾甲一样，是由若干个节组成的。但无论如何，头部的分节
肯定是已经都融合在一起了，就像尾甲一样。如此一来，头部会比
胸部更加坚不可摧。头鞍两侧的是眼睛，不敢相信，它就叫眼睛
而不是什么复杂的称呼。借助这个简单的词，进行观察的学生和
他们的研究对象之间建立了联系。哈代笔下"石化的双眼"发出
的目光跨越了数百万年，用一种真诚的眼神与另一双眼睛对视。

所以，仅仅用八个术语——头部、胸部、尾部、体节、中轴、肋节、头鞍和眼睛——我们便可以开始概括这些奇怪动物的形态了。能叫出各个部位的名称，表明对它已经有了某种程度上的认识。如果已经能够认出哪里是头鞍，就意味着看出两个三叶虫头鞍之间的差异也不难了。术语体现了鉴赏的能力。每一种被命名的特征在不同的三叶虫物种之间确实都有很大的不同：三叶虫的眼睛有大有小，胸部有长有短，尾部也有宽有窄。我很快就了解到了三叶虫有几千种不同的种类，到最后，我自己也成了一个为新种命名的人。

　　不过，到目前为止，我们口中的三叶虫还只是过去动物的外壳。我们试图从这些外壳里听到比童年记忆中还要遥远的大海的声音，现在我开始掌握一种能描述我可能听到的东西的语言。读者也需要储备这个简短的术语列表，以便跟上下面的三叶虫故事，不过记住这些词汇也并不是那么困难。我所学习的三叶虫解剖结构与 18 世纪的早期发现者们所注意的结构是一样的。这些先驱者对三叶虫既感到困惑又感到兴奋，他们用*"Agnostus"*（球接子的属名，意为不可知的）和*"Paradoxides"*（奇异虫的属名，意为矛盾的）这样的词汇为三叶虫命名，这显然揭示了他们在解释三叶虫过程中所遇到的困难。寒武纪甚至还有一种三叶虫叫奇异奇异虫（*Paradoxides paradoxissimus*），它的学名直接翻译过来是"最矛盾的矛盾"——那就是矛盾之最了。

　　这些早期的观察者很快意识到，他们从岩石中采集到的只是一个外壳，而不是完整的动物。他们所认识的三叶虫只是一种复杂生物的背部，这层外壳的目的是保护自己最容易暴露的上方，就

像盾牌的作用一样。因此在比较老的文献中，头部常常被称为头盾（headshield），而尾部则被称为尾甲（tailshield），这些描述现在仍然适用。坚硬的方解石使三叶虫的背侧不那么脆弱，而它之下则是隐蔽的腹侧，那里的软组织解剖结构很少能保存下来。三叶虫的腹侧似乎几乎没有任何防护，背侧的硬壳在边缘停止延伸，并向上翻折，形成被称为腹边缘的狭窄部分。在腹边缘之间，则空空如也。这点和乌龟有很大的不同，乌龟的底面被叫作腹甲的骨盾密封起来，这使它成为一个真正的坦克。而三叶虫也就算半个坦克。如果你把一只鼠妇或其他什么等足类翻过来，它们踢蹬的部分可以理解为三叶虫的腹侧，但没有任何一种现生生物可以与之完全相同。多年来，三叶虫的腹边缘之间的结构一直是个谜，三叶虫就像餐盘上没有面包的圣餐，不是一个完整体。下一章将讲述三叶虫的附肢之谜是如何解决的。

我从一些讲师和教授那里获得了关于三叶虫的第一手资料。在我的学生时代，只要你愿意，你可以从教科书中吸取到大部分的基础知识；而今天，网络则扮演了这样的角色，但这些学习方法都不能与一个真正学者的言传身教相比。在遥远的过去，在口耳相传是唯一的教学方式时，年轻人就已经开始体验这种学习方法的妙处了。1983年我在中国时，有人带我去探望了葛利普教授（Grabau）的墓，他是一位西方古生物学家，在20世纪初，几乎凭一己之力将现代地质学原理传播到了中国。中国同行都称他是"伟大的导师"，这显然代表了极高的尊崇，而他的墓园虽然简朴，也看得出有人在定期地用心维护。我有次也被推崇为"伟大的导

师"：当时一位来自远东地区学生寄了信给我，他的英文似乎师从小说家拉迪亚德·吉卜林（Rudyard Kipling，英国第一位诺贝尔文学奖获得者）和赖德·哈格德（Rider Haggard）。在信的开头他写道："哦! 伟大的古生物学家……我能坐在您的足边求教吗？"如果知道我足部的状况如何，他可能就不会觉得坐在我的足边是个明智的选择，但他所传达出的对传统师徒关系的信心，仍令我十分感动。

我的导师是哈里·惠廷顿教授（Harry B. Whittington）。他是德高望重的长者，也是三叶虫研究圈子中的领军人物。他教会我如何倾听三叶虫外壳传出的信息，使我将年少时的爱好转变成了一生的事业。

而我的看家本领则习自斯匹次卑尔根岛（Spitsbergen）冰封的大地上。那里位于北纬八十度的北极圈内，近处，目光所及是漂满了冰山的海面，远处，瓦尔哈尔冰川（Valhallfonna）勾勒出大地的边界。就在这极寒之地的北侧，一个多样性惊人的三叶虫组合在四亿七千万年前的奥陶纪石灰岩中被发现，而我则幸运地参与了全过程。那时，我沿着岸边露出的地层，按顺序逐层采集其中的三叶虫，这感觉就像依次翻开记在岩层中的三叶虫日记，我就这样一路敲敲打打，翻阅了大约一千万年的时光。在大部分的时间里，我的工作就是重复地用地质锤努力敲打坚硬的岩石，直到岩石破成小块，露出其中的三叶虫化石。过去重刑犯常被迫做这种凿石的工作，后来才因为太不人道而废止。但我可不觉得这是种痛苦，相反，我爱极了这种工作。在采集过程中，严苛的天气所造成

的种种不适都被我抛诸脑后，我心中只充满了对发掘的热忱：你永远猜不到这一锤可能敲到什么东西，也说不准惊人的发现何时到来。采集结束后，所有的标本都要按顺序排好，从老到新仔细标注清楚，再包装起来。一切结束后，这批标本将运回剑桥的塞奇威克博物馆（Sedgwick Museum），而我也随后返回那里。

我在塞奇威克博物馆将近三年的工作可谓如鱼得水。这座位于唐宁街的博物馆是一座建成于 19 世纪的仿哥特式建筑，我当年读研究生时的公共办公室就在这栋老旧建筑的阁楼里，直到现在，地质科学系仍然还在这座楼里办公。我对三叶虫的痴迷令我的室友约翰·伯斯诺尔（John Bursnall）表示难以接受，当我仍不停地研究三叶虫的外壳时，他已忙不迭地返回美国去了。

在自然状态下，三叶虫壳体的大部分都被岩石覆盖着，所以我着手的第一个工作就是把三叶虫从岩石中清理出来，仅这项工作就花费了我数月的时间。像我早年间在圣戴维斯一下就敲出了近完整的三叶虫的"幸运一锤"，可不是常见的情况。一般情况下，原始的样本可能只能看到头鞍的一个顶端，或只看到一只眼睛，必须在实验室里将覆盖在化石周围的岩石去除，将化石完整地暴露出来。化石的清理修整是需要技巧的工作，而在学会这项技能前，付出一些令人伤心的代价是在所难免的。清修的基本工具是一个小小的机械式振动针，它在使用时会持续地发出愤怒黄蜂般的嗡嗡声，*你只要

---

* 这一工具根据驱动原理不同，国内称为电刻笔和气动笔，在今天的古生物研究机构，你仍然能听到它发出的嗡嗡声。——译者注

稍微一个失手，就会在化石表面留下一个明显的针眼。一般来说，围岩会顺着化石与岩石的接触面，而不是垂直于化石的面裂开，正因为具有这样的特性，化石的清修才得以进行。但意外总会出现，有时一块珍贵的化石被针头崩掉了，你只好匍匐在房间里，拿着放大镜仔细找寻崩落的碎片。有时我要花上好几个小时的时间，在显微镜下用解剖针将化石的围岩小心地清理干净。伯斯诺尔常认为我是自己雕了个化石出来。

清修化石效果最好的针头是用来播放 78 转老式唱片的唱针，这种唱针在 20 世纪 70 年代初就已经很难买到了。我和同学菲尔·莱恩（Phil Lane）常到旧货店去淘这种可以磨尖同时又很坚硬的钢针。旧货店老板对我们的行为感到迷惑不解，当我们掏钱时，他常问道："要不要顺便再帮你们找点唱片？""谢谢，我们只需要唱针。"我们边说边快速地走向门口，并尽量让自己看上去不是打算用它们来嗑药。

没过多久我就发现，像我发现的第一只三叶虫那样的完整标本并不多见，我新采集的这些三叶虫标本大部分都是不完整的。在三叶虫死后，完整的虫体不会保持太长时间，它的壳最终往往会沿着薄弱面散开，就像盔甲从接缝处裂开一般。尾部是铁板一块，所以当你敲开岩石，首先发现的往往就是单独保存的尾部。最易分散的部分是胸部，它往往解体成很多片段，而这些片段又会被进一步折断或打散。头部也常常裂成好几块，位于头部中间的那块包含头鞍的甲片被称为头盖（cranidium），它也是最常见的三叶虫碎片之一。头盖的两侧是两个镜像对称的活动颊（free cheek 或

librigena）。很多三叶虫在活动颊的外侧有根明显的颊刺（genal spine），这使得头部的左右两侧向后形成了两个尖锐的角。大多数三叶虫的头部就是由三个部分组成，即头盖及两侧的一对活动颊。眼睛往往位于活动颊上。活动颊与头盖之间的接缝是一条被称为面线（suture line）的特殊薄弱面，这条缝合线在三叶虫蜕壳过程中能起到不小的帮助作用。对三叶虫而言，眼睛可能是身上最脆弱的地方，而且也比较不容易干净且彻底地蜕皮。因此，三叶虫的旧壳在蜕壳时会先从面线处裂开，保证位于面线中段的眼睛最先蜕皮，然后再蜕掉其他部位的壳。这种策略可以使蜕壳更快地进行，并缩短三叶虫以软壳的状态暴露在外的时间。在面线裂开后，颊部的老壳会最先从虫体上脱落，这也是它们被称为"活动颊"的原因；相对地，头盖两侧后蜕皮的部位被称为固定颊（fixed cheek）。

如上所述，一个三叶虫的壳一般会解体成活动颊、头盖、胸节及尾部等大量小零件。另一方面，就像现代的螃蟹与龙虾一样，三叶虫在成长的过程中又会历经多次的蜕壳，长出新壳并将旧壳抛弃掉。而它从小到大所有蜕下的旧壳都有保存成化石的潜力，三叶虫可以说是货真价实的化石工厂。

虽然有如此多的化石，但一个问题却很明显：如果你的三叶虫都是些小零件，那么你的首要工作就是要将这些碎片拼回原来的样子。这有点像是在没看过原画的情况下拼一幅拼图，但这还不是最难的情况，如果这些化石混杂了十几种不同三叶虫的零件，那么复原工作的难度将大大上升，就像在没有原图的情况下，同时去拼十几幅拼图。当进行这项工作时，我就变成了拼图的专家，总

会有些线索提示哪些是正确的搭配，比如同一种三叶虫的活动颊边缘与头盖边缘是相互吻合的。而在前辈发表的文献中，也能找出一些完整的壳体化石，按图索骥也能很快找到配对的头尾。随着这些工作的进行，我的办公室很快就堆满了碎石块、刻针和破旧的专著，上面还都落着一层细细的灰。现在我办公室的情况仍然如此，喜欢整洁干净的人进到我的办公室里总是大吃一惊，为此我特别准备了一张软垫小椅，好让他们昏倒时不至于摔在地上。

这是一项趣味十足的工作，它不像充满实验服的科学实验，反而更像是考古学家拼接破碎的陶片。惠廷顿时不时会出现在办公室，有时给我一些鼓励，有时将我配错的头尾更正过来。他是一位绅士风十足的监事，用美国人常用的"导师"一词来形容或许更加贴切，大家都乐于接受他的指导。我最常翻看的参考文献就是他的文章及专著，这些资料陪伴我多年，如今多已变得破旧了。

惠廷顿在研究三叶虫微细结构中的贡献可能比其他任何人都多。在20世纪50年代，他发现了一些保存状况惊人的三叶虫外壳。这些三叶虫来自爱丁堡石灰岩组（Edinburg Limestone），这些奥陶纪形成的地层广泛出露在美国弗吉尼亚州的路边。这套地层保存的三叶虫外壳全被耐酸的二氧化硅所替代，而它们的石灰质围岩基本上都是可以被酸溶解的，因此可以把整块岩石丢到稀盐酸中进行处理。这些石灰岩的颜色相当深，一丢到溶液里就会像泡腾片一般发出剧烈的嘶嘶声，慢慢地，溶液会平静下来，像苏打水一样冒着规律的小泡泡。这时你会注意到岩石中露出了一些不溶解的棱角，这就是处理出来的二氧化硅化的三叶虫。反应结束

后，我们用筛子洗掉反应残留物中的细泥与残渣，余下的就是纯正的三叶虫壳了。

　　现在，突然有了一堆堆真正的三叶虫壳可以任你取用，就像回到了四亿年前奥陶纪的沙滩上一样。你第一次可以把三叶虫翻过来仔细观察，看看壳的腹面是什么情况，以及腹边缘是如何发育的。之前为了清修标本，我们要花掉好几周的时间，而今只需让岩石在酸中反应几天，完美无缺的标本就能出现。处理结束后，较大的标本用镊子夹出，而较小的标本则用沾湿的毛笔挑到载玻片上。提取出来的化石是各种三叶虫零件，比如活动颊、尾部、头盖和散开的胸节，这都是古生物研究的珍宝。之后我们再在显微镜下将这些零件一一配对，这一过程有点像在旧货市场上把精美的古玩凑齐一套一样。

　　在惠廷顿整理出来的标本中，人们获得的最惊奇的发现就是一些三叶虫身上存在着极精细的纹饰。在这些完美的二氧化硅复制品上，分布着长长短短的刺，甚至小刺上还有更小的刺。即使是最小心认真的化石清修师也无法还原出这种景象。三叶虫身上的小刺简直多如牛毛，布满了头胸尾：每一个胸节的边缘处都有一根伸出去的长刺，一节节连起来像一排自卫用的短剑，在尾部末端还有一对布满毛刺的大刺，一直向后延伸，超过身体的长度。这些动物简直就跟现代的海马和蜘蛛蟹一样奇怪。更神奇的是，这些动物体表上的微细构造也保存得极为完整，我们可以看到一些尖刺的顶端生有微细的小孔。在三叶虫活着时，感觉纤毛可能就是从这些小孔中伸出，探知海洋中的微弱变化。

从来自美国弗吉尼亚奥陶纪地层中的硅化三叶虫标本上，我们可以看到令人吃惊的刺饰。这里所展示的是顶棘刺虫（*Apianurus*）的头壳（a）、尾壳（b）和活动颊（c），这种三叶虫属于齿肋虫类。有些刺上甚至还长着刺，这种微细结构几乎不可能手工清修出来。（图片来自惠廷顿）

有的三叶虫的表面布满了如同心圆般旋转的脊，这些图案像指纹一样复杂，像杰克逊·波洛克（Jackson Pollock，美国抽象画家）的画一样繁复；有的三叶虫表面布满了圆形小瘤，一颗一颗的好像结了露珠；还有些三叶虫的表面则无脊无瘤，取而代之的是成排的小坑。还有种三叶虫我们随后会介绍，它的整个头部边缘都布满了整齐的小孔。所有这些三叶虫在被清理掉覆盖几亿年的尘埃后，都是由惠廷顿鉴定与组装的。

筛网中常会剩下些壳的碎片，和我们已经熟知的头部、胸部或尾部不能吻合，这其中最引人注意的是一种有边的椭圆形板，在椭圆的一端还经常有一对长长的突刺。通过完整的三叶虫标本，我们知道这块板原来是位于头甲中央的腹面的。三叶虫的背壳在腹面的延续被称为腹边缘，而刚才提到的那块板片的术语叫口板（hypostome，也译为唇瓣），是头部腹边缘在从头前端继续向后延伸的产物。口板的位置位于头鞍的腹面，这样生长在头鞍与口板之间器官就受到了上下两层硬壳的保护（插图 2）。这样看来，藏在头鞍里的这个结构对三叶虫肯定非常重要了。事实也是如此，头鞍之中就是三叶虫的大脑和胃。

上述的所有三叶虫外壳，都是所谓的外骨骼的一部分。顾名思义，这些骨骼都是生长在软组织之外的。而以我们智人为代表的脊椎动物则与三叶虫刚好相反，我们的肉体，也就是软组织，是包围着骨骼生长的。正因如此，人类才会背后挨刀。虽然外骨骼能把像三叶虫这样的节肢动物保护得很好，但缺点就是，它们必须随着身体的成长更换外骨骼，原先壳上的每一个小刺小瘤都必须

全部蜕去，然后再从新的外壳上长出来。口板等其他配套硬壳也要一并蜕掉换新。

　　惠廷顿像他研究的硅化三叶虫一样，都是经得起时间考验的。当其他同时代的研究者都渐渐退出舞台时，他仍在不知疲倦地研究他心爱的三叶虫。我认为这种状态正是他善良和坚毅的自我品格所塑造的。虽然他已经 83 岁*，但须发几乎都还没有开始转白。他来自英格兰中部的伯明翰，但也在哈佛大学待过很长一段时间，因此他的口音很特别，让人无法断定他究竟来自何处。在成为我的良师时，他已从美国回来，获得了剑桥大学地质系的伍德沃德教授职位（Woodwardian Professor，始于 1728 年伍德沃德设立的"化石教授"职位）。这个响亮的名号很早以来便是学术上的荣誉头衔了。在已经沿用了超过一世纪的伍德沃德教授专用办公室门上，一块擦得闪亮的门牌就标识着这项荣耀。这一切似乎显得有一些老旧了，但我一直觉得这代表了一种学者之间的传承，这条血脉可以一直上溯到古老的时代。在这种氛围里，即使你在此遇到了 19 世纪剑桥的地质学家、同为伍德沃德教授的塞奇威克（Revd Adam Sedgwick）在跟你打招呼，你都不会感到特别惊讶。塞奇威克是寒武纪的创名者，我的第一只三叶虫就是来自那个年代的地层。

　　惠廷顿的田野工作常有妻子多萝西（Dorothy）随行。惠廷顿是个安静的人，多萝西则热情洋溢。她印证了化石发现的一则定律：最好的标本总是随行的人找到的。惠廷顿和学生们坐在矿场

---

*　指作者写作此书的 1999 年，惠廷顿已于 2010 年去世。——译者注

三叶虫：演化的见证者

的地面上，用地质锤努力地敲着坚硬的石灰岩，有时还因敲到手指而喃喃抱怨。偶尔会发现一些看起来很有希望的碎片，支撑着他们继续努力地敲下去。而此时多萝西则一边享受春日的阳光，一边悠闲地挑拣地上的碎石头，然后她会问："哈里，你看这个有用吗？"她手中的往往就是当天最珍贵的标本。

　　惠廷顿是三叶虫界的权威。权威和威权有很大的不同，有些教授两者兼备，但其中的佼佼者必定是受同行拥戴而成为权威的人。我也曾遇到过其他类型的权威。当我在德国哥廷根大学访问时，有一天我像往常一样到咖啡厅休息。我随便在桌边找了空位坐下，开始喝咖啡。这时屋内突然变得一片寂静，好像出了什么事跟我有关，我困惑地检查裤拉链及其他可能失礼之处，但没有发现任何端倪，我坐的木椅和其他的椅子也没什么两样。就这样过去了尴尬的一分钟，系里一位年轻人靠到我耳边小声地说："你坐的是某某教授阁下的椅子。"老天！我马上从椅子上弹起来，羞得面红耳赤，找了另一把一模一样的椅子坐了上去。这就是威权了。

　　1972年，我重返斯匹次卑尔根岛。因为我之前在那里取得的三叶虫新发现令人振奋，挪威政府这次资助了我们一支配备完善的探险队，可以在岛屿的北端采集更多的标本，并填补上次采集的空白区域。再次踏足这片极寒之地，这里仍然是寒风瑟瑟，一片荒凉，北极燕鸥以歇斯底里的尖啸欢迎我们到访。我认出了从岛屿中部广大冰原上融化出的一条小溪，上次我们就在这溪边安营扎寨。与上次造访相比，这次行动声势浩大。第一次采集时我们只有两个人、一顶帐篷、一艘小船以及刚好够吃的麦片。这次，我

们的队伍有八个人，还有一顶像在马戏团使用的那种豪华大帐篷，里边还有暖气。晚上大家可以窝在里面取暖，免受暴风雪的侵袭。帐篷里悬挂着一串串火腿，旁边还有馋人的意大利香肠。我们的团队中还有一种"火腿"，他负责操作先进的无线电通信装置。*晚上我们一起围着大折叠桌聊天开玩笑，保持团队的活力。尽管有时会发生些小冲突或不愉快，但我在努力成为大家的好朋友。

队伍中有一位和蔼可亲的教授，他是来自奥斯陆的居纳尔·亨宁斯门（Gunnar Henningsmoen）。他心胸宽大，或许是唯一能和惠廷顿相提并论的人，他总是以幽默的风格主导整个晚餐的气氛。除了我之外，队上还有一位英国人戴维·布鲁顿（David Bruton），我们合住一顶小帐篷，他在挪威住了很久，所以能够以挪威语和当地人轻松地聊天。基于一种过时的爱国主义，我们两个坚持在我们的帐篷外挂上英国国旗，但几个星期下来，这面旗子不断地拆离剥落，最后变成了一块破布，英国的存在感也就这样了。对我这个外国人而言，最难受的莫过于听他们吃饭时讲的笑话——因为笑话是无法翻译的，它顺应情境产生，重复以后的效果就大大减弱了。当大家有说有笑时，你只能坐在一边，嘴上挂着心虚的微笑，好像也领会了这个笑话一样，虽然你其实完全不知大家在笑什么。你只能希望他们不是在说你，但即使就是这样，你也只能坐在那儿傻笑。这些挪威话整天在耳边萦绕，但我没学会几个挪威单词。我学到的让我最惊讶的事情，就是挪威人用来骂人的字眼真

---

* 一个谐音梗，无线电爱好者与火腿在英文中是同一个单词 ham。——译者注

是少得可怜。事实上，不管遇到什么事，他们都用"farn"来表达，这个词的意思有点类似于"该死"，有教养的维京人认为这个词非常粗鲁。每当碰到什么倒霉事，探险队员们都会用到这个词。如果地质锤敲到了手，他便跳起来骂一声"farn"；如果不小心把一块完美的标本掉到海里，他先是着急得大叫，然后再抱怨一声"farn"；可以想见，如果所有的粮食都被暴风吹走，眼看命不久矣，那这些可怜的挪威人唯一能做的，还是站在粗糙的砂地上对着刺骨的冷风呼喊"farn"。但这样悲惨的情境又岂是一"farn"所能了得？

　　我们采了一箱又一箱的标本，它们迟早会成为我的显微镜下仔细研究的对象。这些三叶虫标本的年代只占地质历史中短短的一千万年，我在脑海中徜徉于那远古的时期，就像史学家回味着都铎王朝或斯图亚特王朝。*我将三叶虫的不同零件复原在一起：头盖配上活动颊，尾巴配上脑袋，这活儿我比任何人干得都快。有时我们也会发现完整的三叶虫标本，仿佛我们突然找到了拼图的原图，可以借此验证先前的复原推测是否正确。我在这批标本中发现了一只很独特的突眼三叶虫，我取义"不眠的凝视者"，将它命名为不眠凝视虫（*Opipeuter inconnivus*，详情见第四章），这也很像是在形容工作中的我自己。消失的奥陶纪海洋慢慢在我心中清晰了起来：比起现今斯匹次卑尔根岛的荒凉海岸，当年这里可是一片生机勃勃的沃土。可不能因为年代古老就将奥陶纪的海洋与贫瘠画上等号，那时的海洋可是个富饶之所！虽然当时陆地上几乎没有生

---

* 　两者均为英国历史上的王朝。——译者注

物，但海洋里已充斥着水母、三叶虫、蛤、螺，还有些分节的蠕虫；一丛丛海草随风漂荡，现代鹦鹉螺的远古近亲在当时更是海中凶猛的掠食者；有些柔软的小动物在水中成群游动，乍看之下还会让人以为是鱼类的银白色身影。古生物学家可不单要倾听某个动物化石的信息，他所要做的是重建一个消失的世界。

鉴于这次在斯匹次卑尔根岛取得的重大发现，我被邀请到学术地位崇高的挪威科学院做一次演讲。挪威对斯匹次卑尔根地区拥有特殊的主权，因此我的受邀多少有点政治色彩。这次演讲的阵仗令人害怕，我面对的是台下一百多位挪威最杰出的科学家，那真是一片贤者之海。在这座华丽的奥斯陆历史建筑的讲台上，25 岁的我即将经历从求教者到施教者的转变，这真是一件考验，尤其是当你想到伟大的极地探险家弗里乔夫·南森（Fridtjof Nansen）和罗阿尔德·阿蒙森（Roald Amundsen）当年就是站在同一个讲台上，而且四周的名人画像也都在注视着你。不过幸好我的报告也是干货满满，我讲述了如何在遥远的欣洛彭海峡（Hinlopen Strait）意外地发现了全世界这一时期最丰富的动物化石群，以及前人为什么与这一发现擦肩而过；三叶虫是如何证明斯匹次卑尔根原先是劳伦古陆（Laurentia，存在于古生代早期的古老板块，相当于现今的美国、加拿大的大部分及墨西哥北部的一部分）的一部分；以及奥陶纪时这里是热带而不是极地。这是我第一次在公开场合分享我对这些远古故事的激情，我渐入佳境，情绪高昂，肾上腺素飙升，听众在我眼中很快就只是上百对耳朵而已了。

演讲结束时，一位高大而谦和的老先生站起来向我提问，他

以流利的英语谈到了他在 20 世纪初到新地岛（Novaya Zemlya）时的状况，最后，他介绍说自己叫奥拉夫·霍尔特达尔（Olaf Holtedahl）。我很吃惊，即使是探险家南森站在我面前询问北极探险的经历，大概也就是这种效果了。*霍尔特达尔是过去英雄世代的幸存者，在他们的那个时代，北极还是一片未知之地，主要的交通工具是哈士奇，而主要的食物则是干肉饼。在 20 世纪 20 年代，霍尔特达尔开拓性地完成了关于北极高纬度地区地质的报道，其中特别重要的是关于遥远的新地岛的内容，这个狭长的岛屿从俄罗斯海岸向北像弯曲的手指一样指向北冰洋。在他的探险之后就很少有关于这个岛的报道了，因为那里在冷战时成为苏联机密的军事要地。现在，这样一位富有探险和科学精神的传奇人物，就这么穿戴整齐地走出了书页，从我的想象变成眼前活生生的人。

这件事使我理解了与过去千丝万缕的联系，不过这个过去不是指化石所在的远古时代，而是指科学前辈的过去。科研工作者总是很难摆脱一种倾向，即认为自己的发现是重要的，而一些前人的工作则被有意无意地忽略。但事实上，我们对于新事实的解释仍然是以这些工作为基础的。科学就是这样一项奇怪的事业，它需要合作，也充满着竞争，抢在竞争对手之前获得发现的荣誉是科学发展的主要动力之一。但从更长远的角度来看，这样的竞争在科学史上会慢慢淡化，科学的发展似乎更像是由一系列发现者名单串联在一起形成的顺理成章的结果。

---

* 南森去世于 1930 年。——译者注

三叶虫发现者名单上的第一个名字，正好是我完成这本书（1999 年）的三百年前。这个条目属于洛伊德博士，他在写给马丁·李斯特的信中提到了他的"比目鱼化石"。这封信以《关于最近发现的一些有规律图案的石头，以及对古代语言的观察》（Concerning some regularly figured stones lately found, and observations of ancient languages）为题，于 1698 年发表在英国最古老的科学杂志《英国皇家哲学学会会报》（*Philosophical Transactions of the Royal Society*，以下简称《会报》）上。有趣的是，这篇搞错了的"比目鱼"文章，与显微镜先驱列文虎克（Leeuwenhoek）的介绍红细胞、微生物和其他重要发现的文章并列在同一期刊上。三叶虫就是这样与最敏锐的观察者一起在科学界亮相的。最早的几期《会报》使用了最好的皮革装订，规格很高，它在科学界的地位显然也配得上这种尊重。

凡是熟悉兰代洛镇附近岩石的人，对"比目鱼"的真实身份自然是毫不陌生——它是一种叫作戴氏龙王盾壳虫（*Ogygiocarella debuchii*）的三叶虫。在兰代洛城外的戴恩福公园（Dynefor），就有许多暴露着成层石灰岩的采坑。许多盘状的石灰石从这些采坑中被采出，有些"盘子"里就盛着"比目鱼"。乍看来，它们确实与比目鱼大小相仿，也很扁平，而且还有两只惊讶地瞪着采集者的眼睛。但当我们从今天的角度再回头看，这种动物有个大大的尾部，胸部还分为八个节，怎么看都不像是鱼。从洛伊德博士所绘的复原图中，我们可以看出他为何会搞错：他在标本的外围多复原了一圈像鱼鳍一样的装饰。总而言之，洛伊德只把眼睛的位置搞对了。

　　　　　　　　　　　　　　　　　　三叶虫：演化的见证者

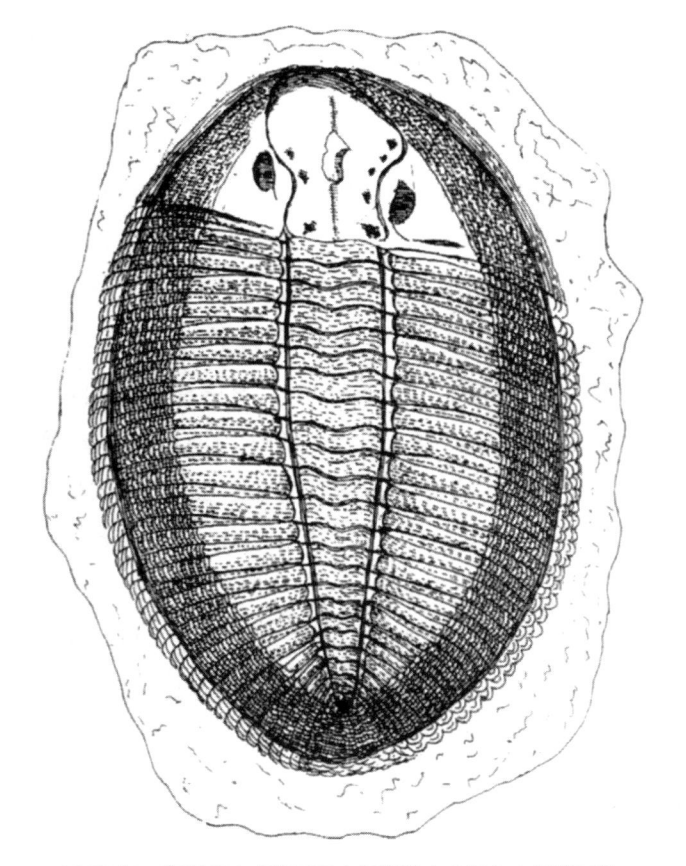

1698 年，洛伊德在《英国皇家哲学学会会报》上报道了这条"比目鱼"。这块标本其实是一种来自南威尔士的奥陶纪三叶虫：戴氏龙王盾壳虫。三叶虫标本的照片参见插图 1。

1771 年，德国动物学家瓦尔希（Walch）已经意识到三叶虫是一类独特的动物，可惜他的著作非常冷门，我跑遍了英国的图书馆，但至今仍无法确定是否找到了他著作的正确版本。但短短

十年间，布伦尼希（M. T. Brunnich）等学者就已经将"三叶虫"这个词用在文章的标题中了，可见这个名字在那一时期已被广泛地使用。这确实是一个悦耳又贴切的好名字。在欧洲，已经有越来越多这种独特生物的化石被发现了。到了 19 世纪的前二十年，许多三叶虫开始有了学名，尤其是那些发现自斯堪的纳维亚、法国及德国的类群。1822 年，法国古生物学家亚历山大·布龙尼亚（Alexandre Brongniart）发表了一篇名为《三叶虫》（*Les Trilobites*）的简单专著，这使得大家对洛伊德的"比目鱼"有了更正确的认识。书中布龙尼亚把这个来自戴恩福勋爵庄园的三叶虫定名为戴氏龙王盾壳虫。终于，这种生物不再被称为"比目鱼"，而是被鉴定为一种具有龙虾般的分节，且有着钙质外壳的奇特动物。

在《会报》发表洛伊德文章一百四十多年之后，他的"比目鱼"已经成为兰代洛镇及什罗普郡（Shropshire）两地间地层对比的工具。在罗德里克·麦奇生爵士（Roderick Murchison）所著的《志留系》（*The Silurian System*，1839 年出版）一书中，包括戴氏龙王盾壳虫在内的三叶虫已不再仅是一种有趣的生物，而且还是确定地层年代的有力工具。自此，"三叶虫"这个名字便已经在科学界建立起了某种固定的地位，不会再动摇了。那时的学者对《埃涅伊德》（*Aeneid*，讲述罗马诞生故事的史诗）和希腊神话的了解，就好比我们对当红电视剧的熟悉程度，因此他们常用古代作品中的名字为三叶虫命名。像龙王盾壳虫（*Ogygiocarella*）这个属名就来自希腊神话中安菲翁（Amphion）和尼俄柏（Niobe）的第七

个女儿奥杰吉亚（Ogygia）。*而安菲翁和尼俄柏随后也被用来命名其他的三叶虫属。事实上，许多神话人物的名字都已经被用于命名各种动物，即使是像弗里吉亚仙女（Phrygian nymph）和奥林匹斯山牧羊人这样不重要的角色也没有落下。根据时间的不同，"过去"也分为很多层次，最基础的当然是三叶虫所在的那个"过去"；然后是希腊神话故事发生的那个"过去"；再次是科研前辈们所在的那个"过去"。我们手中的标本正是将这些层次的"过去"生动地统一了起来。

三叶虫和一些现生动物间的共同点不久就引起了人们的注意。在海岸边或森林里，我们很容易发现一些分节的生物在地上爬，它们都是环境中的普通角色。像昆虫、甲壳类、蜘蛛、蜈蚣等，它们的一个共同点就是身体由相互连接的好几个体节所组成，而另一个共同特征则是均有带关节的腿。如果只凭第一印象，我们很难发现苍蝇的腿和龙虾的腿之间有什么相似之处。但是这两种生物腿部的接合方式的确非常类似，它们的每个关节都可以相对于相邻关节进行不同程度的转动。这有点类似带关节的台灯，虽然你很快就会发现它只有几种固定的转动模式，但如果你掌握了这些关节的运动规律，仍有可能将它们安放到最不可能的角落。如果你把一只龙虾翻过来，只需看它的腿机械式地踢来踢去，你就能大体估算出龙虾附肢所能运动的范围。而当一只甲虫肚皮朝天躺

---

* 因为骄傲，尼俄柏的七个儿子和七个女儿均被射杀，她自己则变成了石像。*Ogygiocarella* 按义应被译为小奥杰吉亚虫，然而与原义无关的"龙王盾壳虫"译名已在中文世界存在很长时间，为避免混淆，译者在文中尊重历史优先。——译者注

在地上时，它也会踢来踢去，和龙虾的状况极为相似。这些动物的腿部肌肉都附着在壳内，肌肉一收缩，便可拉动附肢进行运动，仿佛提线木偶一样。我们将这些附肢分关节的动物称为节肢动物，而三叶虫无疑就是它们中的一员（不过在确定三叶虫为节肢动物很久以后，我们才发现了三叶虫附肢的化石证据）。如果三叶虫存活至今，就会和蝎子、螃蟹、蝴蝶、甲虫、臭虫这类生物并列，成为这个种类最多样的动物类群的另一个代表。事实上，生物分类之父卡尔·林奈（Carl von Linné or Linnaeus）在 18 世纪末期就已确认了三叶虫的分类位置。我想，如果三叶虫还没灭绝，在海边可能就会有一些母亲要求她们的小孩："吉姆，不要去拔那个三叶虫的腿！"但吉姆显然无法控制他好奇的欲望，仍扒拉着手中怪物的腿，好看看它们都是如何弯曲的。他甚至还会抓着这令人害怕的三叶虫去吓唬他的姨妈。

但是，我所研究的斯匹次卑尔根岛三叶虫都仅剩一副空躯壳，它们的钙质外层已经消失，肢体也已经消失得无影无踪了。我可以想象三叶虫从我手上爬过的瘙痒感，以及它们爬过奥陶纪海底的情景，也可以想象它们的附肢或许兼有对虾和蝎子的特点。但确实有那么少数几个地方，可以将我们的这些想象用真实的标本加以充实，在那里，即使三叶虫附肢上毛发般的微细构造也能得到奇迹般的保存。如果我们想发掘三叶虫的完整真相，就必须去这些地方，听三叶虫自己讲出自己的故事。

第三章 附 肢

　　如果你想捕获一只稀有蝴蝶，用霰弹枪和手提箱显然不太称手。要想追寻神出鬼没的目标，你需要敏锐的思维及智慧，也需要高度的运气。人们会愿意去追寻一些困难的目标，主要是因为他们相信：只要坚持到底，目标终可实现。寻找三叶虫的腿就是如此。

　　在19世纪中期，有数以百计的三叶虫种类被描述及命名。那是一个大发现盛行的英雄时代。当时，地质学家第一次开始对古老的地层做系统的调查，并绘制地质图。他们大脑中已开始形成地质年代的概念，并对不同的年代加以命名和区分，其中有些年代名称沿用至今。在研究地层时，他们发现化石对于辨识某些特定年代形成的地层非常有用，通过不同化石的出现顺序，就可以把本身混乱的地层理出头绪来。在英国，探寻三叶虫的学者，几乎跑遍了整个威尔士地区。他们或步行，或乘马车，成为第一批敲开威尔士地区页岩的人。在这批先驱人物里，就有亚当·塞奇威克，我在剑桥工作的博物馆就是以他的姓氏命名的。他将北威尔士含有化石的最低层位命名为"寒武系"，寒武（Cambria）一词就是罗马人对威尔士的古称。因为这段地层所含的生物化石被认为是之后生

物的祖先类群，寒武系也被称为"始生系"（Primordial），不过这一称呼并没有像寒武系一样被沿用下来。在塞奇威克踏勘北威尔士的同时，罗德里克·麦奇生爵士则走遍了南威尔士，对他的"志留系"进行绘图与划分（志留的英文 Silures 是曾经居住在南威尔士的一个部落）。他还用化石阐述了地质历史时期的往事，这比塞奇威克的认识更进一步。三叶虫易于辨识，这使得它们成为识别不同地区志留纪地层的标识。不难想象，当麦奇生爵士专横地要求各教区喜欢采集岩石的牧师将他们从当地山谷或溪流中采到的化石呈上，并一眼认出其中的饰边三瘤虫（*Trinucleus fimbriatus*）或他熟悉的其他三叶虫时，爵士的嘴边一定会露出那种贵族式的微笑。就像钱币收藏家一眼就能认出真假难辨的哈德良*硬币一样，古生物学家也一定不会忘记十年前在五十英里外所看到过的某种化石。地质历史就这样记录在成千上万个三叶虫之上。

古生物学家亨利·希克斯（Henry Hicks）和约翰·索尔特（John Salter）是最早踏上彭布罗克郡（Pembrokeshire）悬崖的人，那些地方我在学生时代也曾到访。我有一张他们在 19 世纪 70 年代的合影，照片中，他们对自己的新发现露出了满意的笑容。他们的名字至今仍然出现在他们所命名的三叶虫后面，因为当我们要引用一个学名时，种名的后面必须要加上最早为这个种命名的科学家的姓氏。索氏线头虫（*Ampyx salteri*, Hicks）产自圣戴维斯北边悬崖上的黑色板岩中，这种有趣的三叶虫 1873 年发表于伦敦地质学会的会

---

* 　哈德良（Hadrian），罗马帝国安敦尼王朝的第三位皇帝。——译者注

刊上。索氏线头虫意思就是索尔特的线头虫，希克斯以索尔特的姓氏为这种三叶虫命名，作为送给朋友的礼物。而索尔特也以相同的方式回礼，他将彭布罗克郡海边一种漂亮的三叶虫命名为希氏奇异虫（*Paradoxides hicksi*, Salter）。这种感谢方式我也使用过，我将一种小巧可爱的三叶虫命名为克氏舒马德虫（*Shumardia crossi*, Fortey & Owens），以此来感谢一直风雨无阻地帮我和鲍勃·欧文斯（Bob Owens）在威尔士的山沟里寻找三叶虫的弗兰克·克罗斯（Frank Cross）。克罗斯先生对我们研究的贡献将这样永远被铭记下来。

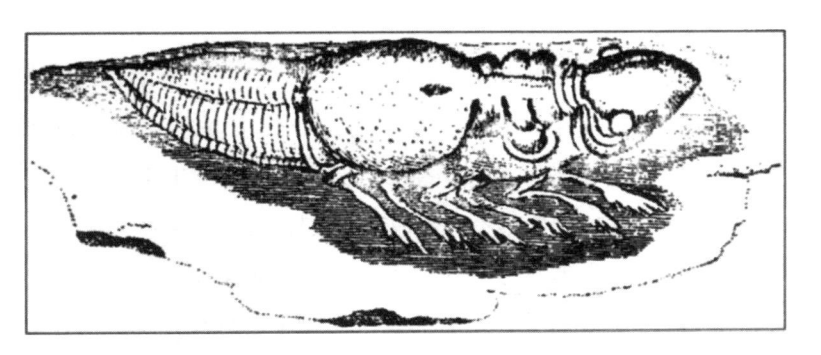

施罗特（J. S. Schroeter）于 1774 年绘制的一只幻想中的三叶虫，这是第一幅带腿的三叶虫画像。这个动物由一个方向正确的头、一个方向相反的头、一个可能颠倒的尾巴，以及纯虚构的附肢拼合而成。

当然，威尔士只是在 1830 年到 1875 年间受到众多古生物学者关注的几处地方之一。在这一时期，詹姆斯·霍尔（James Hall）正想尽办法出版自己关于纽约州古生物学研究的重要论著，甚至有时还使用了不光彩的手段；与此同时，约阿希姆·巴兰德（Joachim Barrande）则在波希米亚（今捷克）考虑着不同的化石

是否也可代表同一地质时期。随着几十上百种形态各异的三叶虫被发现，人们开始意识到这种动物的多样性，同时也暴露了人们对它的无知。所有已发现的化石都只是些空空的皮囊，无法告诉我们三叶虫生活时的样貌。虽然大家都认为三叶虫应该是用分节的腿在海底爬行的，但却没有任何关于这些附肢曾经存在的证据，有的早期研究人员甚至干脆按自己的想象帮虫子安上附肢。如果没有腿，那么这些奇妙的化石充其量就只能是用来判断地层年代的有花纹的石头，没有了灵魂。就像一枚哈德良硬币仅仅是过去曾经存在的真实生活的一个证据而已。如果没找到三叶虫的附肢，我们就不可能真正称得上了解三叶虫。

我想凡事总是有方法的，但具体是什么方法呢？三叶虫附肢应该跟现代的虾或蜈蚣的腿差不多，表面有一层几丁质的有机外壳。附肢上的这层壳确实不像其他矿物质外壳那样容易形成化石，但也不至于像黏糊糊的变形虫一样完全不可能保存成化石。一定会存在某些特殊情况，三叶虫的肢体在埋藏之初就被细腻而适宜化石保存的沉积物包裹起来，从而留下关于附肢的只言片语。

自然给了我们一点提示。许多种类的三叶虫能将身体紧紧地卷成一个圆球（插图16）。很多现代动物也有类似的自我保护方式，即使是人在遇到危险时，身体也会下意识地蜷缩起来。刺猬用这种方法保护自己脆弱的腹部，不过却因此容易被路过的汽车轧到——显然，演化还没有对汽车的出现做好准备。最好的例子来自一些小型的等足类（isopod），这是一类喜欢生活在朽木下的甲壳动物。你几乎在任何旧木堆中都可以找得到它们，只要掀开

任意一块腐木，就能看到这些成群的"小装甲车"慌忙地爬入阴暗的角落。不同的地方对这些小动物称呼不同，有时是潮虫，有时叫西瓜虫。和三叶虫一样，等足类的后背有甲壳，但着生附肢的腹部非常脆弱。因此，在遇到危险时，等足类的防卫策略就是把身体卷起来。我见过一些西瓜虫蜷缩得非常紧密，简直像一个球状的轴承，甚至连表面的光泽也很像。它们的体节层层叠套起来，而附肢则像收到船里的桨一样收入甲壳的保护中。虽然西瓜虫并不比其他的节肢动物在亲缘关系上更接近三叶虫，但它仍不失为一个有用的例子。许多三叶虫的蜷缩行为跟西瓜虫很类似，只不过它们比西瓜虫要大些。如果你把一个卷曲的粘壳虫（*Symphysurus*，奥陶纪三叶虫，见第 201 页左下图片）握在手中，你会感觉像握住一颗鸡蛋一样舒服。再仔细看，你会发现它的胸节外缘是叠压起来的，就像层层重叠而又可以自由滑动的日本折扇。为了完成这种叠压，三叶虫的胸节演化出了特殊的结构。在身体卷起的同时，胸节的中轴部分会被拉开，出现甲壳保护不到的缝隙，为了避免捕食者钻空子，三叶虫演化出了胸节半环来遮住因蜷缩而露出来的区域。人类盔甲的肘部保护结构也是类似的设计。看得出来，三叶虫对这些防御的措施看得很重，就像参加比武的骑士要小心防备弱点被偷袭一样。有的三叶虫甚至在壳上演化出了一些卡口装置，以让自己卷曲的外壳更加封闭紧密和牢不可破。

那么，卷曲而封闭的三叶虫壳体能不能提供一个保存附肢的条件呢？如果真有这样的标本，那无论从形态还是内涵上，这都是一颗真正的时间胶囊。我们要找那些刚好在蜷缩时死亡，并被

快速埋藏的标本，也许火山灰中是个不错的寻找方向，庞贝和赫库兰尼姆（Pompeii and Herculaneum，两座因维苏威火山爆发而被埋葬的古罗马城市）就是因此得以保存。毕竟在遥远的地质历史时期，火山的喷出物落入海洋中，并造成生物的大量死亡是常有的事情。但另一个重要的条件也要得到满足，那就是这些三叶虫球在被埋入地层后没被压扁，也没有发生进一步的扭曲变形。这样看来，我们所要求的情况还是蛮苛刻，不过天下之大无奇不有，在瑞典和爱沙尼亚的奥陶纪地层，还有英国的志留纪地层里，人们早已发现了很多外形完整的卷曲三叶虫。按我们推想的情况，如果将这些标本切开，再用砂纸仔细地打磨抛光，应该就可以从抛光面上看到我们苦苦寻觅的附肢痕迹了。然而，事情没那么简单。切开后的三叶虫球里充满了细粒的沉积物，这些沉积物一定是在生物被掩埋后渗进去的，但可能因为埋藏的时间太迟，细菌已抢先一步将附肢分解掉了。另一种可能是细菌本身就是跟随这些沉积物一起填充进去的。有那么一两个标本切片上有深色的小圆圈，那可能就是附肢的横切面，但也仅仅停留在可能。虽然这些迹象可能暗示附肢的存在，但它们对于了解附肢的细节结构并无帮助。

1876 年，年轻的古生物学家查尔斯·杜利特尔·沃尔科特（Charles Doolittle Walcott，1850—1927）迈出了解开三叶虫附肢之谜的第一步。沃尔科特致力于采集纽约特伦顿瀑布（Trenton Falls）一带的三叶虫，在那个自强不息的时代，他是自学成才者的代表。他出生于农村，性格慢热，信仰虔诚，看起来天资平平。但他却在没有任何正式的地质学学位的情况下，靠着一步一步的努力成为美国

地质调查所的所长，以及华盛顿特区史密森尼学会（Smithsonian Institution）的秘书长。他的中间名 Doolittle* 跟他的生平真是大相径庭。身为华盛顿的头脸人物、政治家和教授们的领路人、忙碌的行政管理者，沃尔科特还抽出时间发表了大量有关三叶虫及其他化石的重要论著。在图书馆里，他的著作排满了整个书架。他为几十个三叶虫新种命名，并用它们建立了整个北美大陆寒武纪地层的年代框架。** 他还在极艰苦的条件下建立了大峡谷（Grand Canyon）的地层序列。借助后来成熟的徒步路线，探索大峡谷的各纪地层或已不太难，但沃尔科特调查时可并没有这些条件。而且即使在今天，没有预备足够水源的徒步者昏倒在小路边也是常有的事，毕竟总会有人不相信在距离豪华酒店一两个小时车程之外的大峡谷竟然是这样险恶。

沃尔科特最广为人知的成就，是他在加拿大的不列颠哥伦比亚发现了赫赫有名的布尔吉斯页岩（Burgess Shale）。但即使没有这项发现，沃尔科特在科学史上的地位仍然难以动摇。面对沃尔科特的众多成就，现今的研究人员往往感到不可思议："好吧，那是因为他不需要花费很多时间在接电话上，而且还能居住在离他华盛顿的办公室很近的地方。"接着，他的现代同行们就可以把矛盾的重心转移到当今的高房价上了。沃尔科特确实不用担心房价，但更不可否认的事实是，在他生活的时代确实有比今天更多的取得超凡成就的人。他们通过超人的意志将所有的天赋化为了个人的

---

* 其中间名 Doolittle 与 dolittle（碌碌无为的人）同音。——译者注

** 沃尔科特的兴趣远不止于北美，事实上，他还是中国北方寒武纪三叶虫研究的奠基人之一。——译者注

成就。沃尔特·司各特（Walter Scott）爵士写出的那么多作品就是另一个活生生的例子（当然他的债务压力也是他写作动力的一部分）。好的做事方法无疑是他们成功的重要条件之一，我肯定沃尔科特可以清晰记得昨天下午处理过的某重要文稿放在何处。他不会给自己找各种各样的理由，而把该做的事一拖再拖。他甚至能抽出固定的时间来写日记，大部分人对这件事都是三分钟热度，很少能够持之以恒。我很希望在他的日记里能看到些有趣的内容。然而，沃尔科特记录的大多是他和一些重要人士的会面，很少谈及个人生活的点滴。尤其是在事业如日中天后，他的日记就变得越来越简略了。只有一段时期的日记里有他的真情流露，那就是他的第一任妻子露拉（Lura）不幸早逝，而他尚未得到第一份工作的那段日子。在妻子过世后的几个礼拜里，他不停歇地工作以分散自己的悲伤，而就在这时，他发现了一直难以捉摸的三叶虫附肢。

野外工作中的查尔斯·杜利特尔·沃尔科特（左）。

三叶虫：演化的见证者

在特伦顿瀑布所在的小镇附近，一些石灰岩零星地出露在路边或小溪旁的剖面上，这些都是沃尔科特很熟悉的。在石灰岩矿场或其他一些坑中也露出了一些地层，但随着近年来社会消费能力的增强，这些坑洞随时可能被生活垃圾填满，如今，矿坑本身已经比当初挖出来的东西还值钱了。这里的奥陶纪石灰岩像台阶一样一层层地近水平露出，跟威尔士和康沃尔一带扭曲的岩石相比，这里很明显没有受到像造山运动那样强大构造活动的破坏。这些地层仍然如实记录着海底的情况，而沃尔科特很幸运地成为第一个在这里发掘的人。有时，风暴会形成一英寸*左右厚的岩层，造成生命活动的中断，但在紧挨其上的地层中，生物群落很快就恢复了繁荣。即使经过了一个世纪的采集，这里的化石壳体仍然是随处可见，可以想见在沃尔科特初到此处时，化石该是多么丰富！这里的岩石就像一块块水果蛋糕一样，上面密布着三叶虫、腕足类、腹足类和苔藓虫，还有其他各色生物像蛋糕上的干果一样点缀其间。当你想把这些壳体化石拔出来时，你会发现它们仍牢牢地嵌在岩石表面，还有些许石灰岩遮住了化石的细节，这时只要仔细地用针清修，就能得到完美的标本。沃尔科特就是第一批挑选这些精美化石的人。

1876 年 3 月 1 日，也就是露拉辞世后的一个月，沃尔科特在日记中写道："切开几个 C.ps. 的结果非常成功，我想我要确认它们的内部结构了。"在这条工作记录中，沃尔科特认为

---

*　1 英寸等于 2.54 厘米。——译者注

C.ps. 可能有附肢的证据保存。C.ps. 是多肋希若拉虫（*Ceraurus pleurexanthemus*）的缩写（你可以看得出来为什么要用缩写），这是一种尾部多刺、头鞍上有很多节瘤的三叶虫，是特伦顿地区的岩层中最令人兴奋的化石类群之一。在沃尔科特之前的四十多年，格林（J. Green）就已经在他 1832 年出版的《北美三叶虫专论》（*A Monograph of the Trilobites of North America*）*中初次描述了这种三叶虫。

不过，在沃尔科特对来自"希若拉虫层"的标本进行切片及抛光之前，还没有任何迹象显示希若拉虫会提供有关三叶虫附肢的关键信息。"希若拉虫层"是层厚约两英寸的石灰岩，里边充满了单一的希若拉虫。岩层的底面和顶面有许多漂亮完整但内部空空的外壳，这些标本可以丰富化石收集者的标本柜，但能提供的信息非常有限。岩层的中间是一层被活埋的三叶虫，它们有些在死前还挣扎着要爬出埋葬它们的墓地。这些小虫似乎是被暴风中涌入的石灰质沉积物所困，这经历对它们自身来说是个小小的悲剧，但对四亿四千万年后的科学家而言却是个意外惊喜。想象一下，原先平静的海底爬满了三叶虫，突然间天色变暗，沉积物汹涌而来，三叶虫还来不及逃走就被细泥覆盖并窒息而亡。在灾难来临时，三叶虫本能地蜷缩起来，不过，这些可怜的家伙没有充足的时间将自己完全蜷起，只是大概蜷了起来。这样看，它们与时间胶囊在

---

* 这本书非常特别，因为随书还附有一套书中描述三叶虫的彩色模型，这些模型在最早的一批学术机构的库房中仍然可以找到。格林希望这样的配套销售能提高销量，可惜其中有些复原模型太过相似了。

外表上有点不太相符。由于沉积物的封闭，埋在岩层中部的三叶虫没有像表面的那样快速腐烂，而是有足够的时间让肌体被白色的碳酸钙缓慢替代。这就如同柔软的附肢被法老的祭司用制作木乃伊的防腐药剂浸泡。当碳酸钙矿物完全替代附肢结构后，即使软组织本身被吃掉，矿物充填的铸模仍能将复制的信息保存下来。沃尔科特敏锐地发现，灰色石灰岩抛光面上的那些小小的白色圆圈应该就是被碳酸钙充填的附肢结构。他又花了几天的时间观察了另一种三叶虫——森纳瑞隐头虫（*Calymene senaria*），并在1876年3月10日的日记中简明扼要地写道：“发现森纳瑞隐头虫的附肢特征与C.ps.相同。晚饭后撰写了C.ps.附肢的描述。”可以想见，沃尔科特对任何发现都会以同样简洁的风格进行记录：“上午找到了圣杯。希望明天能找到亚瑟王的宝剑。”*三叶虫研究从这一天起进入了全新的境界。

接下来沃尔科特需要做什么呢？在识别出附肢的存在后，他需要确定到底有多少对附肢，以及这些附肢是分叉的还是只有简单的腿肢，这使得他必须继续用手工打磨出一个系列的标本切片。石灰岩并不软（敲击一下身边的维多利亚式壁炉，你就知道此言不虚），而他制作切片的工具仅有一条锯线和一个旋转磨盘，显然这项工作要耗费他不少的时间。更为困难的是，他还要将一系列的图进行拼接，以便复原出附肢结构的三维图像。即使

对拥有计算机的现代实验室来说，这份工作也具有挑战性。可以想象，为了排解悲伤，沃尔科特努力工作直到深夜，并以好奇心及抱负取代了其他的消沉想法。最终，他将新发现写成报告，并在同一年发表了初步的结果。这篇文章有一个冗长的题目：关于三叶虫游泳肢和鳃肢遗存发现的初步报告（Preliminary notice of the discovery of the remains of the natatory and branchial appendages of trilobites）。虽然字面意思完全正确，但以此标题恐怕很难让著作畅销。在接下来的十八个月里，沃尔科特继续对标本进一步切割和观察，并修改了他的第一个复原版本。沃尔科特在第一版中已经注意到了一个重要的事实，这至今仍是正确的。他判断三叶虫的每一个体节都对应一对附肢，并且这些附肢都是大体相似的。三叶虫的内脏大部分位于它的中轴下方，也就是"三叶"中间的那一叶，而附肢就倒挂在含有内脏的体腔之下。这使得腿和其他附肢结构隐藏在三叶虫甲壳之下，两侧还被斜伸下来的胸节侧肋所保护。靠近内侧的是分节的腿肢，这无疑证明了三叶虫的亲缘关系，因为包括甲虫、狼蛛、蝎子和蜈蚣在内的所有节肢动物都具有此特征。沃尔科特把这些附肢称为"游泳肢"，显然他认为这些附肢是用来游泳的。在沃尔科特的第一版复原中，腿肢的外侧还有其他两对分叉，其中有一对直接连在腿肢上。而最外层的一对则连接在腿肢的基部，上面具有奇怪的螺旋状结构。这就是沃尔科特所说的"鳃肢"，顾名思义，它是用于从海水中吸收氧气的鳃。这种结构安排与其他节肢动物类似，在那个时代，这种处理已经是最得当的了。

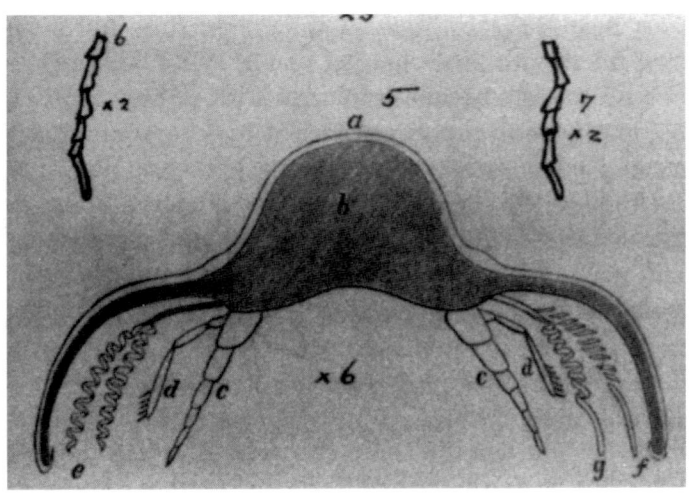

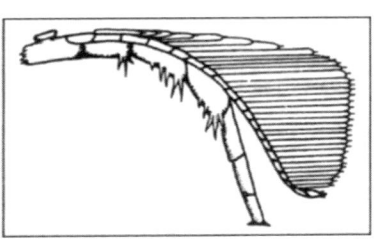

沃尔科特通过希若拉虫化石的附肢截面首次尝试性地（也是不准确的）描绘了三叶虫的附肢。右图则是现代复原的三分节虫的双枝型附肢。（来自惠廷顿和阿尔蒙德）

　　沃尔科特以现生甲壳类的附肢为范本，这显然影响了他对三叶虫附肢的复原。他在 1877 年 7 月 12 日的日记中也透露了这点："我研究和比较近代甲壳类越深入，对这些破碎片段的亲缘就看得越清晰。"尽管我们认为科学家应该从独立的角度观察事物，但即使最优秀的人也不可避免地会被先入为主的概念所影响：他们的大脑中有一些预先设定的合理场景，而对真相的预测就是根植于这些既有的知识与经验。在未获证实之前，沃尔科特就已经带

有了三叶虫是甲壳动物的先见，这让人想到哈代在 1873 年的书中称三叶虫是一种"原始甲壳类"（见第一章）。沃尔科特的预想（还不到十年，沃尔科特就改变了自己的看法，转而认为三叶虫与鲎有着更近的亲缘关系）竟然与远隔大西洋的哈代不谋而合，天晓得这是怎么回事，或许这两个技能点完全不同的人看过同一本教科书吧。

接下来，来自纽约州的另一个发现将三叶虫的附肢立体地呈现在了人们眼前。这些标本来自黑色页岩，具有与沃尔科特研究的石灰岩截然不同的另一种岩性，这些岩石的颜色深得像上流社会的绅士所戴的黑色礼帽，用锤子敲击则会裂成薄片状。纽约罗马镇（纽约州的这个地区一直是个不折不扣的古典地名辞典）附近的采石场就出露着这样的地层，被称为尤蒂卡页岩（Utica Shale）。在尤蒂卡页岩的某些层位中，一种长约一厘米、叫作三分节虫（*Triarthrus*）的三叶虫非常富集。这些富含三叶虫的标本看起来就像是许多大型潮虫爬进了石头，并死在了里边。研究生马修（W. D. Matthew）注意到有一块标本上的三叶虫前部有东西突了出来，像两根略微弯曲的金线。在手持放大镜下观察，这些线向前端逐渐变细，还分成了很多节：这不就是触角吗！这可是在沃尔科特的切片中未曾被寻获的一种附肢。触角是节肢动物的哨兵，对于周围环境的变化非常敏感，行使着相当于鼻子加手指的功能。因此其功能并不是字面上的"触"那么简单。这个新发现显示，三叶虫不但有眼睛来看，还有触角来嗅和摸，它们已经开始看起来不那么"原始"了。

哥伦比亚学院（Columbia College）的比彻教授（Beecher）很快就意识到了这个发现的重要性，他在当年（1893年）的年底发表了这一发现，而这些含有神奇三叶虫的岩层后来就被称作"比彻三叶虫层"（Beecher's trilobite bed）。不久之后，比彻又在三分节虫的身体下方发现了它的其他附肢，这可不再是切片上现实的模糊残片，而是一只金闪闪的完完整整的腿。触角之所以在一开始引起了人们的注意，是因为它的表面镀了一层金，那是三叶虫原本脆弱的表皮被愚人金置换的结果，愚人金可不是真的金子，而是黄铁矿。这真是非常神奇，就好像有一双魔手在三叶虫最脆弱的细节上喷上了一层保护涂层。有的标本中的三叶虫仰面躺在岩石上，仿佛是特意为了让生物学家观察而这样固定一样。这批标本最终解决了三叶虫附肢解剖结构的模糊不清之处，也为从洛伊德的"比目鱼"开始的三叶虫探索之旅画上了句号。现在，我们可以看到三叶虫的细长附肢层层叠压，这些附肢不像沃尔科特所设想的那样完全分离，而是采用了更简洁的设计。靠上侧的附肢（也就是沃尔科特所说的鳃肢）连接在腿肢的近基部位置，由羽毛状的细丝组成（这种内外肢相连的附肢被称为双枝型附肢，指其一个附肢上有两个分枝）。三叶虫的每一个体节都对应着一对这样的分叉附肢。因此，三叶虫的腹面是由一系列设计相当相似的单元重复组成的，胸部可能对应着十几个甚至更多的这样的单元。即使是尾部的分节之下也对应着这样的附肢，越靠近身体末端，这些附肢就越小。头部的下方除了有三对同样的双枝型附肢外，还有一对没有分叉的触角伸向身体的前端。为了用更写实的手法将自己对三分节虫附肢

解剖学的看法展示出来，比彻教授制作了一系列三分节虫腹面结构的模型。这样的模型我这儿就有一个，石膏材质，有原化石的两倍大。由于制作得实在逼真，不止一次有人让我把它当作"真品"来展示。

这些模型当然不会代表真的三叶虫，因为对附肢的认识仍未停止。自比彻的最初报道以来，每隔约三十年就会有其他研究者从尤蒂卡页岩的三分节虫中获得新的发现。最近的一位观察者是一丝不苟的惠廷顿，他在 20 世纪 80 年代早期雇用了年轻的研究人员约翰·阿尔蒙德（John Almond），并让他用喷砂机来清修黄铁矿化的附肢。喷砂机是一种将细砂吹到岩石表面的机器，由于喷出的细砂比页岩的硬度高，而比黄铁矿化的附肢硬度低，因此在理论上可以用于不损害虫体的清除围岩。依靠这种新方法，惠廷顿和阿尔蒙德得以像观察盘里的龙虾那样观察三叶虫附肢的细节，甚至连"腿尖"上小小的刚毛都被他们一览无余。排列整齐的上部附肢被认为是呼吸器官鳃。它们几乎水平地在肋节下延伸，密密层层且可能相互重叠。许多节肢动物都有这样一个皱褶的"肺"，通过它可以增大在水中的溶解面积，易于吸收更多氧气。在沃尔科特的原始草图问世一百年后，惠廷顿和阿尔蒙德以最新的技术手段证明了沃尔科特最初对于"鳃肢"的判断是正确的。当然，他们也观察到了很多前人未得见的特征，比如他们在腿肢颚基和其他关节的基部发现了许多粗壮的刺。看来三分节虫比比彻最初估计的要更加棘手，这个棘手是字面意思上的扎手。

三叶虫：演化的见证者

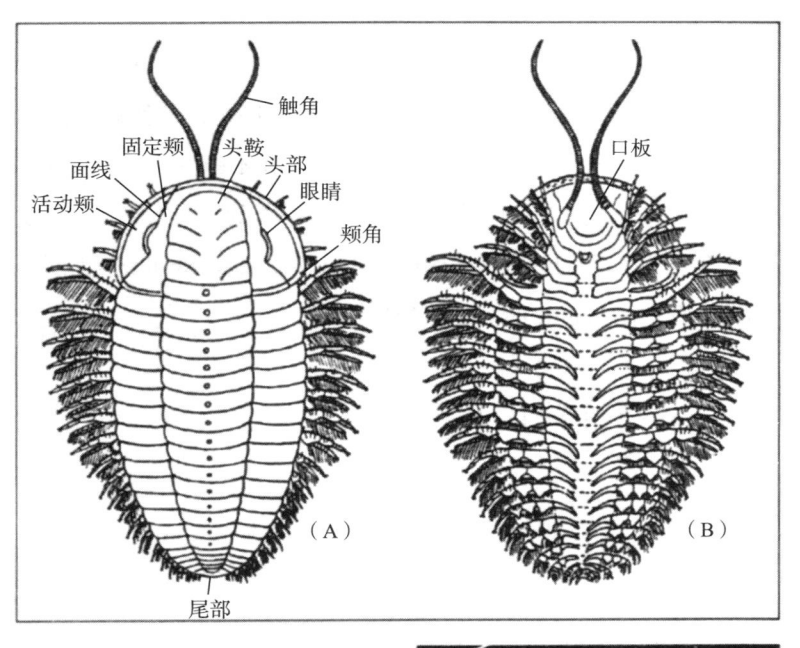

触角

固定颊　头鞍　头部
面线　　　　　眼睛
活动颊　　　　　颊角

口板

（A）　　　　　　　　（B）

尾部

比彻教授从腹侧重建了奥陶纪的三分节虫，展示了触角和分支的附肢。这一复原此后发生了许多变化，但基本事实并未改变。现在认为三叶虫的头部包括触角在内的三对附肢，而不是图中的四对。右图是三分节虫的腹面标本，显示了它黄铁矿化的附肢，由阿尔蒙德采集自比彻三叶虫层。

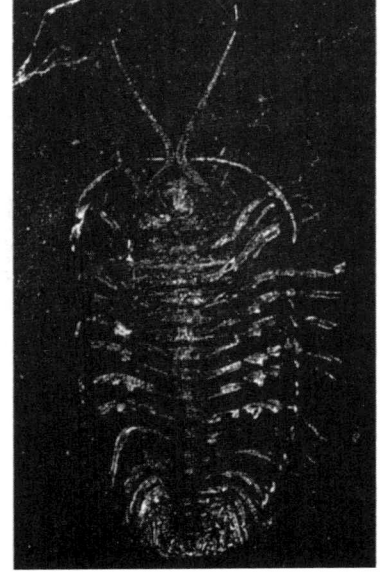

在古生物学中永远没有最终答案。每一个新的观察者都会带来一些他或她自己的东西：也许是一种新的技术，一种新的智慧，甚至可能是新的错误。我们对过去的认识在不断变化，科学家正在进行的是一场永无止境的探索之旅，探索的目标永远不可能完全达到，对知识的追求也会因此永无止境。就像18世纪英国诗人约翰·德莱顿（John Dryden）所咏：

> 无尽迷宫里他们徒劳无功：
> 如何理解更大和更小？
> 如何从有限推广到无限？

　　新的想法和新的观察会不停地冒出来。那些想追求绝对确定性的人最好趁早放弃，因为前方是死路一条。每一个千辛万苦获得的真理都逃不脱被后来人修正的命运。当然，每一个发现都是向真理迈进的一步，但这条路好像根本就没有尽头。这种原则适用于三叶虫研究，也同样适用于理论物理的探索。比彻教授认为他已经看到了三叶虫附肢的真相，并用模型来宣扬和巩固他的权威，但随后发生的就是下一个真相的产生。

　　最近一位造访"比彻三叶虫层"的人是德里克·布里格斯（Derek Briggs）。在比彻的发掘一百年后，布里格斯在相同的位置开始了新的挖掘探索之路。*布里格斯和我一样都是惠廷顿的学

---

* 　直到今天，对比彻三叶虫层的发掘依然没有停止，相关论文仍常见于科学期刊。——译者注

　　　　　　　　　　　　　　　三叶虫：演化的见证者

生，他为化石肢体黄铁矿化的神秘现象着迷，想了解为什么此处能产生这种神奇的金色附肢，而其他大多数的地层中仅能保存三叶虫的空壳。毕竟我第一次在南威尔士找化石时，敲的就是很像"比彻层"的黑色泥岩，但那里为什么就没有腿跟触角呢？显然，黄铁矿对附肢的覆盖一定发生得非常迅速，同时，突然死亡的动物应该很快就与外界隔开了，否则不用等到附肢被细菌分解，食腐动物就已经把它们吃得一干二净了。奥陶纪时位于纽约州的这片海底肯定发生了特殊的事情。

对这些页岩的进一步详细研究指出：当时的海底氧含量很低，海底表层的软泥之下更是处在完全缺氧的状态。现今，对这种被称为厌氧环境的恶劣生境，我们已经有了较多的了解，能适应这种环境的生物非常少，但有些特殊的细菌却在其中如鱼得水。在近乎无氧的情况下，它们发展出了特殊的化能合成作用。厌氧环境中普遍富集硫和铁，这些细菌（即硫细菌）便以硫来进行新陈代谢。很可能正是数以百万计的这些微小细菌的活动，促进了硫化铁在三叶虫附肢上的沉淀。为了了解黄铁矿的形成，目前布里格斯正设法在实验室里模拟自然界几亿年前的情况。现实的因素肯定比实验中的更加复杂，不过就目前所知，想象当时海底的场景已经足够了。可能是由于氧含量的突然下降，可怜的三分节虫中毒死亡，缺氧的环境也同时断绝了食腐动物进入这片水域的念想。它柔软的肢体被泥土包裹，进入了富含硫铁之地。只有特殊细菌在此生存，它们在分解之前就为肢体涂上了镀层，这些黄铁矿化保存的附肢遂经受住了时间的考验。

讲到这里，我就要说一点自己的看法了。三分节虫的故事中仍然有一个迷惑之处：既然奥陶纪缺氧的海底是那么不利于生物的生存，为什么这些三分节虫直到死前都一直快乐地在这里生活呢？一般而言，这类三叶虫都是独行侠，没有其他三叶虫或其他化石与之共存，这种现象不只出现在三分节虫这一个种类里。三分节虫是油栉虫科（Olenidae）大家族中的末代类群，这个科的历史可以上溯到三分节虫出现之前五千万年的寒武纪。我第一次遇到油栉虫科的成员是在斯匹次卑尔根岛的荒凉海岸上，那里有大量类似"比彻层"但年代更古老的奥陶纪黑色岩石，这些岩石同样生成于不适宜其他生物生存的环境中。当你用地质锤敲碎这些岩石时，能够闻到它们因为富硫而散发出的臭鸡蛋味。很明显，这些三叶虫有某种独门秘籍，使得它们能够在这充满硫黄的地方茁壮成长。除了三分节虫，一些与之相关的更大的三叶虫也生活在如此环境，我将其中一种命名为阴沟盾壳虫（Cloacaspis），这个命名来自罗马的"下水道"一词（cloaca，最初由普里斯库斯 Tarquinius Priscus 建造，将罗马城街道上的污秽排入台伯河），至于我为什么这么命名，原因显而易见：它们生活的环境确实与阴沟有相通之处。在挪威首都奥斯陆附近，也有一些类似这样富含三叶虫的岩石存在，不过它们年代更古老，所含的三叶虫是上述那些三叶虫在寒武纪的祖先，即油栉虫（Olenus）本尊。在这座一尘不染的城市里，这些包含三叶虫的岩块可能是唯一的臭味来源了。油栉虫是最早为人所知的几种三叶虫之一，1927 年，北欧地质学的先驱人物达尔曼（J. W. Dalman）用希腊神话中莱西亚（Lethaea）丈夫的名字为油栉虫命

名。神话中，莱西亚夫妇被众神变成了石头，这使得他们的名字成为早期古生物学家为新化石命名的合适选择。看来，所有油枬虫类都是生活在这些氧气稀少且富含铁硫的底泥中（插图9），这有效地阻止了来自其他生物的竞争。

直到近几年，研究者们才对栖息在类似环境中的现生动物进行了详细调查。大自然向来善于将困难转化为机遇，在这些臭烘烘的软泥中，人们发现了几种鳃部长有特殊细菌的贝类。这种贝类直接依靠这些细菌在化能合成作用中产生的能量为生，因此它们必须生活在缺氧的边缘地带，因为过多的氧气会氧化细菌赖以维生的硫化物。这种特殊的细菌被称为无色硫细菌，需要运用现代显微镜和分子技术才有办法进行研究，因此比彻和沃尔科特都并不知晓这种细菌的存在。缺氧环境中还有一些生物与上面的贝类不同，它们饲养这些硫细菌就是为了把它们吃掉。*在我研究油枬虫家族时，我认为它们应该是生活在海里充满硫化物的低氧环境中的。紧接着，我就凑巧看到了这些关于现代化能自养共生者的文章，文中说有些生活在类似环境中的动物通过饲养硫细菌来养活自己。这些相似性令我醍醐灌顶，突然间油枬虫类的诸多特质似乎都有了合理的解释。看来，之所以油枬虫能成群生活在恶劣且没有其他物种的环境中，是因为它已经具有了适应这种环境的独门秘籍。油枬虫身形修长，包含众多的体节（如插图8），可以为共生

---

* 鉴于有的人喜欢长长的名词，你可以用化能自养共生（chemoautotrophic symbionts）来形容这种生态。

的细菌提供更多的生长空间，它的鳃丝上可能也像现生贝类一样生长着硫细菌。由于少了掠食者的威胁，油栉虫的壳都变得很薄，也正是这样，才使得周围环境中的黄铁矿能快速对附肢进行置换。这样一来，所有问题都说得通了，独特的油栉虫是我们已知最早的与硫细菌共生的动物。

尤蒂卡页岩并不是唯一能够保存精致的三叶虫附肢的地层。在德国的摩泽尔河（Mosel）两岸和莱茵兰（Rhineland）附近，又有一种黑色的岩石浮出了水面。从中世纪开始，这里的洪斯吕克板岩（Hunsrück Slate）就已经经常被开采来做瓦片了，到了19世纪中期，这一区域的采石场更是人声鼎沸，甚至直到今日，本登巴赫（Bundenbach）的采石场中还有约三十名工人在工作。这些地层的年代介于尤蒂卡页岩和本书开头提到的石炭纪之间，属于泥盆纪早期（约三亿九千万年前）。与康沃尔的悬崖一样，这里的地层也经历了海西运动的挤压变形。

在洪斯吕克板岩的某些层位中，化石会被黄铁矿替代，这和纽约罗马镇出现的情况一样。但略有不同的是，洪斯吕克板岩中还保存了完整且丰富的其他黄铁矿化海相化石，包括海星、海百合、蠕虫、鱼等。这些身体柔软的生物仿佛被突然抓拍，瞬间定格成为化石。如果这本书是关于海星的，我会大谈特谈，赞美洪斯吕克板岩给我们带来的惊喜。泥盆纪的洪斯吕克海底环境宜人，生命在这里大量繁衍，氧气可能十分充足。在这个由软泥组成的海底，三叶虫虽然是最为常见，但它也只是这里众多爬来爬去的节肢动物伙伴中的一员。我们一般认为，当时的海底会时常被泥流所淹没，

三叶虫：演化的见证者

而泥流中包含的铁，恰好会影响化石的黄铁矿化过程。威廉·施蒂默尔教授（Wilhelm Stürmer）对用 X 光来给这些被掩埋的动物拍照独有心得。虽说我们也可以像阿尔蒙德处理尤蒂卡页岩里的三叶虫化石那样，小心翼翼地从岩石中把标本清修出来进行观察，但借助这种 1895 年伦琴发现的射线去窥见岩石内部的远古生物显然是更为理想的方法。相对于周围的板岩来说，黄铁矿更不易被射线穿透，所以 X 光照片上便会呈现出化石的轮廓，看起来就像有位灵巧的艺术家，执笔轻轻勾勒出了化石的外形。这样的照片通常有些影影绰绰的真实感，不禁让人感觉，这影像不是应科学，而是应咒语而生的。

　　洪斯吕克板岩中最常见的三叶虫是体长只有几厘米的镜眼虫（*Phacops*）。我眼前正有一张很不错的镜眼虫 X 光照片（插图 6），从中可以清晰地看到它的附肢，但由于 X 光的影像叠加效应，这些附肢看起来仿佛在不停摆动，就像未来主义画家翁贝托·波丘尼（Umberto Boccioni）作品中行走的人物。这就是我们能看到的最接近活体三叶虫的东西了，尽管我们只能通过这样一张黑暗的底片去观察。镜眼虫和三分节虫的亲缘关系并不是很近，但我们仍可以很惊奇地发现，它们的附肢有许多相似之处：都有触角，每个体节上都有成对的附肢。X 光照片可以清楚地展现出鳃部末端的分叉，比针尖修出来的还要清晰。这说明，化石其实可以记录比蕾丝更加精致细密、比蛛网还容易转瞬即逝的东西。

　　随着越来越多的保存附肢的三叶虫问世，我们可以发现三叶虫的这些沿着体节分布的双枝型附肢都很类似，并不像许多其他

德国洪斯吕克板岩中保存的泥盆纪镜眼虫的附肢。

（照片来自哈斯教授）

节肢动物那样发展出某些特化的附肢，例如龙虾钳子般的螯，或苍蝇带吸盘的脚。比较而言，虽然三叶虫的外壳演化出了一系列新潮的造型，但大部分三叶虫采用的是同一种相对保守的运动方式。就像是狂欢节的游行车队，外表或许是争奇斗艳、五花八门的，但这些花哨的装饰下藏着的都是平淡无奇的福特车。在揭露三叶虫的运动模式后，背壳之下的内容已经不再是秘密。

三叶虫：演化的见证者

接下来，我们将准备像欣赏狂欢节的游行车队一样，检阅用双枝型附肢爬来的三叶虫队伍了。它们有些光滑如鸡蛋，有些浑身茸毛；有的是巨无霸，有的是小矮人；有的个体瞪着大眼，也有不长眼睛的家伙；有的如平底锅，也有的则像泡芙。三叶虫的种类成千上万，多到被誉为"古生代的甲虫"，毕竟甲虫是现生动物中最多样的类群之一。生物学家一直很努力地想估算出甲虫可能有多少个物种，而我们古生物学家也无法确定到底地层中还藏有多少种未被发现的三叶虫。所以我们的三叶虫游行方阵也只能视为千挑万选的结果，一页多的篇幅或许就涵盖了约三亿年的地球历史。读者不妨先整体瞄一下后面的插图，对三叶虫非比寻常的多样性先有一个大体的概念。我们检阅的顺序大致依照地质时间排列，最老的排在最前面。至于三叶虫如何演变得如此多样，下一章节会详细阐明。而游行中所提到的三叶虫于书中的章节也都会出现。其实对我来说，所有已命名的三叶虫都像我的家人般那样亲切。

第一个出场的是小油栉虫（*Olenellus*，有时也译为小海神虫）（插图10），它是寒武纪早期最普遍的三叶虫。它最早在19世纪中叶由纽约州的古生物学先驱霍尔发现，之后其分布范围不断扩展，甚至远在苏格兰都有发现。虽然小油栉虫十分古老，但是又长又大的头部上已经有了一对新月形的眼睛。它身体的最宽处位于头部后端，并从左右两侧各向外侧伸出一根长的颊刺。躯干部分向后逐渐收缩变细，胸部由许多平坦且两侧带长肋刺的胸节组成。胸部的前部有一根特殊的节，其无论发育程度还是肋刺的长度都胜

过其他的胸节[*]。胸部后部的一节有一根很长的中轴刺，在这一节之后的胸节都很小，尾部也非常迷你。打眼一看就感觉小油栉虫仍是比较原始的三叶虫，它的头甲上还未发展出有助于蜕壳的面线。小油栉虫的头鞍被一些明显的头鞍沟分为几部分，它的前端几乎呈圆形，像个肿胀的圆球。

紧随小油栉虫之后是个巨无霸，它的大小有大龙虾那么大。它移动迅速，眼睛发亮，追逐小型猎物时会迈开大步。这就是奇异虫，之前我已经在第一章介绍过这个名实相符的怪东西。它最早于 19 世纪初在瑞典发现，现在所知其分布遍布四海。奇异虫也有很多胸节，但其中已经没有大肋节。它的颊刺粗壮，像一对向后伸出的短剑。靠近身体末端的肋刺也向后伸长，并超过尾部的长度，好像西部片里反派留的下垂八字胡。奇异虫的尾部虽然比小油栉虫的大一点，但尾节依然不多。皱褶的头鞍整个向前膨胀，头鞍之下的胃部想必也因此容量大增，能容纳奇异虫整个吞下的猎物。奇异虫生于寒武纪中期，比小油栉虫晚了一千五百万年，可能有人认为这仍然十分古老，但好戏从这时就要开场了。

接下来是乌泱泱的一大群，这类小玩意儿也算三叶虫吗？它们看起来像一群活泼的小豆子，体长只有几毫米。它们从我们面前飞过（或游过）而不是爬过，因为它们应该是像水蚤那样的划水类型。它与奇异虫的不同之处不只体现在大小上。不过必须凑近点细

---

[*]　这就是所谓的大肋节（macropleural segment），是只有部分三叶虫才具有的独特性状。——译者注

　　　　　　　　　　　　　　三叶虫：演化的见证者

看才能看清它们与其他三叶虫亲戚是多么不同：它们的胸节数量很少，事实上只有两节，侧肋很钝，像是被用刀刻意切掉了一块；它们的头尾很难区分，因为两者大小相同，而且均看不到眼睛的迹象。显然，这种盲眼三叶虫与能跟奈特在悬崖上对视的三叶虫是完全不同的类型。这类奇怪的三叶虫微缩、复杂、特化且非常成功，在浮游生物非常丰富的寒武纪晚期[*]，它们在海洋中的种群可谓遮天蔽日，踪迹也遍布全球各地。这些谜一样的三叶虫被恰当地称为球接子（*Agnostus*）[**]，而在我们游行中出现的这一种被形象地称为豆状球接子（*Agnostus pisiformis*，插图 11）。这个属名是布龙尼亚在 1822 年取的，也正是此人将兰代洛的"比目鱼"化石正名为三叶虫。我曾上手过一块来自瑞典的石灰岩，它几乎完全是由这种微小的球接子类三叶虫构成，看起来活像石化的豌豆汤，又像小砾构成的鹅卵石。真是怪哉，怪哉。

接下来登场的这位仪表堂堂。它的尺寸和形状都像银盘，凸起且光滑，头部和尾部像球接子一样等大，但这也是它跟球接子的唯一共同点了。此虫胸部有八节，每一节的肋部都有刻槽，能帮助虫体轻松地蜷缩起来。新月形的眼睛高高突起，坐落在长颈上，像是头上装了一对潜望镜一般。它的头鞍不像奇异虫那么显眼，鞍

---

[*] 原文中"寒武纪晚期"（late Cambrian）标注为距今 5.05 亿年，这属于寒武纪中期而非晚期，鉴于这类三叶虫在寒武纪中期开始就已经繁盛，作者"寒武纪晚期"的原意可能指的是寒武纪的后半叶。——译者注

[**] 球接子学名的拉丁文原义为"不可知的"，因此作者认为其符合球接子谜一样的特点。中文世界中依其形态直接称为球接子，丧失了这层原义。——译者注

沟也浅得多，更没有颊刺，整个身体没棱没角，看起来是为减小移动阻力而设计的。如果这种动物将自己的部分身体埋入泥沙中，外界想要找出它，就只能依靠沉积物表面模糊的扰动痕迹和它探出来的那对眨也不眨的眼睛了。它就是等称虫（*Isotelus*，插图12），与洛伊德采自威尔士南部兰代洛镇的龙王盾壳虫很像，事实上，它们俩就是一同生活在奥陶纪的近亲。

和等称虫相比，许多同时代的动物都成了侏儒，例如这个像小徽章的三叶虫。这种三叶虫头部肿胀，颊刺的长度远超身体，扁平的胸部有六个胸节，尾部则呈标准的三角形。头鞍是整个虫体最高凸的地方，像梨一样膨胀，没有眼睛存在的证据，所以这应该又是种盲眼三叶虫了。这种三叶虫最特别的地方，是它的头部周围有一圈像漏勺一样多孔的饰边，好像脑袋外围有了一圈光晕。饰边上的孔洞并不是杂乱无章的，相反，它们排列整齐，且每个种都有不同的排列方式。这些硬币大小的虫子不但像真正的硬币那样铸造精美，还能通过不同的纹饰来区别不同的"铸造时间"。腹面羸弱的附肢能带着这枚小徽章走来走去，但它应该只能离开海底很短的时间。它的名字叫三瘤虫（*Trinucleus*，插图13），这个名字直白地表达了它外貌上最大的特点。此名是麦奇生爵士在1839年所拟，这时他刚刚结束了承前启后的威尔士地质调查（1833—1837年）。后来的研究发现，在三瘤虫头部饰边的正下方，还有一块与之匹配的"下板"（lower lamella），饰边上的每个小洞都与下板上的一个小突起相对应。这样看，饰边其实是一个具有一系列贯穿筛孔的双层结构，这真是大自然的杰作，这种奥陶纪三叶虫的特

化程度即使与现今海洋中的特化动物相比也不遑多让。不过，虽然已经有五代古生物学家关注过这类小东西，我们仍不了解如此特化究竟为何，并打算将探索持续下去。三瘤虫这个属只局限于威尔士，但它的近亲在世界各地都能找到。

接下来进入视野的是一群游泳健将，它们的眼睛极为特殊，像甲亢患者一般突着大眼。巨大而膨胀的眼睛由蜻蜓般的蜂窝状晶状体组成，覆盖着头盖的整个侧面，事实上，它们活动颊上的空间全部为复眼占据。更奇特的是，两侧的眼睛在头部的正前方汇合在了一起，使得这种奇怪的三叶虫只有一个事实上的眼睛，像是顶着一个大头灯。它就是由捷克古生物学家巴兰德在 1845 年发现的圆尾虫（*Cyclopyge*，插图 15 展示了一种与其亲缘关系很近的三叶虫），这个属名来自传说中色雷斯的独眼巨人库克罗普斯（Cyclops）。不过，圆尾虫只是眼睛上的巨人，它的尺寸也就像只大蜜蜂。除了令人惊叹的大眼睛，圆尾虫的身体光滑，很难从两眼间的平坦区域中辨识出头鞍的准确位置，胸部的六个胸节则强壮而紧凑，尾部则近乎半圆形，只有很短的中轴，这些特征都是为了适应游泳而设计的。当三瘤虫在海底匍匐前进时，圆尾虫则在上方畅游。

斜视虫（*Illaenus*）大概算是最鼓的三叶虫了，它的身体四周平滑，活像一辆装甲车。它的头部四周非常陡峭，小小的眼睛高高地立在头部上方的平台上。头鞍和胸部之间平滑过渡，胸节两侧也如头部一样陡峭。这个坦克一样的外壳由半圆形的尾甲结束，其光溜溜的尾部几乎看不出分节的痕迹。当斜视虫蜷缩成一个完美球

体后（插图 3 展示了与其亲缘关系很近的大头虫），几乎没有天敌能够侵犯，堪称三叶虫中的犰狳。可以想象，许许多多奥陶纪和志留纪的掠食者曾试图打开斜视虫卷曲紧密的外壳，但最后不得不悻悻而去。而斜视虫则一直一边用它水晶般的小眼睛看着敌人白忙活，一边等待合适的时机，好展开身躯溜到安全的地方去。斜视虫最早于 19 世纪初在瑞典被发现，此后在各个大陆都有发现。

有许多人将隐头虫（*Calymene*）当作最标准的三叶虫，理由无他：它经常在学生教科书中被作为三叶虫的例子。这种在志留纪极其普遍的三叶虫发现于经典的温洛克（Wenlock）地区，这里出露了全英国研究历史最悠久的早古生代地层。诗人豪斯曼（A. E. Housman）笔下的"温洛克边缘"（Wenlock Edge）就是此处的一处石灰岩崖壁，此处西望威尔士，崖壁上零星可见在什罗普郡的风雨冲刷下被逐渐风化出来的珊瑚化石。在伍斯特郡（Worcestershire）的达德利镇（Dudley）附近，有些 18 到 19 世纪的采石场，其间出土了成百上千件保存完好的布氏隐头虫（*Calymene blumenbachii*）。任何一批像模像样的收藏都应该有一两件这种标本，它的外形和气质非常令人满意：大小正好放在掌中，圆滚滚的，散发出一种原始之美。在我的各种收藏中，有一件格外贵重，那就是一件镶金的隐头虫胸针（插图 17），当它的前主人将它别在胸前时，一定曾是最引人关注的话题。它更是作为"达德利蝗"（Dudley locust）出现在了当地的城市徽章上（起这个名字的人肯定知道什么是节肢动物，不过蝗虫与三叶虫也就真的只有一点点像）。当地博物馆热心的馆长想在旧采石场中心建立一座隐头虫

形象的科普中心，游客们可以在"头鞍"的下方用餐，在"胸部"下方了解三叶虫的历史，对这个创意我举双手赞成。隐头虫身材饱满，头鞍向前逐渐变窄，且具有很深的头鞍沟；活动颊的形状像三分之二个圆；胸部十二节，具有明显的中轴；尾部略小于头部，边缘向下倾斜。当身体蜷缩时，尾部会卡在头部的边缘之下。我喜欢带着卷成球形的隐头虫给孩子们上课，让他们在手中亲身感受超过四亿年历史的重量。这种直观的体验胜过观看一系列的科普纪录片，身临其境的感知也不是街角的小商店里就能够轻易买到的。那些在某些课程的要求下从角落找出来的教具，无法像隐头虫那样能给孩子带来真正潜移默化的影响。

射壳虫（*Radiaspis*，插图 4）是对刺的赞美诗。虽然体型小于隐头虫，但它用一身长刺弥补了这一点不足。它的头壳外围长满了梳子般的刺，然后是一对颊刺，接着每一个扁平的胸节都伸出两根肋刺（注意是两根而不是大部分三叶虫的一根），最后，射壳虫的尾部也装饰着一圈长而优美的刺。你必须细看才能识别出射壳虫带柄的眼睛，而不是当成另一对刺。射壳虫是齿肋虫家族（odontopleurid）的一员（插图 32），你应该看得出为什么这类三叶虫被命名为"齿状的肋部"，另外，它的头鞍被分割成多个奇怪的"叶"，中轴处也生长着许多长刺。面对射壳虫，你应该一下子就能看出它也是特化的产物，你在第一次见到海马或者长耳蝙蝠时应该就是这种感觉：它能让你对自然界多样性的丰富程度感到由衷的敬畏。齿肋虫家族虽然奇怪，但这种设计确实是非常奏效的，从奥陶纪一直到泥盆纪（4.8 亿年到 3.7 亿年前），这个家族产

生了数百个不同的类型，每一种的刺都具有自己独特的排列方式。本书英文版封面的双角虫（*Dicranurus*）就是这个家族的一员，它的头部后方有一对螺旋的大长刺。

接下来出场的是我们的熟人镜眼虫（插图18），一种泥盆纪的大型三叶虫。它特殊的眼睛由许多大型晶状体组成，下一章中我们将借助这双眼看到清晰的远古世界。第一件镜眼虫标本于19世纪20年代发现于德国，接着在英国、法国及北美洲都发现了这种三叶虫的踪迹。镜眼虫的背壳上覆盖着粗糙的瘤点，这点我深有体会，因为在写这一句的时候，我正用手抚摸着一只来自摩洛哥的大型镜眼虫。大约从1985年开始，这种特殊的三叶虫已经成为市场上随处可见的商品，它们中的大部分只经过了很粗略的清理，因此看起来像雕刻的赝品。我手头的这件标本摸起来糙糙的，就像传统的腌黄瓜。由于它的表面棱角分明，可以像读盲文一样用手指阅读它的形态信息：它的胸部分为十二节，头鞍向前扩展为三角形，尾部则具有清晰的分节。镜眼虫家族中一个常见种叫作蛙镜眼虫（*Phacops rana*），它的种名*rana*就是拉丁文中青蛙的意思，我想命名者一定对这种三叶虫青蛙般的皮肤印象深刻[*]。一些来自俄亥俄州硅质页岩中的镜眼虫标本清理自白色的围岩[**]，好像白蜡中铸造出来的一样。这些标本往往扎堆出现，已经至少有一个研究者将这种现象解释为集体交配。如果他所言不虚，那么这里定格

---

[*]　虽然作者猜测命名为青蛙的原因是外壳上的瘤点，但这样命名更可能是因为镜眼虫的头部前视非常像青蛙。——译者注

[**]　硅质页岩原始颜色一般为深色，在风化后会变成白色。——译者注

的就是繁衍的瞬间。

更多的三叶虫在我们面前快速通过，我们只能在它们消失不见之前捕捉到一两个显著的特征。钟头虫（*Crotalocephalus*，插图19）的尾巴像猫爪，上面有几根弯曲的大刺；达尔曼虫（*Dalmanites*）则从尾部伸出一根剑鱼一般的长刺；比目鱼一样扁平的盾形虫（*Scutellum*，插图21）尾部像一把折扇，一扇就从我们面前溜走了；巨大的裂肋虫（*Lichas*）也具有扁平的身体，但它的头鞍却肿得像个气球，还有个带着深槽和粗大锯齿的尾部；科姆拉虫（*Comura*，插图34）浑身长满垂直的长刺，令人望而生畏。在它们旁边，还有一些微小的三叶虫埋在泥里，它们大概率是善于掘泥且眼盲的舒马德虫（*Shumardia*，见第246页图片）。游行的队伍就这样不停地前进。

最后一个出场的是身形略小的菲利普斯虫（*Phillipsia*，与插图23的粗筛壳虫［*Griffithides*］有密切的亲缘关系）。此虫是为纪念约翰·菲利普斯（John Phillips）而命名，他1836年的著作《约克郡地质图鉴》（*Illustrations of the Geology of Yorkshire*）为他赢得了这项不朽的荣誉。与我们之前所看到的那些奇形怪状的三叶虫相比，这只新的三叶虫乍看之下似乎并没有什么过人之处。不过，与奈特在宾尼崖对视的那只三叶虫就是这个类型。菲利普斯虫生活在石炭纪，具有很大的新月形眼睛，身体表面布满了瘤点，好像得了古生代的麻疹；逐渐变细的头鞍似乎和身体其他部位一样严重感染；尾部很大，上面具有明显的沟壑。也许哈代真的见过菲利普斯报道的这种约克郡的三叶虫，并将其融入创作之中。虽然

没有任何明显的提示，但事实上，菲利普斯虫及其近缘的几个属确实是存活到最后的三叶虫。三叶虫一直坚持到二叠纪末期才灭绝（2.5 亿年前）。长达 3 亿年的游行到此就落下帷幕。

现在你应该清楚了，为什么要花一辈子的时间去捕捉这场游行中的仅仅几个瞬间。三叶虫历史的一瞬间就包含了大量要探究的信息，却只有屈指可数的外壳化石能够作为线索。我们每在一种显眼的三叶虫上停留注意，就有另外十几种三叶虫从旁边溜走，或只是在软泥上留下足迹。有一次，一个伙计在通勤的火车上向我表达了他的困惑：我怎么能天天去办公室研究三叶虫呢？我想他一定认为世上的三叶虫只有一种，就像蒙娜丽莎一样独一无二，而我的工作就是整天对着蒙娜丽莎思考，并为她神秘的微笑编造出新的理论。那我就这样解释吧：我的工作更像是去研究一条无穷无尽的画廊，里面挂着各种蒙娜丽莎，而我们所能看到的只有她的微笑。每次探究完了一条画廊，就会有另一条新的画廊等待着我继续探索，永无止境。

像三叶虫研究这样小的学术圈子有一个明显的好处，就是你几乎可以认识圈子中的所有人，好像你们都属于一个大家庭。像所有的家庭一样，其间难免有不和与分歧，但对家族的忠诚最终都会占据上风。所有家庭成员都对家族的历史如数家珍，家族中有沃尔科特这样的师祖级人物，也有遭遇令人同情的前辈，比如精神失常的约翰·索尔特和被纳粹迫害致死的鲁道夫·考夫曼（Rudolf Kaufmann）。我们有一种超越年代和国界的团结，不论你走到哪里，只要那里有"三叶虫人"，你都会在机场看到他们友好

　　　　　　　　　　　　　　三叶虫：演化的见证者

的面孔，并在不久之后开始用三叶虫的信息互相确认身份。1996年，我在隆冬时节抵达了哈萨克斯坦的阿拉木图机场，此处虽被称为国际航站楼，但充其量只是一个大型的棚子。一辆辆时髦的豪华轿车在我面前停下，不过它们可不是接我的，而是为苏联解体后的第一代生意人准备的，这些人倒卖石油、矿产，而且据我所知，他们连自己的祖母都可以卖。人潮渐渐散去，很快只剩我独自一人，呼出的气息在寒冬中盘绕，我感到有点沮丧。这时，一辆老旧的特拉贝特车从远处驶来，它活像是动画片里的老爷车，边走边掉落铁锈，最后它气喘吁吁地停在了我旁边。我的哈萨克斯坦同事米哈伊尔·阿波洛诺夫（Mikhail Apollonov）从车窗探出他高兴的脸，嘴里的金牙闪闪发光。"我到了！"他正儿八经地宣布，但这礼节实在没有必要，因为几分钟后我们就已经开始交换三叶虫的八卦秘史。

第四章　晶状眼

　　大千世界是为了被观察到而存在的，或者说，视觉的出现是因为需要用眼睛去观察的东西实在太多了——视觉出现的必然性似乎并不值得被怀疑。然而，思考片刻就会发现，这种必然性并不是那么可靠。这个世界充满了其他可以用来描述它的信息：嗅觉可以捕捉微妙却无处不在的化学信号；触觉对形状的辨识也可以跟视觉一样，或者更敏感，因为触觉不会被伪装所欺骗。想象一个眼睛从未出现的世界——昆虫没有眼睛，鱼没有眼睛，哺乳动物没有眼睛，甚至连人类也没有眼睛。在这里，生物了解周围环境的方式已经被其他感官所代替。那将是一个用触摸，或者说用感受来沟通的世界，在这里，抚摸取代了眼神的交流，任何活动都要伴随触角的舞动。不难想象，进化会选择那些对途经的化学分子最为敏锐的器官，就像现在对异性信息素非常敏感的飞蛾，即使是最细微的气味也能刺激它飞越数公里。在没有眼睛的世界里，这种对于微小刺激的敏感会被不断地选择和放大，这将造就一个我们难以想象的微妙世界。

　　对于我们这些有意识的动物而言，这种对环境的敏感需要无

三叶虫：演化的见证者

处不在的触觉和嗅觉语言：美将依靠听觉、触觉或嗅觉来感受。诗歌不会赞美眼睛的神秘与深邃，也不会将头发与亚麻作比较，因为视觉的比喻是多余的。更确切地说，皮肤的触感可能是最高的性刺激，或者自然选择可能会偏爱更复杂的香气和化学引诱剂，而这反过来会催生出一种我们只能在梦中才看到的语言。可能会有香气的交响乐，善用香气的音乐大师。小说家可以构建鼻音叙事，诗人可以创作香味十四行诗。雕塑需要精细的形状，只有经过数亿年触觉进化训练的手指才能分辨出来。"失明"这个词将不会存在。

因此，我不认为光的存在必然会造就复杂的视觉，只是因为这个星球上的生命走上了这样一条特定的道路：从具有简单光敏性的单细胞生物开始，不断地完善和改进视觉能力。三叶虫的眼睛是从一系列可能的演化道路中选择某一个特殊分支的确凿证据，这一步代表的演化创新让世界变得可见。一旦越过了这个门槛，生命就不会忘记视觉，即使一些动物——包括三叶虫——由于在黑暗中摸索而再次失去了视觉。

最近的实验工作显示，在动物从胚胎生长到成体的过程中，各个器官的发育顺序普遍受到基因调控的影响。其中最主要的控制因素是 Hox 基因（一组同源异型基因）。令人吃惊的是，控制蝗虫头部位置的基因与控制鱼类（以及袋鼠或人类）头部位置的基因相似。这些基因深深根植于我们身体的潜意识中，而关于它们起源的记忆早已消失在了最古老动物的历史之中。我们永远无法直接获取三叶虫的基因样本，但可以肯定，在现生动物身上依然存在的

Hox 基因控制了三叶虫的发育。

这一判断完全由逻辑推理得到。胚胎学家通过对组织进行染色，来研究受精卵发育到独立生物体的基因表达过程。这就是为什么他们知道经典的实验昆虫果蝇的发育过程与脊椎动物胚胎的发育过程相类似。他们发现了一系列的基因指令，这些指令无论在哪种躯体构型的动物里都安排着它们的发育。胚胎学家因此得出结论：控制这一发育序列的基因一定非常古老，其历史可以追溯到昆虫和脊椎动物的最后一个共同祖先之前。这位共同祖先一定比最古老的三叶虫还要古老得多，因为脊椎动物与节肢动物的共同祖先远在最古老的节肢动物之前，而三叶虫已经是一种真正的节肢动物了（就像它们的远亲果蝇一样），或者说，它显然不是最古老的节肢动物。事实上，节肢动物和脊椎动物这两个演化分支之间的差异代表着生命之树上最深层的差异之一，甚至节肢动物与蜗牛的关系都有可能比其与脊椎动物的关系更密切。我们很难想象这个遥远的祖先，也许我们永远也不会知道这位共同祖先长什么样：它可能是小型的软躯体动物，不会留下任何化石记录。尽管如此，它仍然在古老的时代为后代绘制了一幅蓝图：哪些细胞应该形成头部，以及身体应该如何从前到后排列……这些过程至今仍在被严格遵守。这一祖训也在成长中的三叶虫身上起作用，这是十分奇妙的：它指导三叶虫的大脑封闭在头部内，也对眼睛的生长和发育做出指令 *。

---

* 　控制眼睛发育的基因不是 Hox 基因，而是一种名为 Pax6 的同源异型基因。

眼睛是这张古老的指令清单的一部分，在鱼、苍蝇和人类身上制造眼睛的原动力似乎是相同的。当细胞在胚胎中发育时，眼睛在某一时刻开始分化。它们以一束细胞开始，不断分裂，再分裂。最终的成果可能会非常不同，毕竟昆虫具有复眼，而脊椎动物有复杂的透镜状眼睛，但那条"开始造眼睛！"的指令可能对所有的动物都具有一样的效力。基因所蕴含的深层组织是生物设计的通用语言，可以用于营造生物界的巴别塔*。今天自然界的丰富多彩有赖于生命的大量繁衍，但这些根植于基因的组织原则早在生命大量繁衍之前就已经存在了，要理解这种深层的原则，我们必须排除存在的差异，找到与祖先之间的共性。而眼睛就是这样一种共性。

也许这种眼睛的共性可以追溯到扁形虫，这是一种小小的、楔形的生物，现在仍然大量存在于潮湿的土壤和石头下面。许多读者只知道扁形虫是埃舍尔**重复对称的图形画中的一个设计元素。这幅画是高级生物课墙上最喜欢悬挂的海报主题：在他的画中，扁形虫与扁形虫相互交错，形成一种无限回归模式，显露出愈发精细的几何构型。扁形虫用它的眼睛表达了一种惊讶的表情，这可能因为它是这种简单几何重复的受害者。许多生物学家认为扁形虫（确切地说，是几种不同的扁形虫）与大多数高等动物的共同祖先很接近。因此，三叶虫和火车司机的祖先可能都是一种有细小的眼斑的小型扁形虫状生物。让扁形虫长出眼睛的指令和让我们人

---

*　即巴比伦通天塔，传说那时全人类具有相同的语言，因此可以配合修建伟大的建筑。——译者注

**　M. C. Escher，荷兰图形画家，以善用错觉而闻名。——译者注

类长出眼睛的指令可能是一样的。

所以当你用自己的眼睛看三叶虫的眼睛时，你会发现一种视觉上的亲缘关系跨越了数亿年，可惜三叶虫不能狡黠地眨眨眼。三叶虫让我们想起了生物第一次进化出了光敏细胞的那一时刻（至少从地质学的角度来说这个过程是一个瞬间）。随后，这些细胞的精细化和增殖被永远密封在以视觉为主导的发展蓝图中。毫无疑问，一旦视觉变得可实现，它就必然赋予其拥有者一种特殊的优势：食物仅凭形状就能被辨别出来，而敌人的靠近会遮挡阳光。在这之后，把世界看得更清楚，识别出更微妙的变化，肯定会获得更多的优势，这将鼓励更多更好的视力的进化。现在就到了用色彩来吸引伴侣的时候了。意料之中的，这时颜色开始变得有目的：精妙的伪装、狡猾的拟态，大自然调色板上的这些元素都将出现。如果没有视觉诞生的那一瞬间，自然界的色彩将会是杂乱无章的，这里一抹红色，那里一抹绿色或黄色。虽然颜色是许多生物分子自带的属性，但需要视觉来发挥它们的作用，并有目的地为地球上色。

这件事发生在何时呢？我们知道寒武纪最早的一批三叶虫就已经有了复杂的视觉系统。来自摩洛哥的最古老的三叶虫法罗特虫（*Fallotaspis*）具有相当大的眼睛，这是最古老的眼睛代表 *。这种动物的起源大约可以追溯到 5.4 亿年前，因此眼睛的起源肯定是在那

---

* 最古老的三叶虫迄今仍未有定论，但应该是比法罗特虫更加古老，且同样具有醒目眼睛的类群。——译者注

之前 *。中国寒武纪早期澄江生物群中的一些软躯体动物也具有眼睛，有些还长在柄上。像抚仙湖虫（*Fuxianhuia*）** 这样的节肢动物看起来具有一对非常靠前的眼睛，而三叶虫的眼睛则是长在头顶的背甲上。这些现象表明，节肢动物眼睛的多样性在寒武纪早期就已经非常高了。这种多样性增长可能与一次快速演化事件——"寒武纪大爆发"——相关，这一事件我们将在后面继续讨论。但无论如何，现在我们已经确定的是：确凿无疑的化石证明眼睛至少在 5.4 亿年（实为 5.2 亿年前，见上文）前就已经出现了。

还有另一种间接的方式可以用来估计最早的眼睛到底出现于寒武纪以前的什么时候。我们都知道，真正的实体化石在前寒武纪的岩石中是很少见的，也没有发现有眼动物的真正可靠证据。这些动物或许非常小，而且是软躯体动物，不像后来的三叶虫那样具有坚硬和易于保存的外壳。在这种找不到直接证据的情况下，我们不得不根据活着的动物来间接推断遥远的演化事件所带来的持续影响。既然我们知道动物是一代代演化而来的，那么我们就想知道，最古老的有眼睛的动物是在何时跟生命树上没有眼睛的亲戚分家的。这些谜一样的古老动物后来又走上了许多不同发展道路，造就了鲸、跳蚤、章鱼或猩猩等各种截然不同的生物，但这些过程与眼睛的起源之谜无关。我们感兴趣的是确定生命之树

---

* 本书多次出现距今 5.45 亿和 5.4 亿年这两个时间点，并分别作为寒武纪底部和三叶虫首现的年龄。现今的年代框架已将这两个时间点调整为距今 5.38 亿和 5.21 亿年，且仍在不断调整。——译者注

** 澄江生物群的代表性节肢动物，曾被认为是节肢动物中的原始类型。——译者注

上分支出现的时间，这些演化道路上的岔路口被我们称为"分歧时间"。而这其中最重要的，就是探寻"高等"动物是何时携带着"开始造眼睛！"的指令与扁形虫分家的。在分支出现之后，进入新演化道路的生物在遗传信息上会逐渐发生变化，这种变化的累积可以用来倒推分歧时间。基因的突变就好比负面回忆，其影响会随着时间而不断累积。如果我们找到了基因组中适合解决相关问题的片段，就能将基因中累积的突变当作一种"时钟"（即分子钟），用来估算百万年计的时间。这类时钟有的突变得快，有的突变得慢，在试图回溯前寒武纪的历史时，我们需要寻找所有时钟中走得最慢的时钟，它们是基因组中最为保守的片段，也是所有动物在遗传上共通的"集体潜意识"。

在追溯遥远演化事件的发生时间时，基因中的某些片段已被证明特别有用。每一个活细胞中都存在大量被称为核糖体的小细胞器，生命所需的蛋白质就在其中合成。核糖体的 60% 是由核糖核酸——即我们常说的 RNA——组成的。在核糖体 RNA 分子中，有些保守区段非常适合用来衡量并校准我们刚才所提到的遗传突变，因为这些区段的突变程度恰到好处：既不会在漫长的时间中一成不变，也不会在短时间内改变得面目全非。在我们感兴趣的所有动物身上都有这种重要的 RNA 分子存在，因此我们得以通过一个共同的时间标准，来测量几十万到几百万年间所累积的遗传突变。然而，这个 RNA 时钟的可靠性仍存在很大争议，我的许多同事都想知道，这种遗传信号中到底包括多少与地质时间并无关系的"噪音"。

在过去十余年中（本段文字撰于 1999 年），基于不同的基因

和不同的 RNA 分子点位，我们已经估算出了许多的分歧时间。最近，随着包含大量遗传信息的 DNA 数据库被逐渐破译，DNA 方面的证据开始被应用于估算分歧时间。一些编码蛋白质的基因，以及细胞中的线粒体 DNA，也已经被应用于分子钟。因此，我认为用分子钟估算的前寒武纪分歧时间是有一定可信性的，因为用很多不同方法所估计出来的分歧时间，都差不多落在同一个数量级之内，而许多不理想的估算值都已经被识别出来并予以剔除了。这就像你在不知道时间的状况下走进一家老式钟表店，在各种各样的嘀嗒声里，你看到有些钟显然自顾自地行走在自己的时间里，但大部分时钟上的读数都差不多是两点半；这时你仍然不知道准确的时间，当然也不能肯定现在确实是两点半，但你可以肯定的是：现在已过了一点，而且也不是下午茶的时间（大概下午四点）。我们用分子钟来估算分歧时间，大概就是这么一个准头。根据分子钟估计，一位具有原始眼睛的古老祖先可能生活在距今 12.5 亿至 7.5 亿年之间，在这位最后的共同祖先之后，人类与海星结伴同行，而三叶虫与苍蝇走上了另一条演化道路*。如果把生命史比作一天，这位共同祖先大概生活在午餐之后，下午茶之前。

如果这个估计的数字还算准确，那么三叶虫大概出现在眼睛起

---

* 这个演化节点的正确称呼是原口和后口动物之间的最后共同祖先。原口动物包括所有节肢动物、软体动物和许多蠕虫，而后口动物则包含脊椎动物（包括人类）和棘皮动物（海胆及其近亲）。19 世纪胚胎学家认为，个体发育上的根本区别是区分这两大动物类群核心特征；这一判断经受住了之后一个世纪的生物学考验，以及最近分子分析的检测。最近，通过对大量具有蜕皮激素的动物的研究，原口动物的观点得到了完善。

源的 2.5 亿年之后，或者是 5 亿年之后。三叶虫为眼睛演化史的中期阶段提供可见的证据，证明了那些至今仍在控制胚胎发育的基因在演化上具有连续性。由于现今对遗传知识的了解，我们能感受到自己与三叶虫的联系，但研究人员在 19 世纪第一次看到三叶虫的眼睛时却无法感受到这点。对这些早期的科学家来说，三叶虫是一种外星生物，它与现今动物世界的联系遥远而难以估计。他们或许已经察觉到了动物之间可能存在共同祖先的蛛丝马迹，但我并不相信他们仅凭直觉就能知道三叶虫的某些设计仍然在我们自己的胚胎中延续。当今的知识进步使我们与过去更紧密地联系在一起。"看着我的眼睛，"三叶虫似乎在说，"你会看到你自己的过去。"

　　动物视觉间的共同历史可不是一件微不足道的小事。在我们这个视觉主导的世界里，视觉几乎就等于理解。我们会用"I see!"来代指"我明白了"，我们也常用视觉的词汇来比喻理解程度，比如"聚焦"问题、澄清"观点"、"瞄准"目标、"洞察"真相。我们相信眼见为实，而魔术师则牢牢地把握这一点：此刻你看得见的东西竟会在下一秒消失。他的把戏会令我们不安，因为我们是如此执着于视觉的真实。了解视觉的久远历史，可以让我们了解在那遥远的地质年代，与我们亲缘疏远的古老动物是如何理解它们的世界的。我们可以像描绘自己的生活环境一样，用视觉、图像和色彩的组合来描述这些动物对那片已经消失的远古海洋的理解。对我们来说，观察三叶虫曾经看过的世界，就相当于把它们带到了我们的认知世界。

三叶虫的眼睛由方解石构成，这在动物世界中独一无二。

方解石是自然界最为丰富的矿物之一。方解石构成了英国南部的多佛白崖，构成了美国密西西比河沿岸的绝壁，也构成了中国桂林一带的独特山峰。石灰岩（也就是以方解石为主要成分的岩石）常被用来营造最具纪念性的永久建筑，比如高雅的巴斯新月*、吉萨的金字塔、古希腊的圆形剧场，还有古典时期的柯林斯石柱。当建筑师想要表现那种只有石材才能展现的庄严气氛时，石灰岩一直是从古至今的不二之选：文艺复兴时期的意大利教堂常用磨光的石灰岩作地板，而这种材料至今仍被用来给高级酒店或会议大厅增光添彩。粗犷的石灰岩可以作为庭园假山的造景，而细致的白色石灰岩则是伟大雕塑作品的原材料。大概只有沙子才像石灰岩一样无所不在。或许你对这类随处可见的物质已经不抱有期待，但有趣的是，三叶虫之所以能看见，竟然也是依靠方解石！

最纯净的方解石是透明的，而建筑用的石块及装修用的石板则是结晶良好的方解石晶粒和杂质的混合物，因此呈现出了或黄或灰的不同颜色和各种花纹。常被用作意大利教堂地板使用的万寿红大理石**，则是三价铁浸染的结果。不含任何杂质的石灰岩***应

---

* 巴斯皇家新月（Royal Crescents in Bath）是英国一处大型酒店建筑。——译者注
** 这种被叫作 Scaglia Rossa 的石材是一种产自意大利的红色泥灰岩，在国内石材界的商品名为"万寿红"。——译者注
*** 原文写作 calcite（方解石），但结合上下文，此处应该指的是一种岩石而不是矿物。——译者注

该是无色的，但也很难是透明的。白垩（chalk）是一种几乎只包含纯净方解石的石灰岩，它由大量的方解石小颗粒（大部分是古代微生物的方解石骨骼）所组成，这些颗粒会散射及反射光线，因此显示出耀眼的白色。当不列颠岛南岸的七姐妹崖*自雾中浮现时，看起来就像是起伏的白床单，透着一种凛冽的纯净。不过，如果在自然界中生长的时间足够长，单个的方解石就有可能结晶成像玻璃一样透明的完美结晶。方解石是由碳酸钙这种非常简单的化学物质构成的。当晶体成长时，组成晶体的原子会以特定的方式堆叠起来，而且不容许其他无关原子的混入。随着这种固定的结构一层接着一层堆叠，晶体也逐渐成长为特有的晶形，这使得晶体的宏观形象能够忠实地反映其微观的原子结构。就像雕刻大师的作品一样，晶体的搭建过程也不容许发生任何错误。漂亮的大型晶体通常生长于矿脉中，但采集贵金属的矿工却并不喜爱这些纯晶体，因为贵金属往往隐藏于暗淡而不透明的矿物，而不是完美的方解石晶体中。有些方解石晶体外形尖锐，就像诺曼底工匠经常在教堂门上所做的锯齿状装饰，因此这些交错的晶体也被称为犬牙石。有的晶体则末端较钝，被称为钉头石。而其中最纯净透明的晶体，我们称为冰洲石（Iceland spar）。

透过冰洲石，你就会发现三叶虫视觉的秘密。三叶虫眼睛的晶状体是透明的方解石，这一点是相当特别的。其他节肢动物大多

演化出了"软"眼睛，这种眼睛的晶状体由角质构成，和身体其他部位的成分类似。不同动物的软眼睛也存在着很大的多样性：许多动物的眼睛像苍蝇一样拥有许多晶状体，而多数蜘蛛则有复杂的大眼睛；有些动物的眼睛能适应黑暗，有些则要在灿烂的阳光下才能看得清楚。软体动物中的章鱼的眼睛和脊椎动物非常像，这也成了动物界趋同演化的最佳例证。大多数人可能都看过死鱼那可怜的眼睛，并且注意到这双眼睛和我们自己眼睛的可比性。只有三叶虫特立独行地利用方解石的透明性来聚焦光线。三叶虫的眼睛与它的外壳紧密联结，就像牢牢地镶在颊部的眼镜。

在进一步介绍之前，有必要先解释一些与三叶虫眼睛相关的科学背景。三叶虫眼睛的运作方式与方解石的光学性质密切相关，而矿物的光学性质就涉及了结晶学。如果敲碎一大块方解石晶体，它会碎裂为许多形状规则的六面体，这种破裂方式与晶体内部的原子排列结构有关。我们称这种六面体为菱面体，它既不同于四平八稳的正方体，也不是巧克力砖一样的长方体，因为菱面体的任意两个侧面都是相互斜交而不是垂直的。我们可以用穿过晶体中心的几条主要对称轴的方向对矿物晶形的几何性质做一个简单说明，在最简单的立方体中，它的三条对称轴都垂直通过晶面的中心，然后在晶轴的中点以直角相交，每条轴的长度都相等。这几条对称轴被依次称为 a、b、c 轴，这是科学界最简单的命名方式之一[*]。而在方解石晶体中存在四条对称轴，除了一条与其他轴均垂

---

[*]　在立方体中，这三条轴相当于直角坐标系中的 x、y、z 轴。——译者注

直的主轴，另外三根轴在同一平面上彼此之间呈120°相交，从而形成了菱面体。这种各向异性使得光线在穿过透明方解石时会出现一种奇特的效果：如果光线从菱面体的侧面照进去，就会被一分为二，这就是所谓的双折射效应（double refraction）。如此产生的两束光分别被称为"寻常光"和"非常光"，其折射的方向同样要受到原子排列方式的影响。透过伦敦自然历史博物馆二楼的一块巨大的冰洲石，你可以看到两个马耳他十字的影像*，这两个影像就是分别由寻常光和非常光形成的。方解石中垂直于其他轴的 c 轴是一个特殊的方向，唯有从这个方向进入方解石的光线可以笔直通过而不发生双折射。

方解石的双折射效应看起来只是一个出现在知识竞赛中的冷门知识而已，但这一定理也显示出方解石的 c 轴是其光学性质的独特存在。如果方解石晶体刚好呈透镜状，而 c 轴是长轴的方向，那么顺着长轴入射的光线将不会被折射，但从其他方向射入的光线则会被折射为寻常光及非常光，并反射向透镜的边缘，然后在晶体内部继续反复反射和折射。只要透镜够长，最后将只有平行于 c 轴方向射入的光线能顺利地穿过透镜体，从另一端出来，这相当于方解石晶体只能"看"到从特殊方向入射的光线。令人惊奇的是，三叶虫就是运用了方解石的这一特性来实现自身需求的。

三叶虫的眼睛就是由透明的方解石透镜组成的，这些透镜通

三叶虫：演化的见证者

常数量很多，一个接一个地紧密排列。与许多其他节肢动物比较起来看，这些透镜显然相当于一个个晶状体，就像苍蝇眼睛中的每一个六边形都是一个晶状体，蜻蜓、龙虾也都是如此。三叶虫的眼睛是节肢动物复眼的又一个例子，这是一个由许多小的视觉单位组成的眼睛，它们必须相互协作才能完整描绘出世界的轮廓。不过与其他动物不同的是，三叶虫的视觉单元是由矿物构成的，因此，如果说三叶虫的眼神像石头般冰冷，那也算是事实。这不禁令人想起莎士比亚的剧作《暴风雨》(*The Tempest*) 中的一段奇特的台词：

> 汝父长眠五寻 * 深处，
>
> 珊瑚是他的骨骼，
>
> 珍珠是他的眼睛；
>
> 他的一切不曾凋谢，
>
> 只是历经大海的变幻。

如果历经历史之海的变幻回到三叶虫的年代，那么最奇特的装扮就是三叶虫的石灰质眼睛了。珍珠的化学成分和三叶虫的晶状体一样，都是碳酸钙的不同形式，差别只在于珍珠会反射出高雅的光泽，而不是让光线穿透。莎士比亚用眼睛石化为不透明的珍珠来暗示海员死后不再能观察，而与之不同的是，三叶虫石化的

---

* 1英寻（fathom）约等于1.8米。——译者注

眼睛正是透过这些矿石为来认知这个世界。

　　三叶虫的晶状体有固定的光学排列方位，晶体的 c 轴纵向穿过晶状体透镜，而且绝大多数与表面垂直。如果你能用手持放大镜完整地观察某一晶状体，那么在晶状体的另一面也很可能可以看到你。当然晶状体本身并不会看，它只是让角度适合的光线通过。三叶虫的眼睛是由许多微小的透镜聚集而成，每个透镜的方向都有些细微不同。一个半圆形的狭长眼睛可能有几百个，甚至上千个这种透镜，其中有些晶体的 c 轴指向前方，有些指向旁边，也有些指向后面。你可以想象所有的 c 轴都从晶状体组合的中心放射状地向外指，有如一组排列整齐的细针：每根细针的方向都代表着一束可以穿过透镜的光，有如一群各有目标的小箭头，每一束射入的光线都为眼睛提供了些许信息，而每一个晶状体都各有其管辖的视线范围。

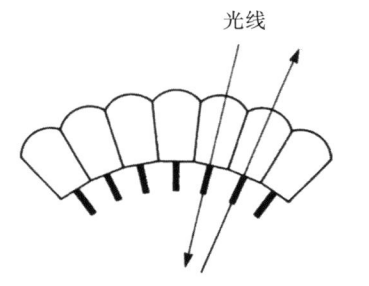

三叶虫眼睛的工作原理。光线以平行于主晶轴 c 轴的首选方向穿过方解石透镜，到达位于眼睛内部的光感受器。

　　三叶虫眼睛运作的方式很可能和现生节肢动物的复眼一

样，所以我们猜测在每一个晶状体的后面应该都能找到能对光线做出反应的感受细胞。在这些细胞上方的晶状体能够保存下来，这些感光细胞却很容易分解消失。感光细胞虽然无法成为化石，但确实必须有这些细胞才能把一堆无意义的光束转换成影像。光线本身并不能产生任何形式的认知，就像池塘中的倒影只是忠实地反映了景物的原貌而已；信息必须经过神经的收集及大脑的判读才能产生意义。因为每个晶状体的视野不同，所以古老的三叶虫所感受到的世界，必定是由马赛克式的小影像所构成；相邻的晶状体所撷取到的影像间会有些细微变化和重叠。影像的分辨率部分取决于晶状体的多寡，想更清楚地看出细节，就可能要依靠更多的晶状体来实现。难怪有些三叶虫的水晶体多到几乎无法计算。

我曾尝试过最困难的工作之一，就是去计算三叶虫的大眼睛到底有多少个晶状体。我从许多不同的角度拍下眼睛的照片，将这些照片放大到能看出每个晶状体的程度。接着，我就"一、二、三、四……"地开始数，一直数到一两百个。但问题并没有那么简单，只需稍一走神或打个喷嚏，我就忘记刚才数到哪儿，这时只好自认倒霉，咬牙切齿地从"一、二、三……"重新开始。后来我灵光一现，找到一个办法，那就是用针在每一个数过的晶状体上刺出记号，如此一来就不会重复计数了。但在数完一张照片换到下一张时，又产生了很大的问题：哪一个才是我刚才数到最后的晶状体？而这些照片是从哪里接到哪里呢？刚才数到的是上面有刮痕的那个，还是比其他都大的这个？这种工作最适合给患有严重失眠症

的人来做。在发现晶状体总数足足超过三千个后，我便发誓，下次我一定要先简单计数一个小范围内的晶状体数目，然后用上我的一切数学知识来估计总数。

在众多三叶虫之中，晶状体的数目可以从一个到几千个，当然眼睛的成像效果也随之不同。但不管它的眼睛是大是小，一个不变的基本原理是：三叶虫的方解石眼睛都只能接收从 c 轴入射的光线。

从这个现象我们得到了一个有趣的推论：我们可以通过晶状体的方向恢复三叶虫的视野范围。将 c 轴射入眼睛的一簇光线倒推回周围的海底世界，光线覆盖的范围内就是三叶虫的视野所及。透过三叶虫的眼睛，我们就能看到几亿年前的世界了：这些由纯净晶体所组成的眼睛会随着周遭景象的变化做适当的调节，水平排列的晶状体可能只能看到水平的景象，而呈弧面排列的晶状体则能有较广阔的视野。了解三叶虫晶状体的朝向，你就掌握了三叶虫的视野。

爱丁堡大学的尤安·克拉克森（Euan Clarkson）是最早对三叶虫视野的细节进行研究的科学家。他根据一句歌词："嗨呀！哪儿来的这么多个窥视者？"* 而老是把三叶虫的眼睛比喻成"窥视者"。克拉克森把三叶虫固定，然后精确测出三叶虫每个晶状体的 c 轴方向，再顺着这些方向在球面上做投影，以此来代表三叶虫的眼在三百六十度的球形视野中所看到的范围。通过这些工作，他

---

* 这句歌词来自一首暴露年龄的老歌 Jeepers Creepers，创作于 1938 年。——译者注

三叶虫：演化的见证者

看到了三叶虫所看到的景象。

　　根据克拉克森的研究，大多数三叶虫都无法看到它周围的所有情境，更准确地说，三叶虫一般只会比较注意身体两侧的景物。它们的视野集中在侧面和前面，有时还会看到身体后方的一小部分区域，这使得三叶虫的眼睛有如专门扫射地面及低矮灌木丛的探照灯，很少观察天空。为什么会如此呢? 三叶虫视野的局限性与它生存的海底环境息息相关。在这个海底世界中，天敌会从沉积物表面向三叶虫迫近，而潜在的食物可能半掩在软泥中，或者在沉积物上漫步。住在附近一块地盘上的邻居可能就是未来的伴侣，但必要时它还是要抢占先机；情敌可能会从旁边突然靠过来，它必须率先捕捉这个信息，以便来个出其不意的袭击。当它前进时触角会拂过前方的海水，借以嗅出水流中携带的任何化学信号，协助它了解眼睛看到的事物：触觉及嗅觉长久以来一直扮演着敏锐视觉的辅助角色。这是个沉积物表面的世界，不管白天或晚上，大部分事情就发生在这小小的方圆之内。

　　现今的泥质海底也有很多类似这样的环境，但这种环境并不像珊瑚礁那么有魅力，因此很少在公众面前展示。这里生活着各种不同的蠕虫，靠沉积物中的养分维生，它们有些住在泥里，有些会搅动烂泥来吸取有营养的泥汤。在这里，温和的素食者往往成为阴险或强悍的捕食者的盘中餐，所以有些动物将自己伪装成海草，有些则以快速繁殖的策略来抗衡捕食者，以免被掠食殆尽。这是个充满生存竞争的世界，所有的营养都源自沉积物中丰富的有机质。这是个侧目而视的世界，你要注意观察你的邻居，因为它很

可能并不是表面看起来的样子。难怪大部分的三叶虫要注意周围的泥质环境，这与生存息息相关：不论身为猎人还是猎物，都必须保持对环境的敏锐把握。因此，对大多数的三叶虫来说，眼睛是求生的关键（不过我们也看到，有些三叶虫是盲眼的）。在植物登上陆地之前的一亿五千万年，三叶虫就已经发展出成功的视觉系统，任谁都会觉得印象深刻吧！

仔细观察三叶虫的眼睛，你会发现这些小晶状体形成了一种蜂巢状的结构。就像珊瑚、昆虫的复眼，甚至被子上紧密排列的图案一样，这些小晶状体大多也是呈六边形排布的。这其中是有几何原理的：当大小相近的东西彼此靠拢时，形成六边形是均匀分散压力的最好方式。三叶虫的晶状体通常是又细又长的六棱柱，宽度大概只有几十微米，c 轴顺着长轴的方向。如果三叶虫的眼睛是个完美的平面，那么晶状体的排列就会像马赛克拼画一样整齐，但事实并非如此，三叶虫的眼睛并不是个简单的弧面，所以你会发现一些为了顺应眼睛形状而产生的不规则排列晶状体，就像用纸包住球体时会产生的皱褶一样。不过，即使存在这些情况，三叶虫的眼睛仍然展现了惊人的规律性，许多六边形排成逐渐弯曲的螺旋曲线，由边缘向眼睛的中央收拢。

克拉克森注意到，较小的晶状体往往集中在三叶虫眼睛的边缘。眼睛的表面（也就是角膜面）随着身体成长，会跟着其他部分的外骨骼一起蜕壳，因此，就像外骨骼在每次蜕壳后都会生长一样，眼睛的晶状体数量也会随着每次蜕壳而增加。新的晶状体是从眼睛边缘的一条生长带里发育出来的。在持续不断的蜕壳过程

中，新晶状体的不断加入使得眼睛一圈圈地增大，形成了年轮一样的连续排列。而新旧晶状体之间的大小差异，竟然恰巧有助于维持晶状体在弧面上的规律排列。这种"原始的"动物竟然能够通过玩转晶体大小来处理晶状体在几何空间上的排列，这大概就是波洛*口中的"绝顶聪明"吧。

由于视觉神经没有留下可供探索的蛛丝马迹，所以我们无法确切知道三叶虫是如何用结晶的眼睛观察的。这就像我们可以通过经验来猜测某个古老文明遗物的大致用途，但永远无法知道确切答案。由于某些保存上的限制，我们对三叶虫的了解也将永远保持一定的距离。我们只能猜测，三叶虫蜂窝状复眼与现生节肢动物的复眼所见略同，这一类眼睛无法形成环境的完整影像（但有些节肢动物的晶状体有特殊的排列方式，能让眼睛合成复杂而单一的影像）。像三叶虫这样晶状体高度密集的复眼，对物体的移动特别敏感，当另一个动物从沉积物表面靠近时，它的影像通过一个又一个晶状体传入三叶虫的眼睛，激发视野中一个个区域的变化。如果这种变化被归类为警告，那么三叶虫就会做出逃避的反应——可能会把自己卷成球状，也可能尽快逃之夭夭。三叶虫眼睛中的世界是一个个视觉的片段，所以我看大可以把三叶虫改称为三节虫**。与我们所看到的影像不同，三叶虫对世界的感觉来自上

---

* 赫尔克里·波洛（Hercule Poirot）是英国侦探小说家阿加莎·克里斯蒂（Agatha Christie）小说中的名侦探。——译者注

** 作者把三叶虫 trilobite 改写成了发音相同的单词"三节虫"trilo-bytes，暗示三叶虫是通过一个个"字节"bytes 一般的影像碎片来观察世界。——译者注

千个光斑，它的大脑就如同一个点彩派的调色板[*]。

　　关于三叶虫眼睛的故事还远远没有结束。虽然大部分三叶虫的眼睛就像上文描述的一样，但与众不同的例子总是存在的。在上一章我列举的一系列三叶虫中，有一种叫作镜眼虫，它广泛分布于纽约、俄亥俄、安大略和德国、摩洛哥的泥盆纪地层中。你只要花几百块钱就能买到一只产自摩洛哥的镜眼虫，这算是非常便宜了。如果你在大型博物馆中工作，和镜眼虫这位老友相逢的概率就更高了：碰到有人带着镜眼虫上门鉴定是经常的事。指认镜眼虫的新月形大眼睛是件令人愉快的事，那两只眼睛骄傲地立在两颊，就像保时捷优美而可开合的车灯。先别着急欣赏！这些眼睛还另有些奇特之处：一般三叶虫的晶状体要靠显微镜才看得到，但我们几乎不需任何辅助就能看到镜眼虫的晶状体。在肉眼下，这些晶状体看起来就像一系列完美的细小球体，刚好呼应了"他的眼睛像珍珠"。这些晶状体明显地排成一行行纵列，彼此间通常有细小间隙，就像其他三叶虫的六边形晶状体一样，镜眼虫的每个晶状体也与另外六个晶状体相邻。从这个角度看，镜眼虫的眼睛只是按规则密铺的另一个例子，与其他三叶虫没什么两样，但不同之处在于，镜眼虫眼睛的规律性特别惊人。我们知道大自然的设计中本来就包含了一些小小的不规则，就像花豹的斑纹不可能总是呆板重复，也没有纹饰完全相同的蛇。但镜眼虫的这些眼睛却像由机

---

[*]　点彩派（Pointilliste）是一种新印象主义绘画技法，善用各种纯色的小点来展示完整的图像。——译者注

　　　　　　　　　　　　　　　　　三叶虫：演化的见证者

器制造的一样，整齐得如同排在木框中的保龄球。一般三叶虫有几百个甚至几千个晶状体，但镜眼虫显然与那些晶状体极小的三叶虫不同，它的眼睛只有一百个左右的晶状体，只要集合一家人的手指就算得出来。

如果说三叶虫的眼睛已经很出众了，那么镜眼虫的眼睛就更是奇特异常 *。为了进行更深入的研究，科学家需要将镜眼虫的晶状体切开，然后在高倍显微镜下研究其光学性质，这就需要从这群美丽的生物中挑出一只，然后用圆锯将它的头部切开。虽然这些动物已经死去很久了，但这么做仍然让人有点于心不忍。这些几亿年来未曾改变的珍珠，或许只需一个下午便被摧毁。

不过，这些切出的薄片确实透露了一些奇怪的秘密。首先，这些晶状体几乎都呈球形，或许有点近水滴形。镜眼虫的晶状体像个令人不安的玻璃义眼。在学生时代，我曾经和一位装了玻璃义眼的校友一起做工，每当我们的谈话出现了空当，他会突然拿下他的玻璃义眼把玩一番，然后又放回去。对他而言，拿进拿出并没有什么区别，因为那个玻璃义眼并没有视觉。但镜眼虫的聚合晶状体却是有实际用处的，而且，因为表面被一层方解石薄膜覆盖，它们既不会松动也不会被更换（但是这层膜在蜕壳时会和其他外壳一起换掉）。第二个奇怪之处是，相邻的晶状体间常有一层隔断，这样可以防止光线从旁边的晶状体透过来产生重影。

---

* 在术语中，普通三叶虫的眼睛被称为复眼（holochroal eyes），而像镜眼虫这样的眼睛被称为聚合眼（schizochroal eyes）。

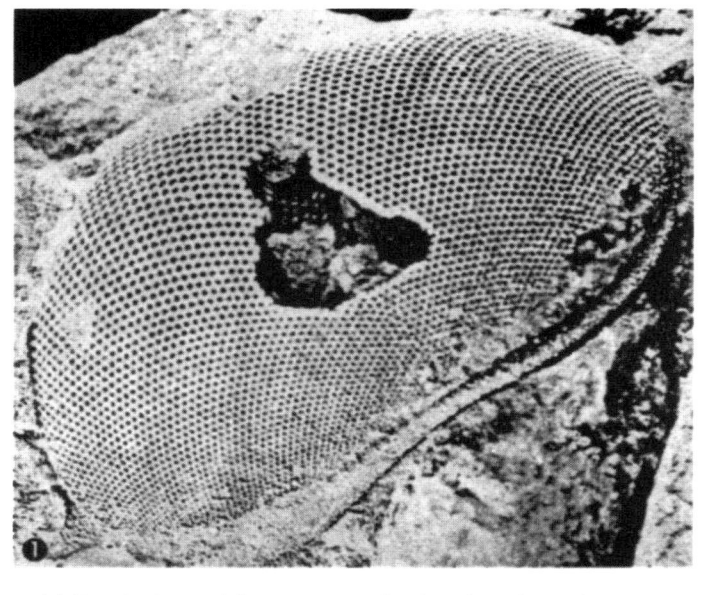

三叶虫的眼睛。锯圆尾虫（*Pricyclopyge*）的复眼（上图）由许多六角形透镜
组成，它能够探测到极微小的运动；镜眼虫的聚合眼（下图）则具有数量更少
的球形晶状体，每一个晶状体都能帮助它更好地生存。（照片来自克拉克森）

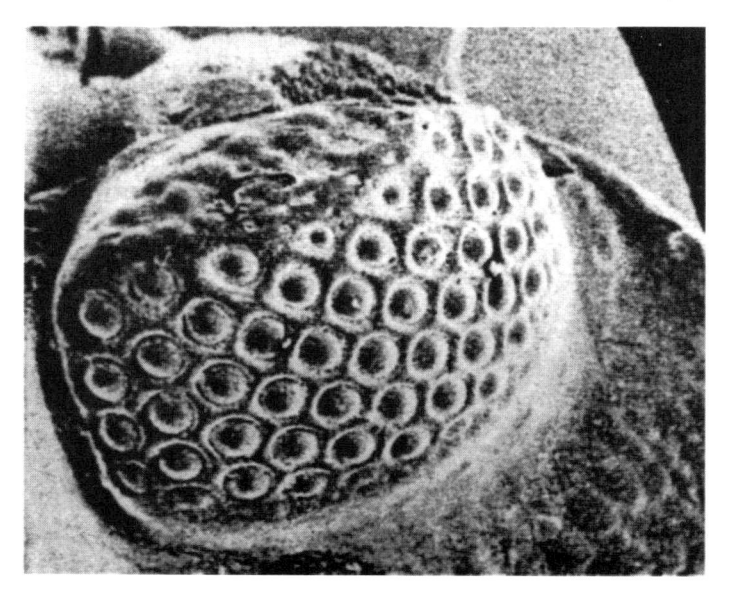

通常情况下，晶状体会稍微下陷，而它们之间的区域则较为凸起。显然，对这种古老动物而言，这种光学结构算是相当复杂了，这也正是令人惊讶之处，因为照我们原先的预期，这一时期的眼睛应该不会非常特别，最好的情况也就是和别的三叶虫一样，具有一双类似其他低等动物的普通眼睛。但镜眼虫的眼睛却令人意想不到地先进，就像出现在马车时代的超级跑车一样与时代格格不入。这种先进性不单单体现在镜眼虫的晶状体形态上，更体现于这种眼睛的成像模式。

像这样特殊的眼睛一定有其独特的成像方式。一位研究人员已经注意到有种蚁狮*的眼睛有点类似水滴形，但这种眼睛并不是由方解石构成，事实上，我们还没有从现生动物中找到真正能令人信服的类比对象。在 1972 年，任职于华盛顿史密森尼学会的美国研究人员肯尼思·托（Kenneth M. Towe）用镜眼虫的眼睛作为镜头拍摄了一张照片，他用这种最生动的方式展示了镜眼虫晶状体的成像功效。

如果你以来访学者的身份造访史密森尼学会的自然历史博物馆，你首先要跟着人群从公共入口进入，接下来你会转到一旁，给你的邀请者挂一个电话。几分钟后，你就会通过一扇不显眼的门，进入一个满是橱柜及收藏品的世界了。那是一个完全与都会群众隔离的、清静的、充满学术气氛的天地。当肯尼思·托还在那儿工作时，从他的办公室可以看到大街另一头的联邦调查局（FBI）大

---

* 蚁狮（antlion）是一种脉翅目昆虫的幼虫。——译者注

楼，很多来史密森尼参观的游客都会到那边用午餐——这会是一段很乏味的经历，足以打消你对特工故事的幻想。肯尼思·托用三叶虫的晶状体取代了相机镜头，拍下了一张联邦调查局大楼的照片，这照片虽然并不完美，但完全是可以辨认的。对胡佛局长 * 来说，他见过的最奇特的礼物大概就是这张用化石的眼睛拍下的自己办公楼的照片了! 肯尼思·托的另一张照片则拍摄了当时正在流行的"快乐胸章"(happy buttons)，他成功地把那张笑脸捕捉了下来。镜眼虫的晶状体晶莹剔透，能将不同距离和尺寸的物体聚焦，形成清晰的影像，这不但比大多数三叶虫的微小晶状体看得更清楚，观察的范围也更大。靠着方解石这种自然界最普通的矿物，镜眼虫完成了这项了不起的光学工程。

在不久之后，克拉克森与另一位学者里卡尔多·利瓦塞提（Riccardo Levi-Setti）揭示了晶状体成像背后的运作机制。镜眼虫的视觉成像方式与其他晶状体很小的三叶虫不同，这一点从它的晶状体的球形结构和尺寸就可以明显看出来。这些双面凸的晶状体能够聚焦光线。如果你曾拿起一颗透明的玻璃球对着光看，你就会对球形的成像效果有一些概念：玻璃球里的世界是颠倒且弯曲的。三叶虫眼睛的效果似乎比简单的玻璃球要好得多，这其中的秘密是什么呢? 凸透镜之所以会出现聚焦的问题，是因为从不同方位进来的光线，在透镜内经过的距离不同，而在方解石这类具有折射性质的材料中，这些不同的光会受到不同程度的偏折，这意

---

* 　埃德加·胡佛（J. Edgar Hoover）是第一任 FBI 局长。——译者注

味着最后所有的光将不能完全汇聚在焦点。这就像我校友的玻璃义眼一样，虽然透明却不能取代眼珠的效果。从专业的角度讲，这种缺陷被称为球面像差（spherical aberration）。

利瓦塞提是一位核物理学家，他来自芝加哥大学，那是个人人都才华横溢的地方。利瓦塞提私底下对三叶虫非常感兴趣，他甚至倾注了比专业的古生物学家更多的心力在三叶虫上。克拉克森和利瓦塞提是个有趣的组合：一个是毛茸茸而好脾气的苏格兰人，另一个是衣着讲究、个性温和的意大利人，他们共同发现了镜眼虫为解决球面像差问题而使用的策略。克拉克森发现，在镜眼虫聚合眼晶状体的底部有一个碗状结构，这个结构仍是晶状体的一部分，但在成分上却有所不同。有些化石的碗状结构会被单独风化掉，导致晶状体掉落，于是整个眼睛看起来就好像一连串的小碟子。克拉克森及利瓦塞提对这些晶状体做了薄切片，从而发现了这个碗状结构的独特之处：这个结构并不是纯正的方解石，方解石结晶中有许多钙原子被镁原子取代了。镁原子与钙原子非常相近，所以镁能混入方解石的结晶结构中，并取代其中的钙，这就好比间谍穿上敌军制服渗透突破一样。即使是最纯净的方解石，也不免含有微量的镁原子。当镁原子置换到了一定的程度时，就会形成高镁方解石，这时，晶体折射光线的能力——折射率——就会发生改变。晶状体下方的这层高镁方解石的厚度会随着晶状体位置不同而改变，从而与晶状体形成不可思议的微妙平衡，将在晶状体上部发生偏折的光线再修正回来——碗状结构其实就是一个光线的校正层。三叶虫制成了现代光学仪器商所说

的双合透镜，也就是将两个不完美的镜片结合在一起，组成一个完美的镜片。

利瓦塞提还发现了一段插曲：17世纪时伟大的荷兰科学家惠更斯（Christian Huygens，1629—1695）及法国的科学全才笛卡尔（René Descartes，1586—1650），已经预言了这种光学结构的存在。在当时的手稿中，他们已经画出解决晶状体球面像差的方法，而这一解决方案与三叶虫的碗状结构一模一样。这是天造地设的最佳例证，或者说，大自然早在四亿年前就已经给这个科学问题提供了答案。斯蒂芬·杰·古尔德（S. J. Gould）在1984年的《自然史》（*Natural History*）杂志中谈道："后来的节肢动物眼睛在复杂性及精确性上均未超越三叶虫，……我认为这是化石记录中最令人不解的事实：在生命史中找不到清楚的'前进方向'。"我们没有想象到三叶虫已经具有了如此复杂的光学设计；同时我们也没有想象到，在这样复杂眼睛的基础上，泥盆纪之后的节肢动物没有发展出更巧妙的视觉机制。我们通常所说的"进化"观念其实是个陷阱，其核心是"进步"这种经不起考验但根深蒂固的思维。这种观念使得我们想要说服自己三叶虫其实是落后的：虽然它的眼睛非常先进，但三叶虫的附肢是二流的；虽然有了无比先进的眼睛，但三叶虫还穿戴那么笨重的骨骼。你或许还可以把三叶虫想象成中世纪的骑士，尽管武装到牙齿，却是一身笨重的累赘。这些想法说服我们自己相信这样的"进化"故事：一位更灵活的勇士最后战胜了笨拙的镜眼虫爵士，被淘汰是镜眼虫的宿命，因为历史的进程就是如此！

　　　　　　　　　　　　　　　三叶虫：演化的见证者

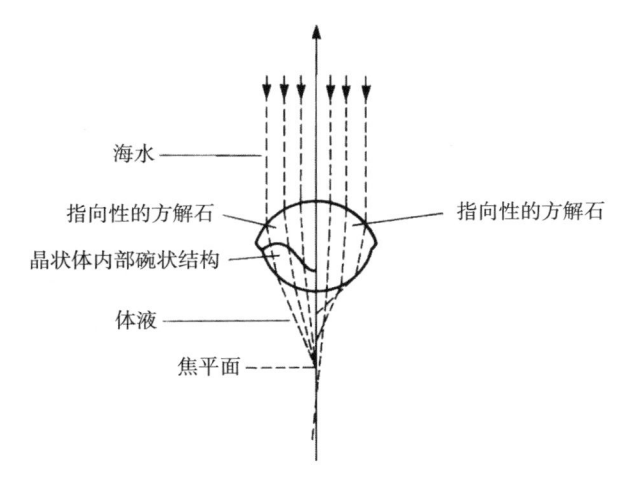

海水

指向性的方解石

指向性的方解石

晶状体内部碗状结构

体液

焦平面

尤安·克拉克森和里卡多·利瓦塞提绘制的插图，以说明镜眼虫晶状体内部高折射率的碗状结构是如何帮助光线聚焦的。

　　当然，上述推理全是我们自己的一厢情愿。镜眼虫的眼睛又独特又完美，但是我却无法评断镜眼虫和蜻蜓的眼睛孰优孰劣——蜻蜓的眼睛明辨秋毫，还能边飞边捕捉黄蜂；我们不知道镜眼虫的眼睛与海洋中适应黑暗、能够聚集微弱光线的甲壳类相比孰优孰劣；我也不知道与蜘蛛引人注目的眼睛比起来，镜眼虫的眼睛地位如何。谁能决定"进步"与否？谁能定下优劣的绝对标杆？三叶虫无疑是那个年代的完美生物，虫眼精准地解决了生活中所遇到的每个问题，并足以让三叶虫在海洋中子孙满堂。让我们惊讶的其实不单是眼睛的完美，更是那个年代的海洋中已经用着这样特化的眼睛了。我们无法界定三叶虫是在何时达到巅峰，并在那之后停滞不前或者逐渐走下坡路，因为生命发展的规律并不

是我们想象的那样。

　　我和三叶虫眼睛的缘分开始于对一种眼睛非常突出的三叶虫的研究。我在斯匹次卑尔根岛的奥陶纪岩层中发现了这种非常奇特的三叶虫，它长得又细又长，中轴非常宽阔，占了身体的很大比例，而肋节则缩小成一些小三角形，这样貌和一般在教科书中看到的三叶虫差别很大。此虫的眼睛真的是非同寻常：又大又肿，像个吹胀的小气球。在摸索了几个星期之后，我才有把握自己将活动颊与这个三叶虫的其他身体部位妥善搭配了（我没有完整的标本，所以我得像拼图一样把虫体拼出来）。但这类三叶虫庞大的眼睛是毫无疑问的，这双大眼睛紧贴在头盖两侧，长度几乎与整个头部相等，向后几乎笔直地延伸。在我从奥陶纪石灰岩中敲出的所有眼睛里，只有这一种能妥善地装回原位。当我将眼睛接回头盖上，并重建出这个动物的完整形象时，事情就变得更奇怪了：这类三叶虫的眼睛就像观赏金鱼的大眼泡一样往外突出，有如甲亢的症状一样。若按比例来算，这些"窥视者"的眼睛更是大得惊人，整个活动颊几乎都被这双巨大的眼睛占满了！这实在是令人惊奇。我在一位精通古典文化的朋友的帮助下，找出了在拉丁文中代表"凝视者"的单词 Opipeuter，并以此为词源，将这种新发现的奇怪动物命名为不眠凝视虫（*Opipeuter inconnivus*）。种名 *inconnivus* 意谓着"不眠"，因为三叶虫不会合上它的大眼。

　　这种三叶虫还有些地方吸引了我的注意。当把虫眼装回原位后，我发现这对眼睛明显向下低垂，比身体的其他部位都更低。如

果从侧面观察三叶虫，你会发现大多数三叶虫虫体的底面是一个贴着海底的平面，但凝视虫的身体却并非如此。除了眼睛下垂外，凝视虫的颊部边缘也锐利地向下方伸出。这时，克拉克森关于晶状体视野的研究就派上用场了。凝视虫突出的眼睛表面聚集了数以百计的晶状体，它的晶状体很小，不像镜眼虫那样具有特殊的模式，而是类似大多数三叶虫一样呈紧密的六边形排列。一般常见的三叶虫眼睛都是新月形的，主要用于观察身体两侧的海底环境，但凝视虫眼中的晶状体除了朝向侧面之外，也有看向前方的；如果我对眼睛突起角度的复原没错的话，还有几乎相同数量的晶状体是向上和向下看的；而且根据胸部两侧的收窄程度，凝视虫突出的眼睛甚至能掌握后方的动静，它能使用晶状体来环视四方。如果我们把一般三叶虫的目光比作"窥视"，那说凝视虫是抛媚眼也毫不过分了。

为什么这种三叶虫想要观察周围的一切？在海洋中的什么地方才有必要拥有如此全方位的视野？因为三叶虫常被当成底栖动物，所以我们对于上述问题的答案总是视而不见，但如果我们意识到有些三叶虫显然是游泳的，那么一切就迎刃而解了。我们打破常规的想象，让凝视虫在奥陶纪的海洋中畅游起来，这时它全方位的视觉就变得非常合理了。这让我们对三叶虫的生态有了不同的认识：除了在海底爬行之外，三叶虫也曾遍布于海水中。过去的海洋可能充满了三叶虫，就像现代的海洋动物磷虾所做的那样。这就是为什么与大多数三叶虫相比，凝视虫的身体又细又长，且看起来不适合在海底停留。凝视虫拱形中轴里的强壮肌肉为附肢游泳提

供了动力，而外壳的其他部分则尽量缩减，以免在附肢游动时带来过多负担。在斯匹次卑尔根岛，有些岩层几乎全由凝视虫和它的近亲卡罗琳虫（*Carolinites*）组成，所以我们不难想象这样的场景：当三分节虫从海底深处的松软泥沙上缓慢爬过时，成千上万的凝视虫和近亲小动物正在灿烂的阳光下游泳。

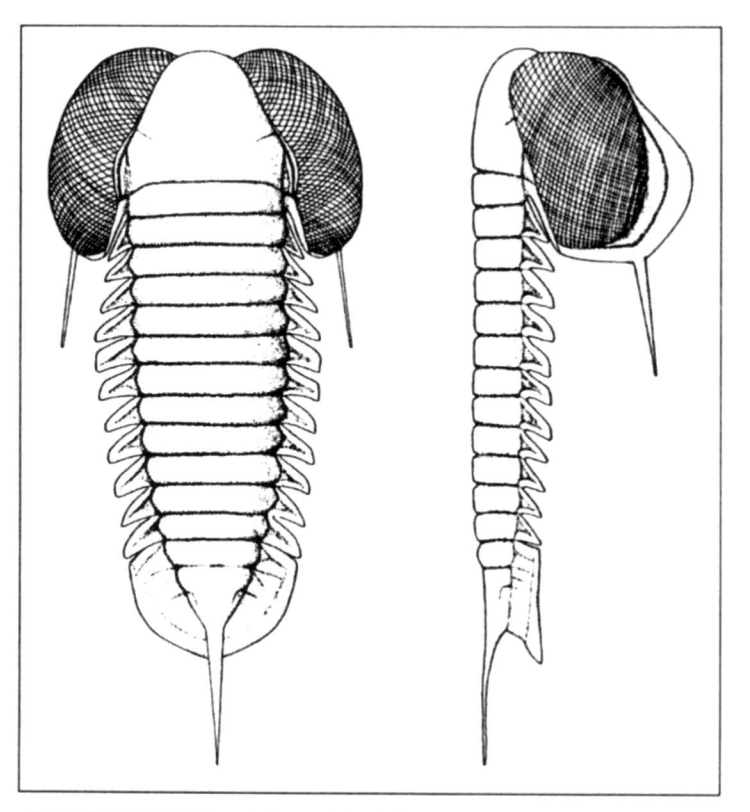

我复原的奥陶纪巨眼三叶虫——凝视虫（背面图和侧面图），它是横跨古代海洋的游泳者。

　　　　　　　　　　　　　　　　三叶虫：演化的见证者

一些证据表明，另有些具有类似设计的三叶虫同样能在海洋中游泳。早在 20 世纪初，伟大的地质学家爱德华·苏斯（Eduard Suess）就已经发现一种叫作圆尾虫的独眼三叶虫会游泳，他还拿圆尾虫和一些现生巨眼的甲壳类做比较。当我在他的巨著《地球的样貌》（*The Face of the Earth*）中读到这个结论后，我才发现自己的想法其实也不是什么真正新鲜的点子。圆尾虫的身体结构比凝视虫更紧凑，胸节更少，但眼睛的规模可没缩减；圆尾虫同样也是整群出现，周围可能还伴随几个眼睛突出的其他种属。我曾对威尔士及波希米亚地区的圆尾虫类做过研究，这些三叶虫产自深水沉积的黑色泥岩中，这表明它们的活动范围也局限于深水地区。那时我在威尔士的喀麦登郡（Carmarthen），也就是所谓的梅林城堡附近采集化石。我坐在围堤下敲打着深色的页岩，雨水滴在脖子上，即使此刻老巫梅林*真的从灌木丛中走出来，我也不会比第一次看到锯圆尾虫（*Pricyclopyge*）圆滚滚的眼睛时惊奇。在经过 4.7 亿年的禁锢之后，锯圆尾虫的眼睛仍然闪着微光。相对圆尾虫而言，许多含有凝视虫及卡罗琳虫的石灰岩形成于较浅的海域，同时一起出现的其他化石也佐证了这点。那么，是否圆尾虫及其他伙伴是生活在幽暗朦胧的深海，而凝视虫及同伴则是生存于表层明亮的水域呢？

感谢利华休姆基金**的经费补助，使我得以验证上述想法。

---

* 梅林（Merlin）是亚瑟王传说中的巫师。——译者注

** 利华休姆基金（Leverhulme Trust）是英国的大型国家资助组织，用于支持科研和教育。——译者注

对我来说这是幸运的，仍有少数几个公益团体愿意继续支持所谓的"蓝天"研究——也就是没有工业和商业附加价值的研究。我觉得探寻奥陶纪三叶虫眼睛的光学秘密比让天空更蓝还要难点。在利华休姆基金的支持下，年轻的博士后蒂姆·麦考米克（Tim McCormick）得以投入数年的时间，专注于三叶虫眼睛的研究。我们已经知道复眼的相关数据可以用于推导节肢动物生存环境的光线强度。这个方法既然适用于现生动物，那么拿来应用在三叶虫身上似乎也是个不错的主意。麦考米克要先将保存良好的标本固定住，然后测量相邻晶状体的间距及角度等细节数据，得到的这些数据被称为眼睛参数。这项苦差事足足持续了六年，所以当发现测得的数据支持我们的猜想时，我们可高兴坏了。我们猜测生活于海水表层的游泳三叶虫，确实具有适应明亮环境的眼睛，而圆尾虫类三叶虫的眼睛则适合幽暗的环境。我们终于能够间接地了解，我们最喜欢的动物的日常生活是什么状况。我们没有斯皮尔伯格导演来把这些生灵变成具体的影像，对三叶虫的生活也仍然不可避免地掺杂着想象，但这些想象已经比原先多了许多把握。今天我们对奥陶纪海洋的具象化，已经足以令塞奇威克、霍尔和麦奇生爵士大吃一惊了。我们已能透过三叶虫的眼睛精确地看到海洋中的景象：海水中充满了游来游去的动物，有些在表层靠微小的浮游动物维生，有些则潜泳于较深的阴暗世界，在海水之下，还有一大群三叶虫在海床上活动。

我们的观察并未就此打住。在小型的圆尾虫旁边，还有一种体型更大、长相也更不同的罕见动物。这种三叶虫眼睛也很大，但

并不向外突，反而嵌在头部的两边。而这类三叶虫的头部就更奇特了：它的头部特别长，前端形成一个像鼻子一样的结构，这个"鼻子"由头鞍（其表面已经特化，失去了原先的纹饰，看起来非常光滑）的前端，以及位于其下、向外延伸的腹边缘板所组成，两者合起来的确像是狗鲨等小型鲨鱼的鼻子。它的大尾巴则呈碟状。整体看来，这种三叶虫的壳体非常平滑，就像一枚鱼雷。这种外形让我想起在教科书上看到过的水翼船，水翼船的船身经过精心设计，以将摩擦力降至最低。这种三叶虫是否也像水翼船一样在海中畅游呢？我需要寻求一些建议。

从伦敦自然历史博物馆沿着展览路往下走，就是著名的帝国理工学院（Imperial College of Science and Technology），这里一直以来都是理工科领域的领导机构之一，我想这里一定能找到一位喜爱动手操作的教授。不久我便得知有位名叫戴维·哈德维克（David Hardwick）的讲师能够帮我设计实验，来检测"狗鲨鼻"三叶虫（它的学名叫 *Parabarrandia*，可译为副巴兰德虫）外形的流体特质。在水力学系有各种不同用途的水槽及水力实验设备，我们所用的最简单方法，就是把不同种类三叶虫的实际大小的模型悬浮于侧面透明的水槽中，然后让水流通过。如果你在水中加入染色剂，你就能看出哪种形状的三叶虫最有利于水流的通过。我们所测试的大多数模型都会产生各种紊流，比如突出的眼睛会在虫体后方产生一些有颜色的小漩涡。这时副巴兰德虫眼睛和身体侧面齐平的好处就展示出来了：当染色水流流经这种三叶虫时，就好像被微风吹直的长发般顺畅，这是流线型的最佳示范。我们现在

能想象在奥陶纪海洋中，这种动物优雅地超越水中其他游泳者的情景了。但要说服其他持怀疑态度的同事仍需更多的证据，所以我们进一步设计了测量阻力的实验。我们观察这些按比例做出的模型在缓慢的水流中会产生多大的偏移，理论上讲，身体不呈流线的品种会对水流产生较大的阻力，所以将会有较大的偏移。这个实验得在敞开式水槽中进行。我们先将这些三叶虫悬吊在水槽里，就像是古生代渔夫下的鱼饵。接下来我们便启动水流，并用一个可移动的显微镜测量偏移量。穿着白色的实验服，操作着灵敏的测量设备，这会儿我觉得自己像个真正的科学家了。

在实验进行的途中，我出去抽了会儿烟（我当时仍吸烟），回来时我着实吓了一跳，因为我发现实验室的地板已经积了几英尺深的水。我想我会被帝国理工学院列入禁止访问的名单，而我的螺丝刀也要被教授没收了。我很尴尬地请实验室的技术员来帮忙，他

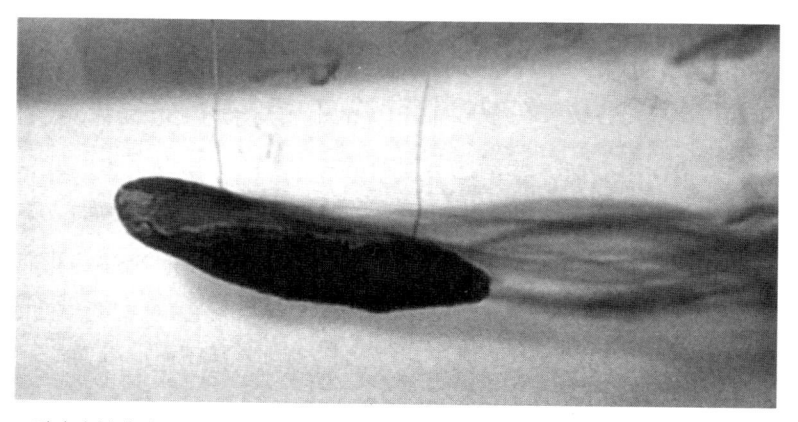

一种来自捷克奥陶系的自游泳三叶虫——副巴兰德虫——在水槽中的状态。右边的染料流显示了它极好的流线型体形。

三叶虫：演化的见证者

白了我一眼——修车技师就常用这种眼神看我，然后涉水走到地板中间，拔出了一个我见过的最大的浴缸塞子，几分钟后这些水就咕咚咚流光了。而我在一旁看着，下巴微张，满脸沧桑。不过这个实验已经证明了一点，那就是流线型的三叶虫能够在奥陶纪的海洋中快速穿梭。

虽然三叶虫已经演化出美丽而复杂的眼睛，但奇怪的是仍有许多三叶虫似乎不需要眼睛也可以过得很好。有不少三叶虫是盲的，在它们立场上，眼睛显然是个可以轻易放弃的器官。我们甚至能从某些例子中看到整个过程：祖先类型本来具有很大的眼睛，但它子孙的眼睛却越来越小，到了最后，在穿过颊部的面线上已经不再有任何晶状体了。一些和三瘤虫相近的三叶虫，最后也只在颊部的突起处留下了一个晶状体。我和来自威尔士国家博物馆的同事鲍勃·欧文斯曾一起在南威尔士一带采化石，在那里，十种或更多的失明（或几乎失明）的三叶虫生活在一起，它们当年一定在黑暗的海底世界里爬行。凑巧的是，我们采集三叶虫的采石场也是一片阴沉，这些三叶虫所出没的奥陶系泥岩像是被烟熏过了一样黑——在最初沉积时它们可能就一直是这样。所以我们是在一个充满黑色岩石的黑色采石场里寻找生活在永恒黑暗中的黑色三叶虫，我觉得这种寻找过程对我视力造成的伤害至今没有完全恢复。更奇怪的是，在同样的岩层里的其他三叶虫都是大眼的游泳者。我们很快就推断出，游泳的三叶虫生活在透光水体中，只有死后才沉入盲眼三叶虫所生活的黑暗世界。眼睛的丢失是因为它们的生活不再需要这个器官了，这些盲眼三叶虫的

生活方式与现代洞穴里的甲壳类动物有着密切的关系，我们每年都会发现一些这样的洞穴物种，它们通体苍白透明，色素从身体里消失，而光线也从眼睛里消失了。当被带到地面上时，它们看起来不太健康，就像在地窖里储存太久的发白块茎一样。当然，它们其实并没有生病，只是将那些在黑暗世界中不需要的多余东西抛弃了而已。

虽然盲眼三叶虫最常出现于深海，但却不只局限于深海，它们中的一些也可能是穴居动物。我们不应该把盲眼看作是一种退步。在成长过程中，我一直受到一种传统观念的影响，这个观念认为当某种动物在地质历史上达到巅峰后，它就会不可避免地走向衰败，尤其是那些最后灭绝了的动物。这种观点不可避免地受到人类对自身脆弱形象的映射。盲的或特化的生物可能会被描述为退化的，这就像维多利亚时代故事中家族的害群之马一样，他们染上了无法名状的疾病，败光了家族的财富。我承认我曾被这个说法吸引，这不单是因为它用戏剧性的方式描绘了演化历史，而且这种观念与达尔文理念中的"适者生存"也有着契合之处。在他看来，有些动物注定要进入演化的死胡同，再也出不来，而另一些更加适应的类群则欣欣向荣，子孙满堂。令人好奇的是，的确没有失去了眼睛的三叶虫又重新获得眼睛的例子。我们知道三叶虫原先是有眼睛的，失去眼睛是二次适应的结果，而原来的视觉像童贞一般，一旦丧失就无法再次拥有了。但这个问题并不影响一条重要结论，那就是这些盲眼三叶虫都是自己那个时代的优秀公民，有时盲眼三叶虫的数量甚至超过了仍然具有眼睛的表亲。在英格兰

什罗普郡外形奇特的里金山[*]附近，申顿溪旁出露着一系列绿色的松软页岩，其中含有大量的盲眼三叶虫——舒马德虫（*Shumardia*）的残骸。这个完美的小东西只有六个胸节，头鞍的形状像是黑桃A。舒马德虫也同样大量地出现于阿根廷的奥陶纪页岩中。在中国的南方，我也采到了这种三叶虫，仍然是数量丰富。显然这种三叶虫曾大量分布于奥陶纪的世界。如果这种现象揭示了某种深意，那就是我们所说的适应性成功了，这取决于能否抓住环境所提供的机会。就像三叶虫发展出灵巧的眼睛，为自己在海洋中开启了一片狩猎和游泳的天地一样，失去了这个器官，三叶虫同样能够在海底的软泥上繁荣昌盛。大自然的丰富来自五花八门的适应，从三叶虫时代起，就已经如此。

上面我所讲述的三叶虫眼睛的故事，很好地阐明了循序渐进的原则，这也是科学工作的一般方式。当我们知道得越多，我们想到的新问题也会越来越多。我们从了解方解石，到计算量化，并最终确定了一些科学事实。当然想象力仍然在其中扮演一定的角色，但我们对视觉的认识却不像浪漫主义诗人柯勒律治^{**}所说的，是"只可意会，不可言传"（A sight to dream of, not to tell）的，因为我们把想象变成了发表在科学论文上的确凿材料。认识的进步首先依赖于对不同类型眼睛的辨别，然后再开始探讨它们可能

---

* 里金山（The Wrekin）是什罗普郡一处受欢迎的景观，后文中的申顿溪（Sheinton Brook）从其山脚下流过。——译者注
** 柯勒律治（Samuel Taylor Coleridge）是英国18—19世纪的浪漫主义抒情诗人。——译者注

的工作方式。根本上讲，这其实是另一种形式的分类学，是人类辨识天赋的另一种展现。而这个过程仍未结束，就在我写本章的同时，一位匈牙利科学家在他寄来的文章中提出，有些三叶虫的眼睛可能具有双光镜（bifocals）。我不知道这个说法是否能通过下一代研究人员的检验，但我能肯定的是，未来一定还会有更多关于三叶虫眼睛的真相被发掘出来。想象力和实事求是的结合是科学研究的全部，它将继续揭示我们尚不知道的奥秘：关于视觉的，或关于观察本身。

第五章　三叶虫与大爆发

　　大戏开场！幕布拉开，我们都毫无准备地一头栽进了剧中人的生活。节目单中没有对剧中人物的生平做任何介绍，也没有任何资料描述他们在剧外的生活。在接下来三小时的节目中都不会有任何额外的信息。如果这出戏非常精彩，就像其他艺术一样，仅通过单纯的表现过程就已经让观众得到了满足，我们就不会再因为不了解这些角色的背景历史而感到烦恼，就像我们不会希望麦克白幡然醒悟，并最终战胜了他的对手*。

　　我们常把生命的历史比作一场大戏，而动物就是生态舞台上的演员。大灭绝事件打断了物种之间正常的起落规律，这正是演化故事中最戏剧性的转折。大灭绝是指"灭绝率在统计上显著高于背景灭绝率的时期"，显而易见，比起用准确的术语，戏剧性的描述更能成功地吸引人们的注意。戏剧性的描述没有什么不好的，毕竟生命史中的某些情节本就是戏剧性的，就像奈特在海崖边与

＊　在莎士比亚原著中麦克白最终失败身死，作者借此形容莎翁剧作本身就非常精彩，大家不期待任何续写和反转。——译者注

三叶虫对视时遭遇的戏剧性转折时刻。从长时间尺度上看，这样戏剧性的转折并不少见，有时是主宾颠倒，比如哺乳动物取代恐龙，占领了舞台中心；而有时则是新角色取代了老角色的位置，我曾听到有人说三叶虫的生态位置后来被螃蟹和龙虾占据了，而大多数对自然历史稍有概念的人都知道鱼龙被描述为侏罗纪的海豚。这种简单类比的论调不见得完全正确，但我们暂且不谈。

当一场戏（特别是侦探剧）开始陷入低潮时，最常用的策略就是加入一个爆炸性的剧情，砰的一声！将观众的注意力一下子拉了回来。当然，在戏剧里，这砰的一声枪响背后往往是一桩谋杀案。

三叶虫化石在早期地质记录中就是这么砰的一声出现的，那大概是在 5.2 亿年前*，但还并不是在寒武纪的底部。如果你总被故事的"戏剧性"所诱惑，那么你对这种出现的突然性产生好奇就再正常不过了。当你在一个横跨寒武纪早期地层的剖面（适合这种情况的剖面在纽芬兰、西伯利亚和蒙古国均能找到）自下而上逐层采集化石时，你会发现在起初的地层中没有三叶虫的任何踪影，但从某层开始，螃蟹般大小的原法罗特虫（Profallotaspis）和小油栉虫就会突然出现在你的手里。它们有很多节，有一对大号眼睛，大小也可观，显然，它们是真正的三叶虫而不是其他似是而非的东西。它的出现就像《天鹅湖》中巫师的出现一样引人注目——那是我第一次体会到舞台上的戏剧性效果。你不禁喃喃道："砰！"

---

* 原著为 5.4 亿年前，据最新的年代框架修改。——译者注

当你继续往更年轻的地层走一英尺左右的时候，更多的三叶虫出现在了最早的三叶虫周围，它们也许包括了五六个不同的种类，而且互相之间的区别已经很明显了。[*]

　　十多年前，我曾调查过纽芬兰岛含有三叶虫的寒武纪早期地层。北方半岛（Northern Peninsula）从纽芬兰的西北边伸出，像一根饱经沧桑的手指。通向半岛的唯一一条路是从鹿湖（Deer Lake）到圣安东尼（St Antony）之路，沿着这条路走不到一个小时，你就进入了格罗斯莫恩国家公园（Gros Morne National Park）。[**] 这条路沿着波恩湾（Bonne Bay）蜿蜒而行，这是一个美丽的、巨大的、被水淹没的海湾，周围的群山仿佛一头扎入其中。波恩湾原来是河流冲刷出来的谷地，末次冰期结束后，上涨的海水淹没了这里。山岭上遍生着冷杉、白杨、桦树与赤杨，使内陆几乎无法步行穿过，林地间的苍蝇蚊子更是令人望而生畏。公路蜿蜒曲折，司机必须一直全神贯注。道路的开辟使得沿途的地层暴露出来，它们普遍经历了褶皱作用，与海平面的夹角各不相同。在一块巨大而平坦的棕色岩石上，一些愚蠢的中二

---

[*]　作者在这里也使用了戏剧化的表达。现已获得广泛认可的最古老的三叶虫出现在北美洲、摩洛哥和西伯利亚，在这些地区，最古老的三叶虫是小且异常稀少的。你很难在真实剖面上体会到三叶虫瞬间喷薄而出的戏剧化效果，除非这一地区地层记录不全，缺少了最古老的三叶虫的化石记录，如作者下文提到的纽芬兰。——译者注

[**]　纽芬兰人通常是幽默和好客的，因性格淳朴，他们常被加拿大内陆人当作开玩笑的对象。我能真正回忆起的唯一一个"纽式笑话"是当我离开国家公园去找食物的时候，我在考黑德（Cow Head，直译为牛头。）的一个小旅馆看到店员涂鸦一般的宣传语："牛头饭馆，半岛第一。"

病用白色油漆在一英尺高度上涂鸦了他们的名字缩写"RW luvs SDM"。他们其实最应该写的是"惊人的三叶虫发现于此！"。不过，确实不是人人都有机会在此采集，因为加拿大对在国家公园中进行标本采集有着非常严格的规定。如果你也像我一样得到了许可，那就请大敲特敲吧。如果运气不错，你可能会找到一条又大又肥的小油栉虫，或者其他几种三叶虫的碎片，比如以海湾的名字命名的波恩虫（*Bonnia*）。你很可能会发现完全不同种类的化石：我记得我发现了一个挺不错的原始棘皮动物（包括海星和海胆的类群）标本，叫沃尔科特原海林檎（*Protocystites walcotti*），不用猜就知道它是以谁命名的了。旁边还有一只小型软体动物出现。

　　各地寒武纪早期的地层几乎都是这个样子，其间含有各类生物的外壳。其中有些种类可以被归入现生动物的"门"中——这里指林奈分类学框架中动物界内最高级的分类单元，比如软体动物门、节肢动物门或棘皮动物门。在三叶虫出现之前的寒武纪地层中，*我们常发现各种各样的壳、管和骨板，以及被雕刻成不同形状的网状化石，其中许多种类都无法识别为我们所知的任何一种动物类型，这类化石被统称为"小壳化石"（small shelly fossils）。这些小壳的多样性可能并没有之前看起来的那么高。因为最近西蒙·康韦·莫里斯（Simon Conway Morris）

---

*　过去，这段时期与三叶虫诞生后的一段时期统称为"早寒武世"，现在这段"前三叶虫"时代已经被单独划分出来，称为"寒武纪纽芬兰世"。——译者注

　　　　　　　　　　　　　　　三叶虫：演化的见证者

和约翰·皮尔（John Peel）已经证明，许多种小壳其实是一类更大的盘状动物身上不同位置的骨片，这类动物叫作哈氏虫（*Halkieria*）。虽然这些小壳可能只不过是复杂铠甲上不同位置的小零件，但这些矿化骨骼在地层中的突然出现却是不争的事实。在寒武纪底部的很短时间内（当然这里是地质尺度上的很短时间），动物们纷纷学会了如何利用矿物质来作为它们软躯体结构的支撑部分。不仅如此，虽然软躯体结构的化石记录非常罕见，但现在已经有许多保存了完全未矿化动物化石的寒武纪动物群被发现。

在这些保存寒武纪软躯体化石的产地中，最著名的要数不列颠哥伦比亚寒武纪中期的布尔吉斯页岩，有赖于古尔德在其1989年出版的《奇妙的生命》（*Wonderful Life*）中对布尔吉斯页岩珍贵程度的渲染，此地已成为世界上最著名的化石产地。不过，现在这样种类繁多的化石库已经在更古老的寒武纪早期地层中被发现，其中尤以中国的澄江生物群和格陵兰岛的西里斯帕斯特（Sirius Passet）最令人印象深刻。上述发现都证明了一个相同的观点：在寒武纪时生命就已经展现出了极高的多样性。这些动物有的具有坚硬的外骨骼，有些则没有；有些是熟悉的面孔，有些则是陌生而令人费解的。这其中节肢动物的比例是最高的，因为它们分节的腿实在很难认错。但是这些细长附肢上所搭配的身体也是奇形怪状的。我无法在此详细描述这个动物群中所有奇怪的动物，我只想强调它们真是为数众多。面对此种现象，古尔德甚至提出：寒武纪动物的"多样性"（当然这有点曲解原意，古尔德原文中所

说的是"差异性")超过整个生命史中的任何时段。*

　　一场生命历史上的大戏拉开了帷幕，舞台上有精心设计的演员阵容，所有人都盛装打扮，既有熟悉的造型，也有不熟悉的装束。演出的戏剧性与彼得·布鲁克（Peter Brook）的作品有一拼，而绚丽的服饰则令人眼花缭乱。毫无疑问，这是一场顶级表演，一场大狂欢，这里的动物形象比人在服用致幻药物后所能想象到的还要怪，难怪其中会有动物被称为怪诞虫（*Hallucigenia*）。这场演出史无前例，我们不知道其中角色的来龙去脉，所有舞台效果都是即兴而为，这是一场短暂而绚丽的处女秀，是沉闷的情节过后戏剧性的大爆发。

　　把生命史比作戏剧的一个不妥之处在于，不像戏剧可以无需前言后语，生命史需要一个开端，有些情况下还需要一个结束。观看演出时我们可能会暂时被深深震撼，但随后我们还是想去探索繁复妆容之下角色的生物学本质。所有的生命都有一个源头，所有的物种都是从一个共同的祖先，一个演化上的亚当那里进化而来，无论大小，所有生命在基因层面上都共享着一套遗产。

　　这个众多门类突然出现的地质时刻就是众所周知的寒武纪大爆发。这个戏剧性的比喻并非巧合，一方面，寒武纪大爆发确实代

---

*　作者在文中描述多样性的词为"diversity"，这个词常用来囊括多样性的方方面面，尤其常用于形容物种种类的多少，这多少会带来歧义：寒武纪的物种种类显然比今天少太多了。而古尔德原著中表述多样性的词是"disparity"，即表型或者身体构型上的差异性，对寒武纪的情况而言，这个词是更准确的。所以作者在括号中标注称他的用词可能会曲解原意。——译者注

表着演化速率的跃升；另一方面，就像真正的"爆发"一样，一个小小的炸弹就能引起与其质量完全不成比例的重大后果。当然我们的"大爆发"是一种创造的爆炸，而不是毁灭的爆炸，当化石记录的大幕拉开，爆炸后的一片狼藉便完全呈现在了聚光灯下。为什么非要比喻为"爆发"呢？因为在前寒武纪晚期，或被称为文德纪（Vendian，现在已称为埃迪卡拉纪 Ediacaran）地层中发现的化石，要么是简单的藻类和单细胞生物，要么是一类被称为埃迪卡拉动物［Ediacara fauna］）的软躯体生物，这些生物很难被解释为后来动物的祖先。令人诧异的是，这里面没有任何我们熟悉的角色。好像寒武纪戏剧中的演员是在什么其他的地方秘密装扮的一样。我们完全不知道那些寒武纪动物，比如腕足动物、软体动物、棘皮动物和节肢动物的前寒武纪祖先究竟在哪里。

　　实话实说，我在写"寒武纪大爆发"这个议题时有点底气不足。因为这一问题早已引发了许多学术大咖之间的激烈争论，而其中有些人还以坏脾气著称，我实在不知道没戴安全帽就进入这是非之地是否明智。我记得达尔文曾经在其自传中写道："很高兴我避开了这些争论，这要感谢莱伊尔*的教诲，他强烈建议我永远不要纠缠在争论之中，因为其中很少有任何好处，而且会造成时间和情绪上的损失。"然而，谈论三叶虫就不可能绕过这个问题。有的读者可能理解不了，这些发生在五亿多年前的事情为什么到现在

---

*　莱伊尔爵士（Charles Lyell）是《地质学原理》（*Principles of Geology*）的作者，这本书对青年时期的达尔文产生了深远的影响。

还能引发现代人之间的激烈对抗情绪。但不可否认的是，无论寒武纪大爆发究竟如何，不同理论的支持者之间经常发生的"爆炸"才是最明显的。带壳动物在寒武纪底部的突然出现是个由来已久的谜团，达尔文当然也认识到了这一点，他在 1859 年版《物种起源》（*On the Origin of Species*）的第九章中沮丧地写道："这种情况目前仍没有办法解释。"140 多年过去了，解释倒是各种各样，但仍然没有共识。我是不得不卷进这个问题之中，因为三叶虫毫无疑问是大爆发的见证者——如果确有此事的话。而且三叶虫还从寒武纪存活到了奥陶纪，甚至是更晚的一些年代中，其寿命远超那些不曾留下后代、被称为寒武纪演化"实验品"的动物。由于三叶虫是寒武纪出现的第一批节肢动物之一，它显然成为"大爆发"重要的组成部分，那我陷入这场争论也就在所难免了。

布尔吉斯页岩中有一类被称为拟油栉虫（*Olenoides*，插图 7）的三叶虫，它是另一类少有的保存了附肢的三叶虫，布尔吉斯页岩的特异保存使得我们能清楚地看到虫体的腿、鳃，甚至消化系统亮闪闪的痕迹。像三分节虫一样，拟油栉虫一经发现就不断受到顶尖三叶虫学者的检查，比如沃尔科特。这样来看，惠廷顿在 20 世纪 80 年代进一步观察拟油栉虫也就不奇怪了。拟油栉虫的附肢排列方式总体上跟我们之前提到过的一些类型很相似。它的头部有三对腿和一对灵活的触角，之后的每一个胸节都对应着一对双枝型附肢。与其他三叶虫稍有不同的是，拟油栉虫的尾部末端有一对像触角一样的附肢，被称为尾叉（caudal furca）。惠廷顿发现拟油栉虫的颚基强壮，且在面向动物中轴的方向长有大量的尖刺。他

　　　　　　　　　　　　三叶虫：演化的见证者

认为这个多刺的中轴是用于撕碎猎物，并向前将食物传递到口板后方的嘴部。也就是说，拟油栉虫是一种捕食者，能够吞食在布尔吉斯页岩中大量存在的各种蠕虫。捕食者和猎物在布尔吉斯页岩中首次同台登场了。

小油栉虫是寒武纪地层中最早出现的三叶虫之一，但它已经是一种特化的生物了。

从布尔吉斯页岩所揭露的来看，三叶虫只是大爆发中多种引人注目的动物之一。但在1909年沃尔科特发现布尔吉斯页岩之前，三叶虫一直是寒武纪地层中唯一已知的节肢动物。这有赖于三叶虫坚硬的方解石质外骨骼，使得它们比其他动物更容易保存

为化石。这使得三叶虫广泛地成为节肢动物祖先的代名词。但即便是早期的观察者也清楚地发现三叶虫其实是一种非常复杂的动物，包括眼睛和其他多种复杂的结构。那么这种复杂动物是怎么突然间出现的呢？达尔文在《物种起源》中非常有信心地说："我毫不怀疑所有志留纪的三叶虫都是从某种生活在志留纪之前很久的甲壳纲动物进化而来的。"* 在三十年后，哈代在书中也称三叶虫为"原始的甲壳类"。在没有发现详细的解剖结构之前，这些前人将三叶虫归属为节肢动物的甲壳类大部分靠的是直觉。法国古人类学家肯尼思·奥克利（Kenneth Oakley）曾发表过一件他在法国约讷（Yonne）的三叶虫洞（法文 Grotte du Trilobite，英文为 Trilobite Grotto）中发现的三叶虫化石标本，这件化石上有钻孔，可能曾被古人当作吊坠。这件发现于旧石器时代晚期洞穴中的标本记录了人类与三叶虫的第一次相遇。** 在这个洞穴里还发现了一个精美的甲虫雕件。奥克利 1965 年曾写道："一种合理的推论是，没有文明但善于观察的马格德林人（Magdalenian）把三叶虫当作了一种石头里的昆虫。"马格德林人把三叶虫当作昆虫，达尔文认为它们是甲壳类，而沃尔科特则认为三叶虫属于蛛形动物，是蜘蛛和蝎子的近亲——显然，他们不可能都是对的。

---

* 文中的志留纪即寒武纪，由于志留纪命名较早，最初志留纪的概念包含了现在的寒武、奥陶和志留三个时期，在达尔文的时代，寒武纪还没有从志留纪中划分出来。

** 三叶虫洞是屈尔河畔阿尔西（Arcy-sur-Cure）附近一系列有史前人类居住的岩洞中的一个，以在其中发现的三叶虫吊坠命名。这件吊坠是一万五千年前的人类用一块欧马虫（Ormathops）的化石制作的，从磨损程度看，其已经过长期的把玩和佩戴，是人类收集行为的古老例子之一。——译者注

"三叶虫的近亲是谁"，想客观地回答这个简单问题其实相当困难，而且不论喜欢与否，这个问题与寒武纪"大爆发"的议题密切相关。现在我们已经知道，寒武纪还存在着各种各样奇特的节肢动物，这剥夺了三叶虫唯一候选人的位置。它们中的任何一种都可能比三叶虫更原始，而且其中有些也有我们所熟悉的双枝型附肢。这种附肢在沉积物上刮出的遗迹化石非常常见，甚至比实体化石出现还要早很长一段时间。这些名为皱饰迹（*Rusophycus*）和克鲁兹迹（*Cruziana*）的遗迹化石曾长期被认为是三叶虫留下的，但现在看来三叶虫显然不再是唯一的候选人了。布尔吉斯页岩及更古老的软躯体化石库的发现也让情况变得更为复杂。

　　尽管如此，我仍将试着做一些简单的解释。

　　20 世纪 70 年代到 80 年代，惠廷顿和他的研究生布里格斯及莫里斯（他们现在已经成为有名的教授）详细研究了布尔吉斯页岩动物群，在研究中，他们总倾向于强调所研究化石的独特性。毕竟这是自沃尔科特拉开大幕之后首次有人重新研究这些华丽的演员。*
其中有的动物具有独特的附肢，有的具有特殊的外壳，还有些具有难以解释的特征。这些似乎都支持一种当时很盛行的观点（这种观点也从节肢动物扩展到了其他门类）：节肢动物并非来自唯一的祖先，更准确地说，节肢动物是多系（polyphyletic）起源的。

---

* 我要说明一下，这期间并非没有人研究布尔吉斯页岩中的动物。20 世纪 20 年代哈佛大学的珀西·雷蒙德（Percy E. Raymond）和 40 年代奥斯陆的利夫·施特默（Lief Størmer）都对其中的节肢动物进行了研究，并提出了自己的解释，尤其重要的是他们识别出了其中一些"类三叶虫"的附肢类型。

当"大爆发学说"最盛行的时候，多系学说也非常流行。甚至惠廷顿也一度相信，布尔吉斯页岩中不同类型的节肢动物来自前寒武纪不同的软躯体祖先。其中某些人还持有一种最夸张的观点：寒武纪有些动物的构型是如此独特，已经足以建立一个新的"门"——动物分类中的最高级别。也就是说，这些动物根本不是软体动物或节肢动物，或其他什么现在存在的动物类群，而是应该有一个属于它们自己的门，至少有人是这么说的。关于莫里斯的一个广为流传的故事是：每当打开抽屉看到一个新的化石，他都要大声嚷嚷："该死！别又是一个新的门。"他现在可能想要收回这些话了。在比较温和的观点中，这些奇形怪状的笨拙节肢动物被当作演化中"失败动物"的代表。这些奇怪节肢动物的种类不在少数，有的具有巨大的前附肢，有的具有羽状的触角，有的则具有数量繁多的体节。所有这些生物都被看作发生在 5.45 亿年前寒武纪底部，或更早一些的一次特殊的进化创新事件的结果，也就是所谓的"大爆发"。地质舞台上大量生命的戏剧性出现被认为是演化史上真实存在的事实。三叶虫只是同一时间推出的众多设计中的一个。作为它们中的一员，三叶虫一定通过它们独特的晶状体眼睛端详了旁边那些独特的，或细长，或浑身长满刚毛的邻居。毕竟其他的寒武纪"实验品"都没有具有类似的视觉功能。*

古尔德在《奇妙的生命》中阐述了他大爆发理论的早期版本，

---

*　近年来的证据已经表明三叶虫的视力并不是独一无二的，事实上，三叶虫只是众多拥有良好视力的寒武纪节肢动物中的一员。有的动物，比如顶级捕食者奇虾，甚至拥有更加发达的复眼系统，显然寒武纪军备竞赛的强度超过了作者的预期。——译者注

　　　　　　　　　　三叶虫：演化的见证者

他在书中描述了各种各样的奇特动物，并从中归纳出了相关结论。他大方地把很多寒武纪创新的相关解释都归功于莫里斯："本书所列举的大部分例子要归功于莫里斯先前的解释和建议。"这显然是在找人背书。对布尔吉斯页岩化石的重新描述是惠廷顿指导下的一项集体工作，莫里斯、布里格斯、布鲁顿以及克里斯·休斯（Chris Hughes）分别研究不同的动物。当时这些"布尔吉斯男孩"整天待在他们剑桥塞奇威克博物馆的办公室里，以极大热忱修理、拍摄和讨论他们的神奇动物，而那时我也刚刚在那里以三叶虫学者的身份拿到第一份工作。因此我时常作为一个着迷的旁观者，参与他们的讨论和推测。我曾和布里格斯一起端详过节肢动物多须虫（*Sanctacaris*）或加拿大虫（*Canadaspis*），这些放在木盘里的平平无奇的黑色页岩看似普通，但它们的表面却承载着非同寻常的化石标本。一开始，我所感兴趣的问题就只是这些被重新解释的动物跟三叶虫有什么亲缘关系。说来奇怪，我不记得在那段日子里听到过"大爆发"这个词。

就像大多数新奇且有吸引力的理论一样，没过多久，就有许多其他证据聚拢过来，为关键时期颠覆性的快速演化事件提供解释。我们在上一章中曾经提到用来调控所有动物发育序列的 Hox 基因。节肢动物的身体包含多个由分节组成的单元，这点读者应该已经很熟悉了，三叶虫划分为头、胸和尾就是这种构型的代表。在不同种类的节肢动物中，每个单元的组合可以是不同的，比如不同类群的头部可能包含数量不同的节，就像胸部一样。这就像是不同的火车编组会将不同数量不同种类的车厢排列组合在一起。有

理论认为寒武纪大爆发可能记录了 Hox 基因表达的一个关键时期，它那时开启了编组四肢和躯干分节的"开关"。Hox 基因就像生物界的调度大师，掌握着整个火车编组工厂。在寒武纪的乐园之中，生存着一大堆具有各种各样编排方式的生物，它们中有一些得以幸存下来，而其他的一些则被淘汰。也有另一种理论认为，在这个创造性的时期，基因编码的长度发生了加倍，这种基因变化使得创新和身体设计变异的可能性大大增加。总而言之，有那么一个时期，达尔文的"无法解释的情况"似乎可以得到解决了。"大爆发"是一个特殊的时刻，或许是由于某种环境门槛在寒武纪被跨越，生物多样的可能性极大地扩展，进化的故事突然变得多种多样。任何奇怪的角色在这一时期都有可能出现。按照通俗的说法，这是一个古老的疯狂时刻，演化上的盛大狂欢节，像是超现实主义者赶工出来的作品。"看这个具有晶状眼睛的怪物"，"躁起来吧，这个奇奇怪怪却没有留下后代的小东西"，怪人秀大演特演。

这时，若是打断了表演，去揭露演员华丽装扮下的真实身份，好像是一件很扫兴的事情。相比分析问题，我们通常更喜欢纯粹的魅力，魅力只需要带着愉快的心情来欣赏，而分析则需要动脑筋。但是，如果我们想要了解三叶虫在寒武纪狂欢中的位置，这项重要的工作是必需的。

从一开始，就有许多科学家对古尔德提出的说法表示怀疑，尽管他们很欣赏他的文学表达方式。而我自己也是怀疑者之一。在古尔德《奇妙的生命》出版不久，我就在《自然》杂志上发表了相关评论。从那时起，我就决定尝试用一种不同的方式来观察布尔

三叶虫：演化的见证者

吉斯动物以及它们的近亲。

　　这项工作由我和布里格斯共同完成，他对布尔吉斯页岩中的节肢动物非常熟悉。我们的计划是要寻找它们彼此之间明显的共性，而不是强调它们的独特性。我们所使用的这种分析方法被称为分支分类法（cladistics）。虽然在具体问题上有很多技术性的细节，但分支学的主要原则非常简单：它试图通过演化中的衍征对生物进行分类。*举个简单的例子，如果对鼹鼠、大象和蜥蜴进行支序分析，则通过鼹鼠和大象之间的一些共有衍征，比如子宫、乳腺、恒温和毛发（虽然大象的毛发稀稀疏疏），就可以证明鼹鼠与大象之间的亲缘关系比它们和蜥蜴更加密切。尤其是像乳腺这样复杂的特征是几乎不可能在演化中重复出现的。**另一方面，鼹鼠和蜥蜴都吃昆虫，而大象是植食的，这只是一种生态适应的策略，并不是生物之间亲缘关系的体现。而大象独有的特性，也就是它特殊的鼻子，既不能作为将它归为哺乳动物的依据，也不能帮助我们判断它与鼹鼠的关系是否比蜥蜴更密切。分支分类法以衍征作为分类依据，而反映出更早的共同历史中的某些相似点就不在计算的范围。比如蜥蜴、鼹鼠和大象都具有四肢，这反映出它们都属于一个更大的四足动物群体，其共同祖先可以追溯到泥盆纪，但这对于我们解决上述三者之间的分类问题没有帮助。

---

* 作者在文中使用的是非正式述语"衍生特征"（derived characteristics），这类特征一般用"衍征"（apomorphy）这一术语进行概括。——译者注

** 作者强调这个特征是相当有见地的，因为他列举的其他几个特征，如恒温和毛发，已不是哺乳动物所独有。——译者注

所以布里格斯和我的工作，就是要找出所有布尔吉斯页岩动物之间的共有衍征，比如附肢的特征，或头部由多少节组成，等等。我们想要通过这些特征分布，画出一棵这些化石类群之间的关系树。就像在温莎家族或其他贵族的族谱中一样，通过关系树，我们应该能够看到谁与谁的亲缘关系最密切，以及家族中关系较疏远的成员应该安排在哪里。我们讨论的是共同祖先，而不是确定欧内斯特叔叔是真正的祖先。不同之处在于，我们的关系树讨论的是某两个化石之间具有共同祖先，而不是指定具体的某个化石是这个共同祖先。你想研究的动物越多，它们之间亲缘关系的排列组合就越会呈指数级增加。这时你就需要借助电脑程序来帮你选择出最好的排列组合方式，尤其是当某些特征在演化过程中多次独立出现的时候。这里"最好的"其实是一种很主观的看法，谁都不能百分百肯定真正的演化关系是怎么样的，分支分类法的计算程序会有几种决定逻辑，一般而言，大家倾向于选择最简约的树来代表真实的演化关系。在 20 世纪 80 年代后期，大多数对这种技术感兴趣的科学家都在使用一种叫作 PAUP 的程序来进行相关分析。*PAUP 是简约法系统发育分析（Phylogenetic Analysis Using Parsimony）这串吓人术语的缩写，由伊利诺伊州的美国人戴维·斯沃福德（David Swofford）所开发。在演化生物学圈子里，斯沃福德名字的知名度几乎跟霍金（Hawking）在天体

---

* 直到现在，21 世纪 20 年代，PAUP 仍然是简约法系统发育分析中常见的基础性软件。——译者注

物理学界的名气差不多。

　　包括拟油栉虫在内，我们一层层地剥开了这些寒武纪节肢动物的伪装，揭露了它们的演化本质，看看它们是否会纳入同一棵演化树之中。如果就连一些最古怪的动物都能够在树上找到令人信服的位置，那么也就意味着它们的独特性可能被大爆发学者过分地强调了。他们可能太容易被一身身华丽的装束弄得眼花缭乱，以至于没有发现这些动物表面之下的共通之处。

　　让我们惊讶的是，生成一棵几乎包含所有布尔吉斯页岩节肢动物的演化树其实非常容易。这是首次有人用定量方法进行这样的工作，而对我们而言，其中最有趣的结果是三叶虫位于演化树上相当高的位置。长久以来，三叶虫一直扮演着原始节肢动物代表的角色，现在可以告一段落了：如果它们确实是原始的，那么它们在演化树上的位置应该是更接近基部的。突然间，三叶虫复杂的眼睛变得非常合理了。另一方面，既然所有节肢动物都可以合理地归纳到一棵演化树上，那么显然所有节肢动物都应该来自同一祖先，这一事实也是对节肢动物多系起源学说的一个严重打击。布尔吉斯页岩的一系列奇怪的节肢动物实际上并不比三叶虫更奇怪，只是我们在长达一百年或更长的时间里都只熟悉三叶虫，最终把三叶虫的形象当成了衡量正常与奇怪的标准。如果"大爆发"真的存在，那也应该是非常有序的爆发。从细节上讲，我们的第一代树略显粗糙，且还有很多问题，作为第一次这样的尝试，这些不足不可避免。在接下来的十年里，其他人也尝试构建了他们自己版本的演化树，其中也包括我们的朋友马修·威尔斯（Matthew Wills），

在这些新版本中，第一代树的许多特征被保留了下来。换句话说，我们的演化树确实在一定程度上解释了真相。*

　　布里格斯和我本想在《自然》杂志上发表这篇演化树的论文，但《自然》杂志却有其他想法。读者应该也知道，在学术杂志上发表文章不是一件简单的事情。你必须提交符合期刊格式和长度要求的手稿，然后编辑会将你的稿件发给审稿人评审，如果你的目标是《自然》这种级别的刊物，你的手稿将会经历最严格的同行评议。多数情况下，除了像理查德·费曼（Richard Feynman）和霍金这样的天才人物总是得到"接受"的意见，大部分人都要时常接受被审稿人"拒绝"稿件的痛苦。对于科研新手而言，收到以"编辑很遗憾……"为开头的信件是最痛苦不过的事了。所以可以想象，当我们关于布尔吉斯演化树的文章被《自然》拒绝后，我们大受打击。稍作调整后，我们把论文重新投给了与《自然》享有同等声誉的《科学》杂志。让我们感到欣慰的是，经过了一两个月的痛苦等待，这篇小论文终于被接受了，并于1989 年正式发表。

　　在此之后，人们对布尔吉斯页岩之前的寒武纪早期化石生物群有了更多的了解。现在事实已经非常清楚，在更古老的寒武纪地层中也存在着许多布尔吉斯页岩节肢动物的亲缘类型。中国

---

* 21 世纪以来，节肢动物的系统发育关系研究快速推进，最新的树中已经很难看到作者20 世纪80 年代末框架的影子了。现在看来，作者当年揭露的真相是有限的，而时至今日，节肢动物的演化仍然是最引人注目且充满争议的研究领域，对于"真相"我们仍所知甚少。——译者注

的澄江生物群里就有许多这样美丽的动物，但描述这些化石所发生的故事却让布尔吉斯页岩的相关争议显得文雅了许多。相互竞争的采集队伍一直在争夺第一，他们雇农民来采集化石，并从竞争对手的眼皮底下抢走化石。他们都想率先发表论文，背后不惜搞一些小动作。陈均远和他的西方合作者试图超过侯博士和他的外国合作者，并取得了一定成功。有些时候，面对一个化石，你不知道到底应该采用侯还是陈的命名。格雷格·埃奇库姆（Greg Edgecombe）是个好脾气的归化澳大利亚人，他为提高澄江生物群的知名度做了很多工作，当我提到将来去澄江看他时，他倒吸了一口气。"绝不会再去了！"他说，"绝对他×的不可能了！"这些关于古老化石的事情竟然激起如此粗鲁的字眼。*

　　当然，科学是不会在乎这些两败俱伤的斗争的。真相总会水落石出，不管其中有什么阴谋手段或者会伤及谁的面子。再过个一二十年回头看，这些在中国为了争夺化石利益而引发的争端会像一出悲喜剧，就像 19 世纪马什（Marsh）和柯普（Cope）比赛谁命名了数量最多的美国恐龙一样。**对"大爆发"理论而言，澄江及其同时代化石的发现将演化之树下延到了更早的历史中，也就是进一步增进了古尔德所说的"密谋与谜团"。如果这些动物都能继续套进布里格斯—福提的演化史（或后续修正版本）里，那我

---

* 作者并未参与澄江生物群的研究，其所述或许并不完全符合事实，感兴趣的读者可进一步查阅相关当事人的论述。——译者注
** 为争夺北美恐龙研究桂冠的"化石大战"更是无所不用其极，甚至不惜炸毁化石，读者可自行查阅相关资料。——译者注

就要提一个简单的问题了：如果不同种类的节肢动物，包括演化树顶端的三叶虫，都能追溯到寒武纪早期，那岂不是说明演化树上一些原始类群的起源更在寒武纪以前？更进一步，我们从节肢动物分支顺藤摸瓜，可以向下进一步连接到整个生命之树上，而这个节点必然在更古老的地方，因为后代不可能没有祖先就凭空出现。上一章讨论眼睛时我们就曾说过，眼睛的起源位于生命史的深处。三叶虫或其他动物的眼睛，甚至最原始的眼点，都是在遗传上一脉相承的。根据分子钟（不得不承认这并不是完全准确的）的计算，主要动物类群之间的分化是在 10 亿年到 6.5 亿年前，而寒武纪距今也不过才 5.45 亿年。*或许动物世界令人眼花缭乱的开场蒙蔽了我们的双眼，让我们忽略了这之前朴素但久远得多的早期戏码。

几年前，我对最早的三叶虫做了一些简单的观察，我发现当三叶虫第一次出现在全球各地的寒武纪地层时，它们之间已经有了明显的差别：这种差别可不仅仅是种一级的，而是属和科一级的差异。如果是在中国，你会在这一时期的地层里发现一种叫作始莱德利基虫（*Eoredlichia*）的小型三叶虫，**而非小油栉虫；如果是在纽约州，你就会找到小油栉虫和一些伴生三叶虫，但其中绝不包含与始莱德利基虫相近的类型；如果你在蚊虫孳生的夏天去到了西伯利亚的勒拿河畔，你会看到世界上最好的寒武系露头，但

---

* 　其实是 5.4 亿年。——译者注

** 　即使与小油栉虫相比，始莱德利基虫也一点都不小，其长度常超过十厘米，不知作者为何认为其是"compact little trilobite"。——译者注

这里最古老的三叶虫却是被称为鲍格朗氏虫（*Bergeroniellus*）的另一种东西*。既然所有三叶虫可能都源自同一祖先，那么它们在不同地区进化出形态不同的属种显然需要一些时间，而很显然，这段时间在我们的化石记录中丢失了。这一切都表明，在寒武纪底部的岩石记录中缺少了一些相当重要的历史。这一点在勒拿河美丽的剖面中得到了毫无疑问的证明，在那里你可以看到在寒武纪化石出现之前的侵蚀面。而这个没有沉积记录的阶段，是否就是达尔文所说的"三叶虫……从某种生活在'志留纪'之前很久的甲壳纲动物进化而来"的那段时间呢？

　　首先有一点是可以肯定的，三叶虫不是任何一种甲壳动物的后代。三叶虫和蛛形纲的鲎（*Limulus*）（第170页）有一个共同祖先，而它们和甲壳类的共同祖先就更要往前追溯了。三叶虫是甲壳类的表亲而非后代。**不过，许多在节肢动物演化树底层的动物也同样具有过去认为属于三叶虫的特征。比如沃尔科特煞费苦心揭示出来的双枝型附肢，被发现在所有寒武纪软躯体节肢动物中都普

---

* 　20世纪末，寒武纪早期地层对比仍然比较混乱，因此作者在这段文字中列举的三叶虫属均不是所在地区最古老的三叶虫。现在所知中国最古老的三叶虫是始莱德利基虫之下的拟小阿贝德虫（*Parabadiella*），北美是弗里茨盾壳虫（*Fritzaspis*），西伯利亚是原法罗特虫，后两者均比文中提到的小油栉虫和鲍格朗氏虫要早四五百万年。——译者注

** 　鲎具有类似三叶虫的幼虫，这种特征在长达百年的时间中成为鲎和三叶虫亲缘关系的铁证，但这条作者在成书时（1999年）如此肯定的结论，在今天也已经动摇。相比鲎所在的螯肢动物，三叶虫现今被认为跟甲壳动物具有更近的亲缘关系。虽然鲎并非如作者所说是蛛形纲的一员，但它确实是蛛形纲的表亲，它的三叶虫形幼虫是大自然趋同演化出的一个迷惑项。——译者注

遍存在。无论是甲壳类，还是鲎或蜘蛛的祖先，最初应该都是具有双枝型附肢的。也就是说，双枝型附肢是节肢动物的原始特征。而所有这些具有双枝型附肢的动物，都可能是纽芬兰寒武纪最早期地层中遗迹的创造者。其他一些事实也越来越清晰。与典型节肢动物亲缘关系最近的是一类腿部粗短的小动物，被称为天鹅绒虫（即有爪动物门［Onychophora］）。天鹅绒虫现今仍然生活在温暖潮湿地区的朽木之下。在寒武纪，它们的数量和种类比现今要多得多，但也与同时期的其他动物一样生活在海中。格雷厄姆·巴德（Graham Budd）的研究显示许多长相怪异的寒武纪生物其本质都是天鹅绒虫，包括布尔吉斯页岩中一度被认为是超级怪物的怪诞虫。*这些曾被吹嘘为不寻常设计的动物的本质都显示，如果不加深思，古尔德的观点会造成相当大的误导：很多问题动物都会被简单地贴上"失败的实验"而草草了事，而其实它们是后来动物演化历程中的重要一步。分支学给我们上的一课是，在识别动物的亲缘关系时，应该关注共有衍征，而不是我们主观认为怪异的部分。就像我们在给大象分类时，应该关注它的子宫，而不是它特殊的象鼻。

到这里，我们遇上了一个矛盾。演化树告诉我们在主角华丽登场之前还有一段隐秘的历史，但现在我们却找不到有关这一段历

三叶虫：演化的见证者

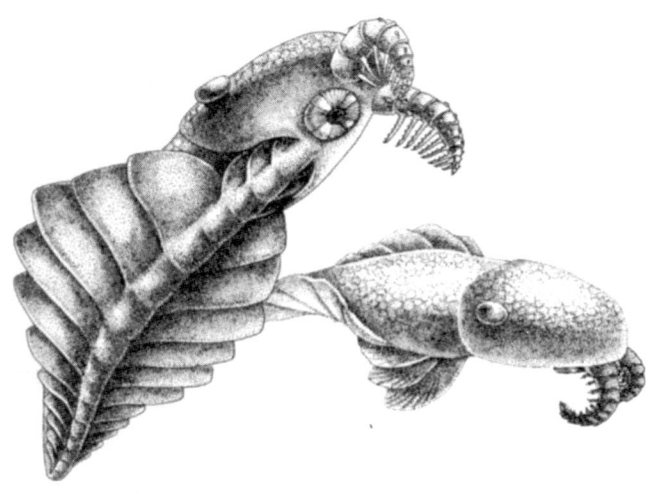

奇虾（*Anomalocaris*）最初被认为是寒武纪的"怪诞动物"之一，但现在它与节肢动物的亲缘关系已经明朗，因此它自然也与三叶虫有关。

史的蛛丝马迹。不用说动物本身，即便是动物留下的遗迹化石，比如爬痕和钻孔，前寒武纪最晚期之前都是很罕见的。*这一时期动物们会在哪里呢？要么是"大爆发"时物种的起源速率高到难以想象，多种多样的三叶虫和其他动物在短时间内就分异出来了，要不然就要寻求另一种合理的解释。或许如同艾略特（T. S. Eliot）在《神秘猫》（*Mystery Cat*）中的诗句："当你到达现场，凶手已无影踪。"这种沉积记录缺失的解释可以与一些剖面的情况相吻合，比

---

* 当我在写这篇文章的时候，来自印度的新报道提到了在十亿年或更早的岩层中发现的遗迹化石。令人遗憾的是，印度地质学家之前发表在印度期刊上的一些论文长久以来都被忽视了。这些遗迹毫无疑问是由动物留下的，但对年代的判断是否正确，还需要等待进一步的研究验证。

如西伯利亚，但不能解释像纽芬兰东部这样地层记录非常完整的地方。我更偏好这样一种解释：演化树上的早期分支都是很小的动物，不容易保存成化石。一个完美的节肢动物并不需要很大（软体动物也一样），今天的海洋里充满了微型节肢动物，但这些类群却没有留下任何化石记录。我比较喜欢桡足类（copepods）的例子，它们是海洋中的一类浮游节肢动物，其数量惊人，足以遮天蔽日。但桡足类唯一的化石记录却仅来自一个保存在一块鱼类化石中的物种 *。同样的例子也存在于昆虫中，如果不是琥珀中的神奇保存，我们对过去昆虫的了解将会严重不足。正是有赖于这种特殊形式的保存，我们才能得到数百种菌蚊（mycetophyllids）的化石记录，这种动物非常脆弱，一阵风就能够将其摧毁。因此，与新物种的突然出现相伴随，寒武纪底部可能也发生了体型快速增大事件，这种大型化或许非常之快。从多门类化石记录中，我们可以发现体型的增大在演化中并不难。比如，哺乳动物在六千五百万年前恐龙灭绝后就经历了一次快速的体型增长。大小的增加甚至可能促进了矿化骨骼的形成，因为当动物的体型达到一定程度后，必然需要骨骼来辅助肌肉支撑身体。因此，在这些奇怪动物于"大爆发"中出现之前，它们已经排练了上亿年之久。

上述的解释为未来更多证据的发现提供了可能性，也许前寒武纪"琥珀"级保存的发现者就在本书的读者之中。就在最近，前

---

* 如果作者后来知道桡足类化石已经在寒武纪地层中被发现，他可能就不会继续喜欢这个例子了。——译者注

寒武纪晚期的动物胚胎在中国被发现了，这个产地神奇的磷酸盐化化石能使细胞级别的结构留存至今。如果这项新发现能够填补演化中的空白阶段，证明这些前寒武纪的微小动物已经为未来生命打下了基础，那世界将为之惊叹。或许在某个未知的角落，一种小型的三叶虫已经在漫长的时间里为未来的演化做好了充足的准备。我们的搜寻还在继续。

这还不是大爆发故事的全部。

自《奇妙的生命》出版后，还出现了几篇关于布尔吉斯页岩和寒武纪的报道。大多数关于"大爆发"的争论都发表在科学期刊上，其间大家仍然遵循着一种传统的礼貌。古尔德知道我不同意他的结论，但这并不影响我们友好的见面，我们会在会场上打招呼致意，而不是恨得咬牙切齿。我猜他不会用针扎以我的形象制作的玩偶，我也不会悄悄偷走他的东西给他下咒。科学家之间很少做这样的事，他们更感兴趣的主要是如何推进真理。理查德·道金斯（Richard Dawkins）讲述过一个好故事：一位资深教授走上讲台和一位年轻科学家握手，而这位年轻人刚刚推翻了老人最珍视的理论，全场都为这位老人起立鼓掌。这才是大家应该展示出的、礼仪教材一般的风度。

华盛顿特区的史密森尼学会举办过一次关于布尔吉斯页岩的展览，观众可以亲眼看到这些非同寻常的动物，还附有非常详尽且准确的解说牌。大约就在这次展览开幕的同时，来自一所小型大学——东海岸大学（East Coast University）的两位麦克梅纳明教授，马克（Mark McMenamins）和戴安娜（Dianna McMenamins），

在一本叫《动物的出现》（*The Emergence of Animals*）的书中描绘了一种极端的"爆发性"。在书中，他们宣称寒武纪"爆发"出来的门多达一百个，而其中的大部分都没有延续下来 *。这个观点比古尔德还要夸张十倍。对一个客观的读者来说，书中最不合理的地方是：他们并没有说明，为什么这上百个左右的"寒武纪门"能被认定为属于动物界的最高级分类，到底是多大的区别，才能让这些动物"值得"被称为新的门呢？关于这点，书中完全没有解释。如果不是来自同一个祖先，这些生物怎么会有如此多的相似之处？而这些生物如果来自同一个共同祖先，它们不就属于一个门了吗？书中也没有一点相关讨论。我们只能由此得出这样的结论：这两位特别的作家认为，在寒武纪的舞台上，只要穿着任意一种奇装异服，都可以被称为独立的门。寒武纪这个时间本身成了对这种创新性的证明。

在《奇妙的生命》出版近十年后，一本更具爆炸性的图书加入了竞技场。这本书的作者是剑桥精英中的佼佼者，也是古尔德的寒武纪世界观中推崇的英雄人物莫里斯。在古尔德把莫里斯对布尔吉斯页岩的看法（至少是他在剑桥时的看法）发扬光大的十年里，莫里斯有大量的机会重新思考。现在他修正后的观点接近我之前的想法："大爆发"的威力被大大高估了。

---

* 大多数教科书列出了大约三十个现生动物门，这里面基本囊括了生物多样性的全部。每一门在解剖结构上都代表了一个完全不同的躯体构型。因此，这本书的作者宣称寒武纪的多样性应该至少是当今世界的三倍。

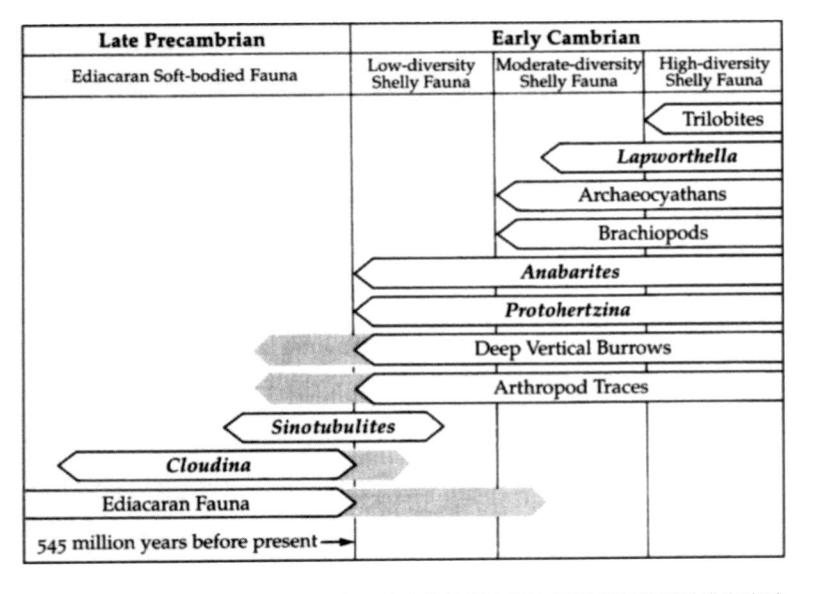

Late Precambrian		Early Cambrian		
Ediacaran Soft-bodied Fauna		Low-diversity Shelly Fauna	Moderate-diversity Shelly Fauna	High-diversity Shelly Fauna
				Trilobites
				Lapworthella
				Archaeocyathans
				Brachiopods
			Anabarites	
			Protohertzina	
			Deep Vertical Burrows	
			Arthropod Traces	
	Sinotubulites			
Cloudina				
Ediacaran Fauna				
545 million years before present →				

在 1989 年的《动物的出现》一书中，麦克梅纳明教授夫妇所展示的三叶虫在寒武纪早期动物中的位置（右上角）。但三叶虫的祖先应当在何处？

莫里斯接受了动物有一段更久远的早期历史，并指出了寒武纪仍然是一段独特时期，具硬壳的动物和软躯体动物都在这一时期得到了快速发展。这个新的观点里已经没有非常具有煽动性的内容了。在我看来，莫里斯已经从整个生命演化关系的角度来重新看待寒武纪生物群，却转而将他的"大爆发"理论推给了古尔德。在专业人士所写的著作里，这本书里所表达的怒气是我从没见过的，这着实让我大吃一惊。莫里斯批评古尔德根本就不是在写作，只是在制造噱头；他又说古尔德只是拾人牙慧，却声称具有原创性。在这本 1998 年出版的《创造的熔炉》(*The Crucible of*

Creation）中，下面这一小段表达了作者的态度："古尔德一次次地进入战场……奇怪的是，他总是对最致命的问题免疫……古尔德向目瞪口呆的旁观者宣布，我们目前对演化过程理解的不足到了危险的程度……但我们看到的却是，在他身后，演化理论的大厦几乎没有丝毫改变。"这种相当夸张的说法是在指出古尔德是个江湖骗子。

对成功的嫉妒是人类身上最令人不齿的弱点。在生物科学领域，至少在创作领域，可能没有人能像古尔德这样获得世界性的成功，这就不奇怪他的一些想争夺观众的对手会把注意力集中在对他进行人身攻击上。科学观点的分歧是一种常态，事实上还是科学进步的一个基本要素，但我所惊讶的并不是分歧，而是伴随分歧而来的恶毒抨击和尖酸言语。作者试图夺走古尔德身上荣光的意图已经延伸到了脚注里。古尔德和理查德·陆文顿（R. C. Lewontin）曾在 1979 年写过一篇著名文章《圣马可的拱肩和盲目乐观的范式：对适应主义方案的批判》（"The spandrels of San Marco and the Panglossian paradigm: a critique of the adaptationist programme"）。虽然文章的标题稍显浮夸，但他讨论了很重要的问题：是否自然界中发现的所有结构都必须有目的。在他的一个尖刻的脚注里，莫里斯批评古尔德的建筑术语不规范：圣马可教堂中的相关结构根本不应该称为拱肩！啧啧，真是妙啊！好像这样一个术语上的瑕疵就能驳倒文中的所有观点一样。这种吹毛求疵的热情一定是发自内心的。为什么莫里斯要反过头来攻击使他的理论成名的恩人呢？你很难相信这场争论是源于那些整

齐摆放在托盘里的银色小化石，三叶虫和它的朋友们也不应该为这场口舌之争负任何的责任。莫里斯和古尔德的争论随后都发表在《自然史》杂志上。我不认同一些阴谋论者的观点，他们认为这样的争论只是为了炒作话题，从而增加图书的销量。那种发自内心的不顺眼是无法伪造出来的。这些事让我想起了斯坦尼斯劳斯县（Stanislaus）的巴雷特·哈特（Bret Harte）所写的一首民谣，它描述了19世纪科学家的一场争斗，显然是关于化石的：

> 唉，搞科学的人做出这种事真是说不上体面
>
> 骂别人是蠢驴，再怎么说也不应该；
>
> 而扔石头作为回应，被骂也不值得同情……
>
> 就我写下这两句的时间，冲突已经到处蔓延
>
> 大家为古生代的遗迹大打出手；
>
> 他们在愤怒中投掷化石，可惜到让人大喊罪过
>
> 直到猛犸象的头骨打破了汤普森的脑袋。

　　我所能找到的让莫里斯愤怒的唯一原因，就是古尔德曾经对他的赞扬。就像道金斯例子中的年轻人戳中了老教授的痛处。《奇妙的生命》誉满全球，而莫里斯的话也被永远保存在了字里行间。"该死！别又是一个新的门"，莫里斯20世纪80年代这么说，而十年后的他否认了这种观点，这很正常，科学家就是应该与时俱进，但他却缺乏承认早年间错误的勇气。他只想要将这段黑历史抹去。这样看来，引起莫里斯火冒三丈的根本原因可能不是出自对

古尔德的嫉妒，而是他过去的历史被别人掌握在手中。如果不知道这段历史，《创造的熔炉》的读者永远无法知道作者的观点曾经一度和古尔德非常接近*（如果不算完全一致的话），这些读者也绝对想不到，莫里斯之所以于1991年获得了美国古生物学会的至高荣誉舒克特（Schuchert）奖，正是因为古尔德将他的理论发扬光大。亨利·福特（Henry Ford）在1919年曾说"历史是胡说八道"，这种想法对一个汽车制造商来说没什么不妥，但对历史学家来说却没好处。

至于三叶虫，它们已经目睹了这一切。我们应该像它们一样，对人类的种种争执默然以对。站在了解三叶虫的角度看，它们从谜团变成了甲壳动物的表亲，还有一段时间成了独立的门，但最终又回到了节肢动物门下，成为达尔文没想到的鲎的亲戚。它们曾被卷入大爆发理论之中，与它们的亲戚一起被推上争议的风口浪尖。现在，也许是时候马放南山，让"大爆发"的隐喻飞一段时间了，其间制造的麻烦已经够多了**。

---

* 赞同康韦·莫里斯对古尔德批评的人，比如道金斯，似乎也不清楚这段"大爆发"理论之争的历史。而古尔德其他领域的对手则以康韦·莫里斯的书为工具，打击这位"剑桥哲人"，他们奉行的原则是"敌人的敌人就是朋友"。

** 近二十年来对寒武纪大爆发的讨论胜过过去的任何一个时期，由于时代和观点的局限，作者在文中难免出现已被证明需要修订的结论，译者对其中的许多都进行了标注。同样的，译者评注也将很快过时，过去的世界没有永恒的答案。——译者注

三叶虫：演化的见证者

第六章　博物馆

　　假日，慵懒的人群正在艺术馆中闲逛，他们穿过馆中拼装好的各式灭绝动物的骨架，或用目光扫过恐龙骨架的模型；这些模型试图说服他们，以百万年计的时间并不能在这些乳胶和机械骨头的掩藏下消失。这时，也许只有十分之一的人能够注意到在这些巨兽背后的墙上有一道门。那是一道精美的红木门，用专属的钥匙才能打开。有时会有馆员从中出来，停留一阵，似乎有些被蜂拥的人群惊扰。这道门分隔开了门外的展览，门内是另一个世界：由骨头和贝壳组成的真实的化石世界。

　　三十多年前，我第一次走进了那道门。当时我刚刚入职伦敦自然历史博物馆，行内常称其为"The BM"（大英博物馆）。大英博物馆，这是一个辉煌年代留下的美名。在布卢姆斯伯里（Bloomsbury）的那座宏伟的建筑里，架子上常保存着满满当当的古物：法老、药瓶、有桨帆船宝藏（longboat treasures）和长柄望远镜，那里还有他们的古代史、埃及学、古典学、东方学等研究部门，不过，自然历史的相关却已经被隔绝于这种场景之外已久。只有我们的BM——过去的官方称谓叫大英博物馆（自然历史分

馆）——才保留了这些。在意大利，我的同事们仍然称我们为"大英"（Il Britannico），这是一种非常绝对的描述，说明这些收藏能够体现这个国家的本质。我意识到我似乎进入了一个神圣团体，而入团的誓言就是贫穷相伴。但我又不失为一个幸运的人，是少数几个真正能让梦想照进现实的人之一。作为一个在十四岁便爱上了三叶虫的人，我做上了宁愿白干也乐意的工作！我拿到了钥匙，这一串钥匙很沉重，就像是监狱牢房使用的那种。它们被穿在一个钢环上，我被告知要随时把它们带在身上。钥匙上刻着"如有拾到，奖励 20 先令"的字样，而在当年，这笔钱足够让你和爱人去吃一顿鱼宴，找零的钱还能坐公交车回家。在这串钥匙的魔力下，几乎所有的门都能被毫不费力地打开。那时馆里有一位全职锁匠，他的工作就是确保这串钥匙在温暖的握手后滑入属于它们的锁中，而他所在的办公室，或许连查尔斯·狄更斯（Charles Dickens，19 世纪英国作家）都还认得出。

我被分配到古生物部，这是属于灭绝生物的消失的世界。当第一次去自然历史博物馆上班的时候，我感觉我的办公室好像迷宫一隅。在堂皇的博物馆入口处，有一道装饰着自然图案的哥特式教堂大门，我的办公室就藏在旁边不起眼的角落，房间里散发着学术气息，华丽的旧柜子里存放着大量的三叶虫标本。在房间的中部甚至还有一个铁质的大柜台，上面存放着更多的化石柜子。在办公室外，一头不再需要展出的大象从防尘布中探出头来。这房间曾是藤壶研究的世界级专家威瑟斯（T. H. Withers）工作之处。我的同行迪恩（W. T. Dean）在被聘去加拿大之前，也在这间屋子

中研究过三叶虫。在大英博物馆工作是难得的机会，我实在是一个幸运儿。当我在找工作时，这里正好出现了一个职位空缺。

伦敦自然历史博物馆所收藏的一盘三叶虫标本。它们的标签能告诉我们这些标本于何年何月由谁在何地采集，这是一份文明的档案。

适合我第一份工作的描述是"从事三叶虫研究"，而不是"开心地赚钱"。不过，在八点零二分往返泰晤士河畔亨利（Henley-on-Thames）和牛津的通勤车上，我遇到的同事们更符合后一种描述。在他们努力研究收购报价，为政府官员草拟繁复的备忘录，或为牛肉汉堡设计新宣传方案时，我始终与三叶虫为伴。他们常好奇、诚恳但又疑惑地发问："你每天究竟都在做什么？"自然历史博物馆最基础的工作就是研究物种，有其他更高大上的方向由此

衍生，但这些工作于本质上也在推进多样性的研究。我是能够享有命名权的研究人员之一，或用浮夸的行话来说，我命名"科学中的新物种"。这些工作是所有后续研究的基础。让我来形容的话，我所做的工作不是科学研究最终荣耀的终点，我们不是将星系或亚原子玩弄于股掌，而是在建造整个生物学大厦的地基。

没有人知道世上的生物到底有多少种。有些动物——比如说鸟类——体型较大，色彩艳丽，所以发现新种的可能性已经很小了。但对于甲虫这样的动物来说，它们中只有少数在树上或腐木中大量存在的物种被命名过，对于它们的命名工作永无止境，这一点你问问甲虫专家就知道了。如果放眼到地质历史时期，这个问题就又有些不同了，因为我们只能找到过去存在过的动物的吉光片羽。我们的研究依赖于保存在岩层中的化石，它本身就是一种难以捉摸之物。化石发掘的要素变化无常，我们常期盼能交上天时地利人和的好运。我们所能发现的三叶虫通常都是碎片，所以我们要依靠持续的收集来找到所有的碎片，然后才可以在显微镜下进一步决定是否建立新种。这可不是一件容易的事。

首先要搞清楚的第一个问题就是物种是什么。对于现生生物而言，这问题不太难：专家训练有素的眼睛，总能从关系较近的物种中看出细微的差别。拿欧洲常见的两种同科鸟类欧歌鸫和欧乌鸫来说，尽管两种鸟大体相同，但仍能依据羽毛、卵、鸣声和行为等特征轻易区分开。即便是看起来更像的槲鸫和欧歌鸫，也难逃训练有素的鸟类观察者的法眼：鸣声和行为的不同已足以将它们区分开了。然而，对于三叶虫，呈现在我们面前的却只有它们蜕下

来的壳。幸好，从某方面来说，三叶虫鉴定和鸫类有相似之处：它们也有不同的"羽毛"。三叶虫壳体的表面通常会带有漂亮的、极有特点的装饰，这些细节通常能够反映物种之间的真正差异。亲缘关系很近但不同的物种通常用这种方式来展现它们的独特性：这是一种确保自己能和正确的配偶交配的方式。这就好比，摇滚歌手在寻找同类时要注意镶满铆钉的皮夹克，而不是和光头且穿着长袍的教徒混在一起。如果化石材料状态极佳，我们甚至可以像区分现生物种一样自信地区分不同的化石种。那么接下来的问题就是，我们如何把我们的认识记录下来，也就是我们如何将对新物种的认识转变成一种官方声明呢？

这就是科学出版物的作用所在。你不可能在一个潮湿的周一早上，一起床就决定要命名一些新物种。一个物种只有在科学期刊上刊出，才算正式存在。作者——通常是权威人物——在提出一个新种时，必须讲清楚原因，并提供合适的图解。这是一件严肃认真的事情。你必须将新种和同一属内所有描述过的其他种相区别，用术语来说，你需要做一个"diagnose"（直译为诊断，一般又可称为鉴定）。这意味着你要筛选几十篇甚至更多的文献，来比较你手中标本和其他已命名的相关种的区别。这会是个艰苦的过程，因为相关的文献可能会发表在新西伯利亚、诺里奇（Norwich）或新德里等地的一些籍籍无名的刊物上。显然，如果此时手头有一个很好的图书馆，对专家来说真是一个莫大的恩赐。附属于优秀博物馆的参考图书馆是对馆藏的重要补充，就犹如燃料和发动机的关系一样。如果你出于巧合或懒惰，没有对文献进

行彻底的搜索，那么或许你要命名的物种已经在某一份遗漏的文献中被命名了。如果是这样的话，你的命名将遗憾地成为同物异名（synonymy，这是分类学家表示这个名字无效的术语），因为最早的命名具有优先权。学名不能像东欧城市里的街名一样会随着当时的政治形势而改变*，它们几乎是永恒的。无论有多少各式各样的别称，对植物学家来说，玫瑰永远都是 *Rosa*。

一个新种必须有新的种名。根据多年来（即将终止）的传统，物种的学名需要采用古典形式。也就是说，用于种名的词必须来源于恰当的希腊语或拉丁语词根，例如，一个美丽的物种可以被命名为 *pulcher*（拉丁文"美丽的"），如果它真的特别漂亮的话，甚至可以将它命名为 *pulcherrima*（拉丁文"极美丽的"）。但命名为 *verypretti* 或 *jolliattractiva* 就不行，因为这两个词来自日常英语。*Rosa pulcherrima* 是一个很合适的命名，但 *Rosa pulcherrimus* 就不对了，因为种名和属名词尾的性别应该一致，起码这样读起来发音会比较悦耳。我一直很喜欢这种对古典的坚持，这种传统可以将我和 18 世纪的分类学先驱们联系起来，他们不只用拉丁语写作，可能还用拉丁语思考。我与伟大的约翰·雷（John Ray，17 世纪时分类学先驱人物）和无与伦比的林奈共同分享了这种传统。二百余年来，对自然界进行分类的伟大理想将我们所有人都联系在了一起。实际上，我很享受这种乐趣：从古典学者编纂的大词典中，找出"鲜红的"或"有疣的"这些词的古典形式，并作为某个新种

---

* 作者这里指的是东欧剧变。——译者注

　　　　　　　　　　三叶虫：演化的见证者

的学名。在我写作时，案前总摆着路易斯（Lewis）或肖特（Short）的拉丁文词典，并喜欢阅读奥维德（Ovid）的文章来印证这些用法。这种对过去古典文化的坚守是一种纽带，而不是束缚。

下一步，必须为一个特定的标本附上新的科学标识，你要指定出新种的模式标本，或术语中的正模（holotype），这个标识将与标本永远相随。博物馆在这一过程中具有特殊的重要性，因为物种的模式标本会永久地保存在那里。这些收藏品是自然界过去和现在多样性的最终参考。除了模式标本，博物馆还收藏有从南极洲到厄瓜多尔、天山或廷巴克图（Timbuctu）等世界各地收集而来的所有其他标本。在自然历史博物馆里，仅化石藏品就占据了比一个足球场还大的面积，而且总共有四层。每层楼都有一排排的橱柜，每个橱柜里大概有四十个抽屉，每一个抽屉里则可能有五十件甚至更多的标本：如果要计算这些标本的总数，很快就会昏头。如果我想把三叶虫和一些现生的节肢动物作比较，我就要去动物学部。在动物学部所在的"摩天大厦"里，有成千上万个罐子，鱼、蛇、章鱼或龙虾全都栩栩如生地泡在里边。其中有达尔文采集的蜥蜴，有从深海中挖出来的蠕虫。这里也藏有我感兴趣的扁水虱（*Serolis*），这是一种鼠妇的大体型亲戚，生活在南极冰盖下的洋底。尽管它与三叶虫并不是近亲，但它们的外表看起来很像，因此我想观察它胸部的细节结构。我还想说的是，即使不刻意地用人类的视角打量这些标本，我也能看出鳕鱼用翘起的嘴唇评论着罐子中上百年的压抑生活。它们的颜色褪去，样貌如同幽灵一般，刚好与它们古老的年份相匹配。当你推门看到这些瓶瓶罐

罐中的生灵时，你的声音都自动降低了分贝。你想：这就是死亡的悲伤面目，你想抵抗时光，但最后不过化作苍白的咸鱼。

在一个物种被命名之后，如果其他学者想知道他们手中的标本和这个种是否一样，那么他们都可以参考模式标本。博物馆馆长——生物多样性官方书记员，将为标本指定一个编号，它通常写于一个小标签上并粘在标本上，使得这一编号能够成为寻找特定标本的唯一参照（计算机的应用使所有这些信息更容易获得）。由于本质主义（essentialist）的物种观点在学界式微，正模的重要性有所下降。人们已经认识到，为了在一定程度上概括自然界的变异，最好是观察物种的种群，毕竟世界上没有两片完全一样的树叶。这种观点提高了与正模一起收藏的同一物种标本的重要性（其中有些标本被称为副模，显而易见，它们是正模的伴随者）。在动物学部的标本馆里，有许多的物种非常罕见，那张从罐子中望着我的苍白面孔，可能就代表着这一物种已知的唯一标本。这也难怪它们的表情会那么阴郁。

我期待有一天，全球各地的网络上都可以检索到这些模式标本的图像。假设一个位于滇缅泰马*（Sibumasu）的研究人员想要知道他手中的蝴蝶是否和一百年前西方探险家所命名的物种相同，他只需要登录相应的网站，就可以获得各种正模的彩色影像，以供他用手边的标本进行比对。一百多年以来，历任馆长对标本的照顾和

---

* 这并不是一个现代地理概念，而是一个涵盖现今我国云南西部、缅甸东部、泰国西部和马来半岛的构造单元。——译者注

三叶虫：演化的见证者

为编目及记录所做的奉献，在这一刻就被证明没有白费。只有借助这种明确的参考信息，我们才能真正知道哪里曾有过哪些生物、数量有多少。我相信，在很长一段时间内，我们仍有必要用到这些鲜活的图像。虽然 DNA "指纹"在物种识别中正变得越来越重要，但它仍无法取代人类视觉在判断异同方面的精妙之处。"用眼睛看"更实用，更快捷，当然也更便宜。毕竟，良好的辨别能力可能是我们人类的眼睛和大脑变得如此天赋异禀的原因。

在这套程序中，我是少数几个能有幸为三叶虫新种命名的人。采集化石的过程与采集蝴蝶几乎没有什么不同，尽管新物种的正模通常没有鳞翅目那么脆弱——我自己用锤子就收集了许多。有些化石物种很稀有，因为它们很难采集到，但这可能并不反映它们在自然界本身就是稀缺的。它们可能是因为多刺或壳薄而变得不易保存成化石。许多年来，虽然我已经为一百五十多个新的三叶虫物种命名，但每当我知道我发现了一个"科学上的新种"时，我仍然感到小兴奋。也有一些新的属是出自我之手。只有一次，我几乎遇到了命名上的挫败。当时我决定用一位不出名的古代女神俄诺涅（Oenone）的名字来命名一个漂亮的新三叶虫属，这个名字是我从古典文献中找出来的，它听起来很吸引人，很适合用作动物的名字。幸好我在最后一刻发现，这个名字已经被一种蠕虫占据了，否则我就完全违反了《动物命名法规》（*Rules of Zoological Nomenclature*）的规定了。这本规章手册由英语和法语撰写，不得不说，除了肯尼迪的《拉丁文入门》（*Latin Primer*）可以与之一较高下，这本法规的枯燥程度在所有睡前读物中绝对可以拔得头筹。这本书为动物命名时

"你应该"和"你不应该"做什么提供了规范，就像年度报表和铁路时刻表一样，这些规则对于命名系统的顺利运行十分必要，但也免不了成为学究大展身手之所*。法规中最重要的规则之一，就是一个属名只能使用一次。幸好我在文章出版之前，以迅雷不及掩耳之势把我的命名改成了小俄诺涅虫（*Oenonella*），这个名称从未有人使用，所以直到今天小俄诺涅虫仍是有效名称。

当你给动物命名时，你不能侮辱任何人，但法规允许你友善地用同事的名字为动物命名。两位捷克古生物学家曾将一种三叶虫命名为福提盾甲虫（*Forteyops*），此外前人还命名过惠廷顿虫（*Whittingtonia*）和沃尔科特盾壳虫（*Walcottaspis*），这些科学家的名讳也就借由这些动物留名青史了。在分类学传说中，有一个动物尾缀叫 -chisme（来自希腊语，发音与 kiss me 相同），这诱使研究人员把他们想追求的女孩名字加在这个尾缀之前，于是便有了 *Polychisme* 及 *Anachisme* 等属名。我将一种三叶虫命名为 *monroeae*（以玛丽莲·梦露命名），因为它有一个沙漏状的头鞍；而我的一位朋友则给一个驼背的化石起名为 *quasimodo*（以卡西莫多命名）。这些小小的消遣实际上更有助于名字被记忆。法规不允许你以自己的名字命名一个物种，但在命名时开玩笑是被允许的，前提是它们不会引起冒犯。如果你把一个新物种命名为 *jonesi*（以琼斯命名），但紧接着就描述道"这种矮小而不起眼的物种是一种典型的粪堆生

---

* 致不熟悉分类学的读者：学名中属名在前，并且首字母大写，一个属中可能包含许多种，这些种分别由学名中的后一个不大写的名，即种名相区分。为区别通用语言，学名总是斜体。

　　　　　　　　　　　　　　三叶虫：演化的见证者

活者"，那这看起来就不像是对琼斯的致意了。通常，物种名称的拉丁语或希腊语词源只是想告诉你有关这类动物的一些信息，比如豆状球接子的种名（*pisiformis*）来自其豆子一样的外形，而厄兰奇异虫（*Paradoxides oelandicus*）的种名则表明其来自厄兰岛（Oland），等等。

命名者的名字会附在学名的后面。因此，我在斯匹次卑尔根岛发现的一种非常迷人的奥陶系三叶虫（我自然以妻子的名字为它命名）的正确写法应该是 *Parapilekia jacquelinae* Fortey, 1980。这一写法能为后来的研究人员提供有用的信息指导，他们可以从中提取到这一物种最初被描述的文献，即福提在 1980 年发表的一篇论文。对一些一百年前或更早就命名的物种而言，对它们的重新描述（行话称为修订）也会在学名信息中有所体现。许多与我素未谋面的古生物学家可能已经从学名后的姓氏中知道了我。当我们最终见面时，我希望他们会对我的年轻感到惊讶。

《罗密欧与朱丽叶》中有一句名言，也许我的复述和原文不是完全一致："不管玫瑰叫什么名字，闻起来都一样香甜。"这似乎暗示着它的名字并不影响什么。物理学家欧内斯特·卢瑟福（Ernest Rutherford）曾给一些学科贴上了"集邮"的标签，而有人认为分类学或许也符合他心目中此类学科的范畴。这种观点真是大错特错。虽然学名的授予可能很有趣，但这些学名同时也是真正的智力成果。关键且正确的鉴定是探讨下面我要说的一系列重要问题的基础：若不是称职的分类学家精确地界定出种、属等分类单元，你怎能探讨过去生命的多样性？若不是确知你所研究的物种是真实存在的，你怎能推想演化的问题？若无法确定这块大陆上的动物

是哪个种，而另一块大陆上的又是哪个种，你又怎能思考过去的生物地理？上述连续三个反问所抛出的问题，任意一个都需要一整本书回答，所以我在此只回答"你当然不能"，然后结束这一串疑问。

对于卢瑟福的观点，我还想说两句，集邮这种喜闻乐见的活动与科学中的分类学是不同的。我们可以在斯坦利·吉本斯（Stanley Gibbons）的邮票目录中查找任何一张邮票的发行日期，检视其色彩、水印、邮孔，甚至查出当前的估价。换言之，任何邮票都有一个唯一的正确答案来识别。但在真正的科学中，所有的疑问都是朝着正确答案的探索。我们不妨回想一下罗伯特·史蒂文森的格言："满怀希望出发，胜过最终到达。"科学存在于持续不断的动人的乐观精神之中。我们永远无法确定，依靠我的丰富经验，并经过深思熟虑通过头鞍和尾部特征所鉴定的三叶虫物种，在数亿年前是否是个真正的物种。而常常会有同行发表跟我不同的分类意见，声称它只是另一个种的变异（这个种通常就是这位同行所命名）。在这些问题上没有最终的仲裁者，我们也不可能完全有把握地重建一个早已消失的生物世界，每一次重建都基于人们对当下信息的科学推断，而这些推断又会经历不断的修订。这里有两个例子。首先，在最近几年，我们才刚刚意识到过去曾存在过二氧化碳极高和极低的阶段，前者形成"温室"世界，而后者形成"冰室"。这些大气条件几乎影响着地球表面的一切，从沉积类型到阳光，当然也一定会影响到生物。其次，人们一度认为鱼类是在志留纪末期才出现的，但最新的发现表明，有三叶虫存在的大部分历史时期，它们身边一直都有鱼类的原始亲戚，这一发现迫使我们要用新的眼

光来看待奥陶纪的生态。这些都是过去观念被改变的实例，可以想见，随着时间继续向前移动，过去仍将被不断地修订。

19 世纪时，几乎每个发达国家的大城市都涌现出了博物馆。这在一定程度上是由于人们普遍相信它们在教育和道德上的价值。博物馆也常常关乎市民的自豪感。在中世纪，富有的羊毛商人捐赠教堂，而在工业时代，有钱人的捐赠对象则是博物馆。在英国，哈代的故乡多切斯特（Dorchester）和莱姆里吉斯（Lyme Regis）都有博物馆；而诗人华兹华斯（Wordsworth）在湖区乡下的故乡科斯维克（Keswick）也是如此；曼彻斯特、利物浦、伯明翰和利兹等大型工业城市就更不必说了。在美国东部，每个主要城市都有一个博物馆，其中一些还与伟大的慈善机构有关，如耶鲁大学的皮博迪（Peabody）或匹兹堡的卡内基（Carnegie）。在澳大利亚和中欧，你也能找到类似的博物馆。除了创始人的艺术收藏品，许多这样的博物馆都有自然历史藏品，这些收藏通常包括了重要的模式标本。对于研究人员来说，追寻这些标本有如探险，因为并不是每个小博物馆都对自己的馆藏有清楚的认识。我的朋友阿德里安·拉什顿（Adrian Rushton）在科斯维克博物馆发现了一些三叶虫标本，它们最初由波斯尔思韦特（J. Postlethwaite）在一本 19 世纪 80 年代出版的冷门书《湖区矿产与矿物》（*Mines and Minerals of the Lake District*）中描述。你可能不会觉得这是很有价值的信息，但当你了解到三叶虫化石在湖区十分罕见，且大部分都是由波斯尔思韦特发现并命名时，你或许会理解湖区的早期地质历史就建立在这些珍稀动物鉴定之上。

建造伟大的博物馆是文明的标志之一。而在文化衰退的时期，这样的知识宝库便会被遗弃，在黑暗时代，希腊科学的许多伟大作品就这样散失。希腊科学的最终幸存要得益于哈里发马蒙（al-Ma'mun）在巴格达建造的"智慧之家"（Bait al-hikma），这是一座完工于833年的博物馆和图书馆。它不是一个乏味的仓库，相反，它是连接古典文明和文艺复兴的重要纽带。我认为，今天自然历史博物馆的使命在于见证人类将如何对待自己的星球，以及与之共享地球的生命。即使是最奇特的物品也可能被证明有它们的价值。罗斯柴尔德勋爵（Lord Rothschild）当年收藏的狗，现在就像19世纪的阅兵式一样展览在伦敦郊外的特灵（Tring）。这些东西就一定是过时和多余的吗？未来的研究人员如果想要研究狗驯化的历史，是不是要用到这些旧皮肤中的分子信息？每只狗都有自己的DNA，而我们文明的DNA——伟大的博物馆不应该消亡。

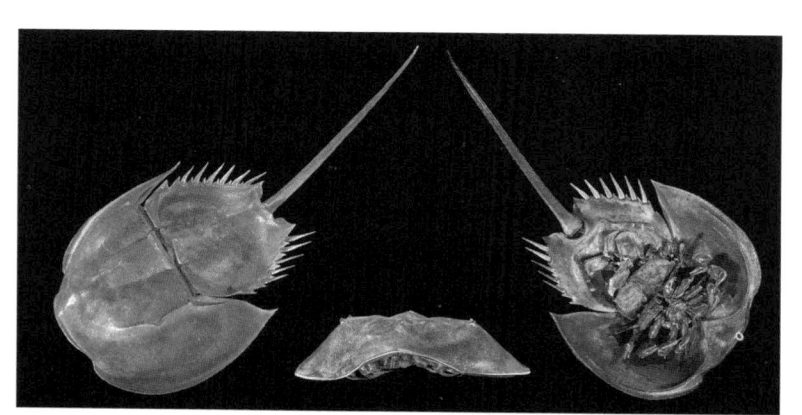

鲎被认为是三叶虫的近亲。

照片来自迪迪埃·德库昂（Didier Descouens），CC BY-SA 4.0

三叶虫：演化的见证者

第七章　死生之事

　　像所有其他动物一样，三叶虫会演化，我这里不是想强调它们会随时间而改变——这点显而易见。寒武纪早期的三叶虫，比如小油栉虫，便与寒武纪晚期的不同，寒武纪晚期的又不同于奥陶纪，奥陶纪三叶虫与其上覆的志留纪和泥盆纪三叶虫相比又是不同的。只需稍加学习，一个三叶虫爱好者也能观察一组三叶虫，并推断其年龄，即使他们叫不上它们的确切名字。这就是观鸟者辨认物种时所谓的"感觉"，用这种整体印象进行的判断很少出错。毫无疑问，三叶虫种类在地质历史中是不断更替的。虽然我们认为每个新三叶虫在岩石中的出现都代表着一次演化创新，但我们从岩石记录本身中却很难看到"演化正在发生"的证据。这一普遍的事实经常被神创论"科学家"曲解为"化石不能支持演化"的证据，但事实压根不是这样。我们可以看到三叶虫出现的顺序是与演化过程相一致的：相比奥陶纪或其他年轻地层中的三叶虫，寒武纪三叶虫更加原始，正如我们在聚合眼的例子中所看到的。不过，想要捕捉新种的形成过程确实非常困难，就像我们经常看到家中一片狼藉的结果，而很难将窃贼在作案过程中抓获。同样

的道理，相比物种形成的时间，物种在事件发生后生存的时间明显更长，所以它们的这部分历史将更有可能被发现。这是一个概率问题，无关你更相信进化论或神创论。回到犯罪学的比喻，仅仅是现场取样的偏差，就足以造成无法定罪的结果。

所以，你能看到的演化正在发生的例子是异常宝贵的。在这方面，我们自己所在的人属（*Homo*）及其他几个现代人的亲缘类型就不是一个好例子：人属的化石稀少，且伴随许多争议。这倒不是说我们没有更多原始人类的化石可发现，事实上每年都会有这样的新发现，但相比起来，这些例子还是太少了，人类化石记录本身的特点决定了人类不是观察物种形成过程的最佳选择。相比之下，三叶虫一直处于关于进化模式的一些激烈辩论的中心。由于它们结构复杂且化石丰富，有希望作为探讨物种形成的重要"实验素材"。多年来，另一种节肢动物果蝇一直是用于遗传学研究的实验动物，遗传领域的经典工作多有赖于这种小苍蝇。当科学家需要研究某个特定基因——比如最近大家关注的控制发育序列的 Hox 基因家族——的作用时，他们便会对果蝇操作一番，制造出一些无法生存但却能提供遗传学信息的怪物。这些果蝇有的多长了一对翅膀，有的在该长触角的地方长出了腿。不过，蝇类的化石太脆弱了，只有在琥珀中才能看到较多的细节。也许皮实的三叶虫可以在岩石中扮演果蝇的角色。

要想成为实验素材，我们就需要在地层中找到物种的完整序列，这样才能将不同地层的物种合理地解释为祖先或后代。同时，在不同地层中应都能收集到数量较多的标本，这不单是

为了说服进化论的怀疑者，也有助于对这一时期物种的形态变化进行测量。因为间断可能会掩盖物种形成作用的过程，因此要求选择的沉积序列在沉积过程中应没有长时间的间断。事实上，大多数的岩石序列所保存的时间记录都是不完整的。上述先决条件在大部分情况下都很难得到满足，因此相关研究剖面的稀缺性显而易见。最适合这些条件的沉积物是深海中沉积的软泥，它们是浮游生物如雨点般沉降在海底形成的，不过，这种沉积物形成的地质年代都相对比较年轻。形成深海沉积物的微体化石通常属于一种具有钙质外壳、被称为有孔虫的单细胞生物。有孔虫提供了许多绝佳的生物演化史范例，这尤其得益于它们庞大的数量：从一小撮岩石中就可能得到数百个标本。但小的体型也意味着有孔虫的结构往往非常简单，它们一毫米直径的身体只包含一些气泡状的腔室。但浮游生物的演化特性也许和它们的底栖亲戚并不相同，因此，三叶虫或许能提供一个更典型的海洋生物的演化例子。

接下来最重要的就是要收集足够多的样本以支持令人信服的研究。这就意味着，即使在化石相当易得的情况下，你也要花上好几个小时来敲击岩石。三叶虫的研究不可能像果蝇那样快速，只需要持续施加毒气就能得到数代的谱系变化。要获得像样的三叶虫标本，必须付出长期的辛苦体力工作。已经有几个科学家展示出了他们的这种顽强、力量和耐心。我们将看到，他们对三叶虫的物种形成得出了截然相反的结论。

人们现今对"间断平衡"（punctuated equilibrium）这个词

已经相当熟悉了，我最近听到一位澳大利亚的科学哲学家已经把它简称为令人费解的"punk eck"。不过，大部分的非专业人员，甚至很多科学家，都不知道这个概念是完全源于三叶虫研究的。20世纪60年代末，一位年轻的美国人奈尔斯·埃尔德雷奇（Niles Eldredge）在北美研究了一种泥盆纪三叶虫——镜眼虫。之前我们已经提到过镜眼虫了，它具有结构复杂的聚合眼，每一个晶状体都是一个个分隔开的方解石球体。这些晶状体的数量相对较少，在显微镜下很容易数清。在纽约州、艾奥瓦州和俄克拉何马州以及其他许多地方的相应地层中，镜眼虫的化石都非常常见。它通常完好地保存在石灰岩中，这种保存形式使得人们可以仔细观察其最隐秘的细节。只需要在正确的位置轻敲几下，一个镜眼虫（通常是镜眼虫的头）就会从石头里蹦出来，好像在对你说："嘿呀，二脚兽！我的眼睛如何？"镜眼虫丰富的化石记录使得它们可能为我们提供关于种与种之间演化细节的珍贵例子，而埃尔德雷奇在他科学工作的早期就意识到了这一机会。

埃尔德雷奇注意到，不同镜眼虫眼睛中的晶状体排列存在着变化。他计数了镜眼虫眼睛中"背腹集"（dorsoventral files）的数量，即眼睛中的晶状体能分成多少个纵列。下面我们看看在最近出版的《演化的模式》（*The Pattern of Evolution*）中，埃尔德雷奇是如何回忆自己的观察结果的：

> Bingo！另一种模式出现了：在整个中泥盆纪，阿巴拉契亚盆地类群都一直具有17个纵列……而在中西部，情况则完

全不同，在长达两百万年的时间里，这里类群的纵列数量一直保持在 18 个；在之后的两百万年中，纵列的数量仍然是稳定的，不过从 18 列变成了 17 列；在我研究的最晚的一个时间阶段内，三叶虫则有 15 个纵列……在中西部地区，背腹集从 18 列到 17 列，以及从 17 列转换到 15 列时，大量的时间在地层记录中消失了。蛙镜眼虫所生存的海洋……在这些时期干涸了……从 18 列转换到 17 列，及其后从 17 列变成 15 列的演化过程，与中西部海平面重新上涨的时间相一致。这种模式表明，当中西部地区遭遇第一次海退时，18 列的镜眼虫就已经灭绝了；当海水重新返回时，17 列的镜眼虫出现并接管了恢复后的海洋栖息地。

埃尔德雷奇之所以特别关注眼睛的变化，是因为他意识到这是鉴定物种的关键特征。如果他是一位鸟类学家，他可能会选择关注尾羽或鸣叫声；如果是软体动物研究者，他可能会关注贝壳上的图案。每种动物都有适用于自身的鉴定特征，以区别其他物种和寻找同类。

通过埃尔德雷奇对泥盆纪镜眼虫的观察，我们可以推导出两项结论。首先，新物种的产生是很难观察到的事件，它似乎总是发生在"别处"。无论是何处诞生，新物种出现后往往会凭借其成功的创新入侵并取代之前的物种。在某些情况下，埃尔德雷奇知道一个新物种是从哪里起源的，但仍然很难找到完全介于新物种和原物种之间的过渡类型。这种情况可以与流行乐坛相比较，在

20 世纪，60 年代是披头士乐队的天下，但 70 年代便被比吉斯乐队所取代，至 80 年代，又有迈克尔·杰克逊占据主导地位。乐队发展初期的唱片是收藏家珍藏的对象，而在乐队流行阶段发行的唱片则像没有中奖的彩票一样常见。相似地，新物种刚开始时只是一个相对较小的种群，位于当时优势物种生存范围的边缘，这种边缘化的隔离状态使得这个小种群与祖先类型产生差别。但当机遇来临时，新物种便取代了祖先，享受属于自己的时代。在相关理论方面，哈佛大学的生物学家恩斯特·迈尔（Ernst Mayr）做出了重大贡献。迈尔在现生物种中观察到了种群的地理隔离似乎往往伴随新物种的产生（他将这一过程称为异域物种形成），也就是说，远离大部队的种群是演化的发动机。孤立种群与其他种群之间的基因交流被切断，仅这一条便能产生演化创新。所以说，演化确实总发生在"别处"。

　　埃尔德雷奇的第二个重要结论是：新物种一旦出现，通常会延续很长的时间并很少发生变化。我们可能无法看到一个物种的起源，但却看得到物种的极盛时期。就像半夜发生的盗窃事件一样，对于物种形成事件，我们只能看到结果，而不是事件本身。某种镜眼虫在地层中出现后，便会在其后的很长一段时间内几乎不再发生变化。对于地质学家的实际工作而言，这种情况也就意味着：他一米一米地逐层采集化石，手指受伤了，鞋子也被打湿，还得忍受蚊虫的叮咬（在纽约州尤其如此），但得到的回报却只有一声长叹："化石没有发生任何变化！"要证明某个东西的缺失往往是非常困难的，有的学科称此为消极证据。探究相关问题就要做

　　　　　　　　　　　　三叶虫：演化的见证者

好徒劳无功的准备。

但相关结论还是非常重要的。埃尔德雷奇认为，新物种首先起源于"他处"。之后，当这个物种成功侵入其他地区并取代其祖先后，它会持续存在相当长的一段时间。也就是说，生命演化是间歇式的：物种会长期存在，直到被另一个物种非常迅速地取代。物种的长期持续和异域物种形成两个观点加在一起，就构成了间断平衡的概念基础。现在来看，这个理论为什么这样命名就十分清楚了：平衡指的是物种的长期持续存在，间断指的是物种之间的快速转换。其正如哥林多书（Corinthians）所说："转瞬之间，我们都会改变。"这个新理论建立在"渐变论"（gradualism）概念的反面；渐变论主张持续而缓慢的变化，整个种群或渐变成另一个新种群。在 20 世纪 30 年代"现代综合论"（modern synthesis）的影响下，渐变论一直被认为是进化的主导模式。对这一观点不假思索的接受，使得"间断"观点的提出具有了平地惊雷的效果。埃尔德雷奇与古尔德联合创立的这一新模式取得了巨大的成功，他们在 1971 年发表的第一篇论文获得了极高的"引用指数"，这说明这篇文章被同行广泛大量地引用，具有很高的影响力。

对演化的间歇式定义很容易成为广泛使用的隐喻，很快就有其他观察者指出，这种描述不仅适用于物种的形成，在其他几个科学或人文领域里也有类似的情况。即使是人类的历史中，在稍加修饰后也可以用一种类似于"间断平衡"的概念来描述，比如在文化革命之后，王朝会陷于停滞状态直到灭亡。吉

本（Gibbon）所著的《罗马帝国衰亡史》（*Decline and Fall of the Roman Empire*）一书既展示了人类的弱点，也证明了某些历史模式确实存在着必然性。在那篇开创性的论文发表几年后，埃尔德雷奇在另一著作《时间的框架》（*Time Frames*）中赞同间断在历史中是随处可见的。在那时看来，我们星球的发展史似乎大多是由一些大事件所书写的。

对于镜眼虫精致的小脑袋来说，这些加诸其上的革命性理论可能太过沉重了，虽说它的眼睛本来能看穿演化的真相——它的视力可是非常好的。不久之后，来自其他化石类群的证据也为间断平衡投了赞成票。间断论很快被神创论者当作支持他们想法的合理证据，他们试图通过夸大化石记录中的"缺失环节"来反驳进化论。与他们所想恰恰相反，这种缺失可能正是演化的必然结果。作为一个终生的理性主义者，古尔德反对超自然的解释，他很乐于将这些现象作为自己的弹药，以教育那些宁可相信造物主在七天内创造了万物，也不相信壮丽的演化过程的人。在这场圣经原教旨主义者和进化论支持者的激烈论战中，镜眼虫以陪审团的角色参与其中。

埃尔德雷奇并不是第一个看出三叶虫存在"间断"变化的人。来自德国格赖夫斯瓦尔德大学（University of Greifswald）的鲁道夫·考夫曼在埃尔德雷奇之前约四十年，就获得了相似的结论。考夫曼的主要研究对象是斯堪的纳维亚半岛寒武纪晚期明矾页岩（Alum Shale）中的油栉虫，之前我们已经了解过的三分节虫就是油栉虫家族的一员，它们是人们最早了解附肢细节的三叶虫。我们

已经提到过，油栉虫生活在一种非常特殊的环境中，底层海水的含氧量很低，海底沉积物中更是完全缺氧的高硫环境。我甚至觉得油栉虫可能培养了硫化细菌来与自己共生。在大约五亿年前的寒武纪晚期，富含油栉虫的海水席卷了整个斯堪的纳维亚的南部，这场泛滥持续了大约一千五百万年。这一时期十分特别，因为在这段漫长的时间里沉积下来的大部分都是连续的黑色页岩，这其中常含有丰富的三叶虫化石。如果你来到一处明矾页岩出露的采石场，把那些通常有橄榄球那么大、被当地人称为"臭石头"的结核敲开，你就会发现其中精美而丰富的三叶虫遗骸。明矾页岩是"浓缩沉积"的著名例子，这表明长时间的地质历史被没有重大间断地压缩在较薄的地层之中。这接近于进行野外演化"实验"的理想情况。考夫曼敏锐地意识到了这一点，所以他仔细采集了这段连续岩层中的标本，并观察了它们随时间的变化。埃尔德雷奇完全认同这一发表于 1933 年的开创性工作，如果这篇论文不是在格赖夫斯瓦尔德大学学报上发表，并只有很少发行量的话，它肯定能够获得更大范围的瞩目。（这让人想起了遗传学家孟德尔在捷克布尔诺进行的有关植物遗传学的关键实验，以及为他们的科学地位正名的长期斗争；在今天，他们的情况可能更为不利，因为期刊的数量在激烈竞争的情况下更增长了十倍有余。）*

---

* 孟德尔于 1865 年在布尔诺自然科学研究协会上报告了自己的研究结果，并于 1866 年在该协会会刊上发表了论文《植物杂交实验》，论文中提出了后来被视为经典的孟德尔定律（包括基因的分离定律和自由组合定律），但这一工作当时没有引起关注，直到三十五年后才由其他科学家发现。部分原因便是会刊缺少影响力。——译者注

鲁道夫·考夫曼，一位悲剧式的德国三叶虫学者。

考夫曼观察到，几种油栉虫会突然出现在地层中，之后会在此活跃很长时间。但是一个种在它的整个存在期中并非是一成不变的，随着时间推移，它们会展示出微小的变化，尤其是它们的尾部会逐渐变得越来越窄长。在不同种的油栉虫中都能观察到这种尾部的变化。通过观察和比较这些连续的演化过程，考夫曼明确指出其中有一个种是从其他地方侵入斯堪的纳维亚的，这使得他在"异域成种"的概念出现之前就已经勾勒出了大体的框架。考夫曼的结论以大量的标本收集为证据，并且以定量的方式对结果进行了分析。近几年，克拉克森再次造访位于瑞典安德伦

　　　　　　　　　　三叶虫：演化的见证者

（Andrarum）的著名采石场，并在此重复验证了考夫曼的观察。显然，考夫曼是一位卓越而有远见的科学家。

我一直比较困惑，在发表那篇开山之作后，考夫曼便从三叶虫的世界中消失了。科学家的职业生涯通常可以长达二十五年或更久（在某些情况下，你希望这段时间不要那么长）。他们会留下大量的论文，这些论文可以用来追踪他们的整个职业生涯；更重要的是，由于人们都倾向于引用自己曾发表的内容，所以你可在每篇文章后的参考文献栏中看到作者个人的学术经历。对一个身边有优秀的图书馆资源，且富有学术经验的研究人员来说，这样追踪文献几乎是日常的工作。但考夫曼不是这样，他就这样从学术界消失了。直到 1998 年我才发现其中原因，这其实是一个不寻常的感人故事。

这个故事之所以能为我们所知晓，有赖于 1991 年赖因哈德·凯撒（Reinhard Kaiser）在法兰克福的一次邮票拍卖会上所拍得的一捆信件和明信片。他为此花费了五百德国马克。在这批信函中，有考夫曼写给他的瑞典恋人英厄堡·芒努松（Ingeborg Magnusson）的信。凯撒为信中的沉痛故事所吸引，并因之将考夫曼的故事串联了起来。遗憾的是，英厄堡写给考夫曼的信都没有保存下来，但她一直保存着考夫曼给她的信，终身未嫁，直到 1972 年去世，这已经表明了她对考夫曼的爱。他们在 1935 年相遇于博洛尼亚（Bologna），那是意大利东北部的古老大学城，考夫曼第一眼看到这位黑发的瑞典女孩时便爱上了她。从他们结束在博洛尼亚田园诗般的生活，直到考夫曼死于非命，他们之间只有短

短几天的团聚。我们借着他们的通信窥见了这个故事的片段：在希特勒可怕的独裁统治时期，他试图到达她在瑞典的避难所。凯撒称这个故事为 Königskinder（"国王的孩子"），这是根据考夫曼在信中所写的一首民谣而来：

Es waren zwei Königskinder, die hatten einander so lieb.

Sie konnten zusammen nicht kommen, das Wasser war viel zu tief.

有两个国王的孩子，他们彼此相爱。

然而相隔重洋，他们不能走到一起。

考夫曼出生在犹太人家庭，但信奉基督教。在考夫曼关于油栉虫的杰作正式出版的两天前，也就是 1933 年 1 月 30 日，希特勒成为德国总理，并接管了政府。考夫曼几乎立刻就被他所在的格赖夫斯瓦尔德大学解雇。虽然这并不会妨碍他在德国以外的地方继续进行他的古生物学研究，但他最终没有得到机会：在博洛尼亚与英厄堡相遇的那次旅行成为他的最后一次访学。

考夫曼很清楚他进行的三叶虫研究的重要性，三叶虫是他生命中的次爱。在他写给英厄堡的信中，他想把自己的所有学术成果都寄给她，因为希特勒在否定犹太人的学术成就，他在信中说："大家很快就不会认同这些工作全部是由我完成的了。"考夫曼还曾讲道："我对我在三叶虫研究中的重大进展而自豪。我已经能够证明这类动物的演化遵循某种特定的模式。我想，当多年以后，

动物学家及古生物学家开始全面了解我的研究工作时，我会比现在出名得多。"但他至今仍未得到应有的评价。

在与爱人分开后，考夫曼没有抵挡住诱惑。1936 年，他因与一名雅利安女性发生非法性关系而被关押进了科堡（Coburg）。事实上，他是因嫖妓而染上了性病，治疗他的医生向警方告发了他。1936 年 8 月 13 日，他在给英厄堡的信中写道："我要向在瑞典的你坦白一切，但现在什么都已经太迟了。我配不上你，我恳求你试着忘记我。感谢你忠诚的、纯洁的爱……你对我那么好，而我却证明了自己是多么软弱，现在我必须为我的行为付出代价……我的生命中已经有太多东西被夺去：我的母亲，我心爱的事业……然而，这一次纯粹是愚蠢的我咎由自取，我必须接受你的所有决定。"

尽管英厄堡原谅了他，但他的过失让他付出了惨重的代价。当他于 1939 年 10 月 12 日出狱时，战争已经开始了。如果他在 9 月 3 日英国和法国对德宣战之前获释，他很可能已经成功逃离德国了。有几位三叶虫学者就成功逃离了纳粹。亚历山大·奥佩克（Alexander Armin Öpik）来自一个杰出的爱沙尼亚科学家族（他的兄弟是一位著名的天文学家），他逃往了澳大利亚；而他的爱沙尼亚同伴瓦达尔·贾纳森（Valdar Jaanusson）则成为瑞典国家博物馆中研究斯堪的纳维亚三叶虫的元老专家。波罗的海没有拦住他们，但对"国王的孩子"来说却是一道屏障。1939 年 11 月，考夫曼来到科隆。在这一时期，他曾写道："当我独自一人时在做什么呢？我和我心爱的三叶虫在一起，你可能已经嫉妒它们了。我

最近读了《奥德赛》，我必须向奥德修斯学习……看他对佩内洛普（Penelope）的思念，就像是在写我一样。"尽管有越来越多的证据表明局势每况愈下，但他仍保持乐观，而不是像其他不那么乐观的人一样陷入绝望。但是渐渐地，他与爱人相会的希望也越来越渺茫了。1940 年 7 月，他承认自己"已经没有勇气面对未来"。他怀疑自己是否还有力量继续下去："有些话我不应该隐瞒。我们的相聚短暂，分离却很长，过去一个月的忧虑，现在每时每刻的担心，和对未来的绝望。这些都令人烦怨……你应该尽可能地让自己轻松自由一些。在可预见的未来里，我们见到对方的机会恐怕非常渺茫。如果我们不这么亲密，如果我们不用这么折磨自己，是不是会更好？……我多想再一次把你搂在怀里，全心全意地吻你。"

1941 年，考夫曼被流放到立陶宛的考纳斯（Kaunas）。这里距离波罗的海已经不远，但这段距离对他来说还是难以逾越。此时他已经放弃了再见到英厄堡的希望。最终，他被两名碰巧认出他的警卫无情地射杀，成为 20 世纪最可耻的统计数字中的一部分。间断学说的鼻祖成了人类历史上最反文明事件中的一个牺牲品。凯撒找到了几张考夫曼的照片：他的相貌英俊端正，黑发向后梳着，有着德国人特有的严肃神气。他真是年轻教授的典范，可以理解英厄堡为什么对他如此爱慕了。

对三叶虫演化的研究不但揭示了物种形成的基本原理，同时，我还借由凯撒的调查工作，看到了人性中最好和最坏的一面。考夫曼对三叶虫的热爱以及追求真理的兴趣，与他对英厄堡的爱交相辉映。如果他能够自由地继续进行他的研究，不知道他会最终赢

得怎样的赞誉。

间断平衡并不是三叶虫展现出来的唯一演化模式。在 20 世纪 70 年代末，另一个英国年轻人有了相关进展，他研究的三叶虫来自英格兰和威尔士边境地区的温泉古镇比尔斯（Builth）和兰德林多德韦尔斯（Llandrindod Wells）附近。这里是多山的乡村，深绿色的田野一块块地交织在一起，这里的主要经济来源——绵羊散布其间；田野中点缀着树林和陡峭的山谷，林中掉落的树枝上覆盖着厚厚的羽毛状的灰藓目苔藓，与荆棘一起缠绕攀缘，让这位穿着长筒靴和防划外套的地质学家寸步难行。雄鸡突然从灌木丛中发出尖锐的叫声。蟾蜍在溪流旁的蕨类植物里安静地忙碌。这里潮湿而丰饶，植被垂下的叶子挡住了大部分的光线。在这里进行野外工作的最佳时间是在春天，此时带刺的荨麻还没有发芽和遮盖岩石，栗子或榛子大量的叶子也还没完全展开。四月下旬，河岸边开着风信子，小白屈菜在风中摇曳，欧乌鸫也随处可见。溪流的岸边布满了苔藓，还出露着威尔士语中称之为"rab"的厚重黑色泥岩。你可以用地质锤的尖端抠下一块，在正确的方向上劈开它，便会得到三叶虫作为奖励。只要沿着溪流向上游仔细采样，你就能讲述随地质时间推进的演化故事。与考夫曼在瑞典研究的"浓缩"沉积相比，这里的地层厚达数十米。这是个优点，因为即使在几英尺厚的地层中找不到化石，你可能仍未错失重大的地质事件；但在瑞典，同样厚的地层可能就包含了许多重大的演化事件。这里的岩层属于奥陶纪，距今大约四亿七千万年。

彼得·谢尔顿（Peter Sheldon）在采集这些黑色岩石上花了

几年的时间。他以极大的耐心，月复一月地劈开这些不甚讨喜的页岩，慢慢收集、标记从中发现的三叶虫标本，以供研究之用。大多数情况下，他采集到的是已分离的头部或尾部，偶尔也会获得完整的标本。这些三叶虫中最为常见的是我们的老朋友，即最早被洛伊德鉴定为"比目鱼"的龙王盾壳虫。这些深色页岩中的"比目鱼"非常丰富，足以让海神（Neptune）心满意足。只需要一点巧劲，就可以把它们半圆形的带褶尾巴从泥岩里分离出来。这些小扇子状的尾巴大多比蝴蝶的翅膀还大，中心位置是狭窄的中轴，可以分成许多轴节；平坦的肋区有着与轴节数量对应的肋沟，向后逐渐缩短变浅。除了这些大三叶虫，泥岩中还有一些数量较少、体型也较小的三叶虫，它们不超过几厘米长，通常保存得比较完整。它们是盲眼的膝尾虫（*Cnemidopyge*，插图 25），它们的头部呈半圆形，头鞍的前端有一根向前伸出的长刺。这种三叶虫只有六个平坦的胸节，尾部呈三角形，而且和龙王盾壳虫一样具有深的肋沟。偶尔我们也会发现一些卷曲标本，还有些其他类型的三叶虫，这其中有"德利蝗"的亲戚，也有小徽章一样的三瘤虫类。

　　谢尔顿执着地采集着这些标本，他对乡野和地层的熟悉程度甚至超过了拥有这片土地的农民。为了获得完整的岩石序列，他从一条小溪采集到另一条小溪，仔细地在整个区域内追踪可对比的岩层。这些工作非常耗时间，而谢尔顿又是那种喜欢向所有人解释他工作的人，这使得他的工作更加缓慢。他为人友好，永远保持年轻活力，且总是那么乐观，这种奉献精神让他在开放大学任教多年。在他写博士论文的时候，他总是回头"再多采一点"。这使

得他因为不愿离开剖面去写文章而在三叶虫圈子里"臭名远扬"。一般来说，完成博士论文要花三年，最多四年时间，但谢尔顿的博士论文似乎永远也写不完。他避开资深教授们挑剔的目光，继续埋头工作，劈开越来越多的黑色页岩。就在他的导师已经忍无可忍的时候，bingo（用埃尔德雷奇的口吻）！他的研究成果在《自然》杂志上发表了。这使谢尔顿一举成名。

他在论文中称，比尔斯附近奥陶系地层中的三叶虫，会随着时间的推移呈现出一种渐进的变化。他指出，这种变化不是仅发生在某一特定的三叶虫身上，而是在黑色页岩中的几种不同三叶虫中都有表现。这种变化在最大最常见的戴氏龙王盾壳虫身上表现得最为明显，随着时间推移，它尾部上的侧肋数从平均十一条增加到了十四条。在 19 世纪，英国三叶虫研究先驱约翰·索尔特曾将这种侧肋较多的类型称为戴氏龙王盾壳虫的一个窄变种（variety *angustissima*），这种细微变化正是三叶虫专家用以鉴定化石种的重要依据。但谢尔顿却证明，戴氏龙王盾壳虫和窄龙王盾壳虫这两个种之间呈现了连续的转变。他收集的庞大种群标本表明，在任何一个时间段内侧肋都存在着变异，也就是说，任何层位都包含了侧肋数不同的标本。在一些明显的例子中，我们可以看到尾部的一边发育出了侧肋，但另一侧相应的位置却没有。不过总体而言，在整个种群水平上可以看到侧肋数越来越多的总体趋势。当只关注一个短的时间尺度时，谢尔顿发现在整体的增长趋势中，还间杂着侧肋数量短暂减少的时间段。这显示从某个类型转变为另一类型的历程如同醉汉的摇晃脚步，不会平稳地前进。更令人兴奋

的是，龙王盾壳虫并不是孤例，谢尔顿发现同一时期的滕尾虫也经历了同样的变化趋势。

在其他一些三叶虫身上我们也看到了这种细小的变化，这一切都表明了一种与镜眼虫机制非常不同的变化机制。即使页岩在奥陶纪海底沉积的速度更快，每一种变化也仍然要花费数百万年才能完成，这种变化与异域物种形成引起的快速变化在速度上不属于一个量级。实际上，很难想象有什么机制可以如此缓慢地对物种进行改变，毕竟在果蝇的繁殖实验中，有利的变异传遍整个种群只需要几代时间。这有没有可能是一种没有特殊适应性的"漂变"呢？有反对者认为，尾部的这种变化根本不是演化，而是对海底环境缓慢变化的反应，例如氧含量的变化。在其他化石例子中已经观察到这种逐渐性的变化，但这种例子通常表现在浮游生物身上，而龙王盾壳虫和它的朋友们都是底栖的，所以相关问题仍然充满争议。不过，没有人会质疑谢尔顿观察到的事实，以及事实与演化问题的相关性。面对这种不凡的毅力，又有谁能不表示敬佩呢？

在另一种演化案例中，三叶虫也同样扮演了主角，这就是异时发育（heterochrony）。这个词是希腊文中"其他时间"的意思，在演化中也基本就是此义。三叶虫刚刚开始发育时是一个被称为原甲（protaspides）的小圆盘，其长度不超过一毫米。之后，伴随着不断蜕皮，三叶虫会逐渐长大成年。在最早的生长阶段中，三叶虫的头和原始尾部会首先生长出来。然后，胸节会从尾部一节一节地"释放"出来，每"释放"一个体节很可能就伴随着一次蜕皮

过程，直到胸节数达到成虫的状态。在三叶虫的尺寸仍然很小的时候，其胸节数可能就已经达到了成熟的标准。在此之后，虽然三叶虫的体型会急剧增大，但大多数三叶虫的体节数量会保持不变。在生长过程中，三叶虫外壳的所有部分几乎都在发生变化，这个过程被称为个体发育（ontogeny）。有许多三叶虫的发育故事已经为人们所熟知，因此在研究个体演化（即个体发育）与物种演化（即系统发育）之间的关系时，三叶虫的例子显得尤为重要。

盲眼的微型三叶虫——棘肋虫——是最小的三叶虫，它具有四个胸片，成年个体仅一毫米长。来自英格兰西部什罗普郡的奥陶纪地层。

几年前，阿德里安·拉什顿和我注意到，只有四个胸节的微型三叶虫棘肋虫（*Acanthopleurella*）可能与有六个胸节的舒马德虫（*Shumardia*）有亲缘关系。棘肋虫比舒马德虫还要小，我们认为它从它六个胸节的祖先进化而来的过程中，经过了一个"发育停滞"的过程：当只释放了四个胸节时，它就已经提前性成熟了。这就解释了为什么棘肋虫成年时只有一毫米多一点。确定舒马德虫为祖先是个挺有意思的结论，因为詹姆斯·斯塔布菲尔德爵士（James Stubblefield）就是用舒马德虫的发育过程来证明个体发育过程中新的体节出现于尾部的前端——新的胸节从那里萌发，并向前移动，就像排队买东西的队伍是从后面增长的一样。我们十分确信与舒马德虫相比，棘肋虫后两个胸节的发育被抑制了。

大约在同一时间，肯·麦克纳马拉（Ken McNamara）详细观察了一种苏格兰寒武纪早期三叶虫——小油栉虫。在之前的三叶虫大游行中我已经提到过小油栉虫，它是队伍中最原始的类型，有数量很多的胸节和一个非常小的尾部。苏格兰西北沿海的高地荒凉而美丽，松软的黄色页岩就出露在其中的少数几个地方。那里有泥炭沼泽和丛生的草地，居住在其中的是耐寒的高地人和比他们数量更大的羊群。这里是地质学上的著名地点，在 19 世纪后半叶，这里的莫伊内（Moine）断层曾引起一场大论战。在这里，寒武纪页岩位于更古老的莫伊内岩层之下，违背地层沉积的经典序列，最终，这些古老岩层被证明是逆冲到寒武纪地层之上的。在这场论战中，寒武纪页岩中的三叶虫为确定地层的年龄提供了不可否认的证据。有一年夏天，我曾在英国最西北的角落——杜

内斯（Durness）镇周边度过了一个非常潮湿和寒冷的野外季，我边抽着鼻子边寻找化石，却一无所获。我的羊毛袜子在大部分时间里都躺在煤气炉上烘干。这次野外工作让我更加敬佩地质学家皮奇（Peach）和霍恩（Horne）了，他们在这个区域进行了详细的地质调查，而且大部分工作都是徒步完成的。在这些英雄人物解决了这一区域的填图问题后，20 世纪的地质学者变成了娇弱的花朵。

麦克纳马拉研究小油栉虫并不是因为它很古老，而是发现几种小油栉虫的起源可能是异时发育的良好例子。其中最常见的一种小油栉虫——拉氏小油栉虫（*Olenellus lapworthi*）的个体发育过程已经被麦克纳马拉获知。这个种是以奥陶纪的命名者、伟大的科学家查尔斯·拉普沃斯（Charles Lapworth）的名字命名的。麦克纳马拉发现，苏格兰的其他几种小油栉虫的成虫特征与未成熟的拉氏小油栉虫相似。举个例子来说，拉氏小油栉虫颊刺伸出的位置大致与头鞍的后端平齐，而其他几个种颊刺的伸出位置比较靠前，使得它们的头部后缘发生弯曲，形成一个明显的折角。这种情况与拉氏小油栉虫发育阶段的特征一致，而在成年后，这种折角就消失了。在眼睛的大小和位置上也存在类似的变化情况。最令人感到好奇的是一种头部边缘具有三对尖刺的小型三叶虫，它的发现者用 *armatus*（拉丁文"武装"）作为它的种名，并依据它与小油栉虫的巨大差别，将其划归为一个单独的属——拟小油栉虫（*Olenelloides*）。麦克纳马拉发现这种奇怪的拟小油栉虫很像是处于最早发育阶段的拉氏小油栉虫的"放大"版本，而且拟小油栉

虫只有九个胸节，拉氏小油栉虫则有十四节。答案呼之欲出了，武装拟小油栉虫（*O. armatus*）仿佛在喊："我是一个生长过度的小朋友！"

麦克纳马拉将小油栉虫的五个种按幼体化的程度排成一列，从拉氏小油栉虫开始向上排，武装拟小油栉虫位于最上一层。他推测，温暖而较浅的海洋环境可能会刺激生物早熟，因此这五个种可以分别标示出不同的环境深度。他认为拉氏小油栉虫生活的环境最深，而武装拟小油栉虫最浅，其他三种介于两者之间。不论解释如何，小油栉虫已经提供了最生动的论据，说明物种之间的显著差异可能只是发育速度的问题。武装拟小油栉虫和拉氏小油栉虫看起来非常不同，还被一度认为是不同的属，但它们却具有根本上的相关性，就如同不同模样的时钟其实都有相同的运作机制一样。类似的异时发育现象已经在许多不同种类的动物和植物中被发现，发育过程的调整是生物界创新的重要根源。小油栉虫的古老例子对华兹华斯的格言"三岁看大"（The child is father of the man）进行了全新的诠释。[*]

既然幼体能够早熟，那么肯定也会有后代的未成年阶段与祖先成年阶段相似的例子。这类后代在发育过程中会重复祖先的所有阶段，但接着又会增加一些在祖先类群中看不到的新特征。这

---

[*] 对于那些喜欢专业术语的人来说，古尔德和麦克纳马拉曾区分出几种不同的异时性，上面所说的这种被称为幼态持续（paedomorphosis）。"paedo"这个词根在希腊语中是童年的意思。与之相对，在发育后期产生祖先不具有的新特征的过程被称为过型形成（peramorphosis）。过型形成又被分为几种不同的形式。

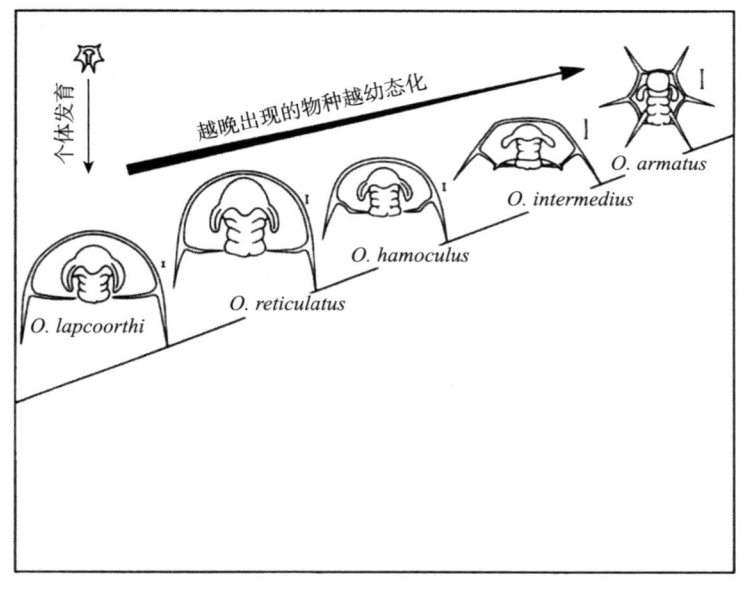

肯·麦克纳马拉的插图显示了在苏格兰西北部寒武纪早期地层的小油栉虫中，越年轻的物种与它祖先的个体发育早期阶段越相似。*

就是过去生物学中被当作金科玉律的重演率，即"个体发育是系统发育的重演"。重演率将人类胚胎的发育阶段描述为从原生动物、鱼类到哺乳动物的过渡过程，现今这种过度简化的版本已经被抛弃了。现生的鲨具有一个三叶虫状的幼虫，这表明鲨与我最喜爱的动物之间具有共同的祖先；不过，这种相似性既可以归因于共同祖先，也有可能是"三叶虫形"这种身体造型是一种大家

---

* 随着研究的进展，本图中间三种油栉虫的属名已有了变化，此处保留原书插图，未予修订。——译者注

通用的简单解决方案。不过化石谱系中仍然有很多重演率的合理例子。比如在我所研究的远洋游泳三叶虫中，有种巨眼三叶虫的成虫具有比幼虫状态大得多的眼睛，而它的幼虫其实就很像它具有普通大小眼睛的祖先。当这种三叶虫的发育超出了祖先的范畴，新的特征就会被继续夸大，并作为一种稳定的模板被固定下来。

三叶虫是有关进化的许多重要事实的实证。当代生物学家对演化的研究已经逐渐转入基因领域，且在这一方面大有斩获。但基因研究的缺点在于其缺少时间框架，不能提供发生在真实时空中的演化案例。实验生物学家的研究最多只能观察几年的变化，而对古生物学家来说，几百万年都是一眨眼的事。三叶虫确实能够提供演化的例子，这点的确值得可怜的考夫曼博士用他短暂的生命去追求。发育过程的改变会大幅度地影响表型，但在更深的层次，这可能只是遗传信息稍加改变的结果。改变发育的时钟只需要这些分子不经意地稍微扭动，像拉氏小油栉虫和武装拟小油栉虫之间的巨大差异，可能只是单个基因对发育开关进行控制的结果。我毫不怀疑控制三叶虫发育的基因在经历五亿年后有可能仍藏在现代动物的 DNA 里，找出这种控制基因便是分子生物学家的工作。相比而言，古生物学家的责任，就是要找出基因对生物表型影响的真实案例，并说明这些基因需要在怎样的时空舞台上造就这些创新的奇迹。

没有毁灭就没有创新。上面我讨论了物种的形成，但没有提及它的灭绝。三叶虫的历史既是一部旧类群逝去的历史，也是一部新类群产生的历史。这种生生死死的物种更替是演化中的常态

（科学家通常将其称为"背景灭绝率"）。适应好的会取代适应差的，或者仅仅是一次有利于入侵者的气候变化，一个新物种就取代了原本生活于此的表亲。生活本身就是一团乱麻，生物界的成功就像人类世界的成功一样，有时靠实力，有时看运气。也许我们可以在三叶虫身上找到客观的证据，说明机遇的偶然性和结构的必然性对不同种类造成的影响。当然，这些三叶虫的分子记录已永远消失了，但分子对表型的影响却保留在了地质记录中，直到岩石也化为齑粉。

　　三叶虫没有达到演化的最终目标。它们灭绝了，没有留下后裔。我曾期待在当今的深海中，有某个不为人知的角落仍然居住着一种孤独的三叶虫，能够把古生代的遗韵带到嘈杂的当代。但遗憾的是，这种希望已经随着对海洋中洋中脊的探索而破灭，那里没有三叶虫能像腔棘鱼那样幸存下来，也没有孑遗种可以直接回答我们想要了解的关于基因的所有问题。不过没关系，三叶虫的三亿年之路已经够长了。

　　没有死亡就没有创新，而一个物种的灭绝更是演化创新的一部分。如果没有灭绝，就不会有后起之秀的繁荣。在我们人类的历史上，当教条阻止旧思想被新思想所取代的时候，历史也就进入了愚昧的停滞时期。西方历史上黑暗的中世纪就是这样最一成不变、最缺乏创新的时代。因此，三叶虫在漫长的历史中发生的一次次类群更迭，更是它们演化活力的实证。

　　正如我们可以通过在野外和实验室中的研究来了解新三叶虫物种的诞生机制，我们也同样可以研究出它们缓慢衰退的原因。

在全盛时期，数百个不同的三叶虫属遍布于我们所知的几乎每一处海洋栖息地。如果你纯粹通过物种的数量和种类的多少来衡量成功与否，那么真正的三叶虫时代是从寒武纪中期到奥陶纪。不过在其整个历史中，三叶虫都是相当繁盛的：即使最后的含三叶虫地层中也包含好几个不同的种。人们对三叶虫历史很容易有这样的想象：早期发展快速，很快就发出了最强音，然后乐声减弱，直至完全沉寂。这样的想象往往造成误导，因为像许多其他的生物多样性故事一样，三叶虫的历史也是兴衰交替的。三叶虫的挫折时期往往也伴随着其他动物的灭绝，这些时期通常有较高的灭绝率，大量失败者灭绝，而幸存者则得以在灭绝之后掌控局面。某些与三叶虫同时出现的动物，比如蛤蜊，就是与三叶虫共同经历这些跌宕起伏的好例子，不过它们最终活得比同时期的节肢动物更久。对于三叶虫来说，沿途多灾多难。在寒武纪末期的灭绝事件中，就有许多出现较早的科灭绝。而研究程度更高的奥陶纪末大灭绝（4.45亿年前），则让更多具有古早风特色的三叶虫科消失。来自寒武纪的神秘微型三叶虫球接子就是在此灭绝，它们存续了近一亿年。反观我们人类的区区几百万年历史，我们该重新思考一下什么才叫"成功"。许多与等称虫和龙王盾壳虫有亲缘关系的大型三叶虫也灭绝了，像三瘤虫这样的奥陶纪标志性小三叶虫也灭绝了。事实上，谢尔顿详细研究过的大部分三叶虫都在奥陶纪末大灭绝中消失了。还有我喜爱的那种大眼睛的浮游三叶虫，在奥陶纪以后再也没有发现过了。我相信自此以后，这一特定的生态环境中就没有三叶虫生存了。我在斯匹次卑尔根岛时最喜欢的油栉虫家族也灭绝

　　　　　　　　　　　　　　三叶虫：演化的见证者

了，它们从寒武纪开始就一直稳定发展，度过了许多危机。奥陶纪末大灭绝确实是生物界的末日。

尖盾虫的头部（左）和尾部（右），在奥陶纪末期的大冰期期间，这种三叶虫广泛分布。图中标本来自泰国。

奥陶纪末出现了一次大冰期，冰盖以当时的南极（也就是现在的非洲北部）为中心，很快影响了大半个世界。冰期在地球历史上曾不止一次出现，但数量并不多，时间也并不规律，但总是带来深远的影响。我们所熟知的猛犸象和洞熊只是其中最近一次冰期的产物。冰期会产生特殊的沉积物，这种岩石成分复杂，主要是混杂在一起的大大小小、来源不一的砾石。这些砾石由冰川搬运而来，当冰川或漂浮的冰山融化时，它们就会掉落并沉积在一起。由此产生的岩石呈块状，层理不明显，远远看去就像是没有做好的葡萄干布丁。这种特殊的冰碛岩存在于许多奥陶纪末期的地层剖面中，与之相伴的就是被称为赫南特贝动物群（*Hirnantia fauna*）的化石组合，赫南特贝是一种能够代表这次冰期的冷水腕

足类。赫南特贝动物群的分布范围之广令人吃惊，一种叫作尖盾虫（*Mucronaspis*）的三叶虫是这个动物群中的代表性成员，而其他三叶虫在其中很少露面。尖盾虫的尾巴末端有一个尖刺，因此非常容易辨识。我在威尔士北部一处潮湿的山坡上采集过尖盾虫，赫南特贝就是以那附近的赫南特峡谷（Cwm Hirnant）命名的。我在泰国南部湿热的采石场又见到了它，并在采集时把汗水洒在了它的头盖上。我在南非南部高原的页岩中也采集到了尖盾虫，在波兰、挪威和中国也是如此。这一发现的含义相当明显，但也仍然有趣。尖盾虫是一种冷水型三叶虫，它们把生活于冰期之前温和气候中的三叶虫驱走，随着冰期的影响一直扩展到赤道地区。目前我们也已经知道，当尖盾虫在大陆架蔓延的同时，在深海也发生了灭绝事件，对浮游生物造成了同样重大的影响。许多这时灭绝的三叶虫幼年可能是在广阔海洋中浮游的，这使得它们在此次灭绝事件中显得特别脆弱。只有少数幸运儿能够度过此劫。这些事情是三叶虫无法预见并早做准备的，它们不知道气候会变冷，也不知道只有非浮游的幼虫才能幸存。幸存者只是恰好拥有这些能在危机中发挥作用的特质。这是一个关于大灭绝本质的重要发现。不知道人类，或者说美国诗人卡明斯（Cummings）笔下的"无情者"（Manunkind），最后能否从三叶虫身上吸取教训，并改变其作为。目前这些家伙正在造成另一起灭绝事件，就像奥陶纪末期三叶虫所经历的那种……

但奥陶纪的结束并不是三叶虫衰亡的开始。从奥陶纪传下来的三叶虫科在志留纪仍然很繁荣（插图5），事实上，从物种

数上看几乎跟从前一样多。只是它们均来自有限的几个祖先。具有坚硬头壳的彗星虫类（encrinurids）和具有多刺尾部的手尾虫（*Cheirurus*）令收藏家爱不释手，这些造型让人不由得相信，生态系统的演变能驱使三叶虫本就多变的外壳更具创造性。拥有复杂眼睛的镜眼虫就是在这一时期开始崭露头角。三叶虫仍能布满岩石的表面，可以想见，志留纪的海底仍像以前一样，一脚下去都是吱嘎作响的虫壳。这些三叶虫很多都继续延伸到了泥盆纪，这一时期三叶虫也将身上的刺、瘤、肿、泡和结等壳面装饰发展到了巅峰（如插图 22）。但在特化三叶虫之外，也有像砑头虫（*Proetus*）这样的相貌平平者，它们可能会被一打眼认成寒武纪或奥陶纪的三叶虫。不过也正是砑头虫及其亲缘类型，比如杰拉西虫（*Gerastos*），逃过了泥盆纪后期的危机，在这次灭绝和上次大灭绝之间，三叶虫已经享受了大约八千万年的幸福时光。从某些方面看，泥盆纪的灭绝比奥陶纪的灭绝更令人困惑。它可以细分成接二连三的多次事件，每次都与陆架上缺氧水域的扩展有关，这使得许多三叶虫赖以生存的珊瑚礁消失。三叶虫在泥盆纪的衰退更像是温水煮青蛙，而不是痛快的一下。致命的一击是弗拉—法门灭绝事件（Frasnian-Famennian event，这两个词表明灭绝事件发生在这两个地质年代的界面上），这个事件被归因于一次巨大的陨石撞击，在三叶虫消失一亿八千万年之后，据说也是同类的事件造成了恐龙的灭绝。

　　不管什么原因，总之，在弗拉—法门灭绝事件之后，只有砑头虫和它的小伙伴存活到了石炭纪。原本十几个科的三叶虫已经缩减至几个，而且剩下的都是亲缘关系很近的类群。尽管如此，

石炭纪还是出现了许多三叶虫的新类型。我大约每年都会收到两次德国专家发来的一大堆描述新种的文章，好像新种是无穷无尽的一样。威尔士国家博物馆的鲍勃·欧文斯在"英格兰的脊梁"——布满石墙和羊群的奔宁山脉（Pennines）的石炭纪灰岩中也发现了三叶虫的新形态。砑头虫已经扩展到早先由其他不同科的三叶虫所占有的生态位，比如深水地区和恢复了的珊瑚礁。尽管它们扮演跟祖先同样的生态角色，但装备却是独立演化出来的。最后，这些晚期三叶虫看起来成了生活在奥陶纪、志留纪和泥盆纪类似环境中的三叶虫的孪生兄弟。其中甚至有些类型看起来就像镜眼虫，尽管它们并没有演化出复杂的聚合眼，大自然真是不可思议的伪装高手。如果我持有更强烈的人类中心论，我会怀疑这些放置在岩石中的古生物谜题就是为了测试科学家解决问题的勇气。生物学家和古生物学家似乎花了太多时间来解开大自然的伪装。生态的需求决定了相似的外形无处不在，自然界中这样的例子无处不在，比如蝙蝠和鸟，或石龙子和蛇。要更深入了解演化真相，就必须了解解剖构造的起源，也就是所谓的同源性。同源性侧重了不同物种之间基因与发育基础上的一致，至于外表是否相似没有必然的联系。头鞍是不是就是这样一种更深层设计的结果呢？而这一特征能否不假思索地用于证明所有三叶虫都存在共同的祖先呢？形态学的结果是否都是主要与生态有关呢？就像所有比目鱼都是扁平的，那它们就一定来自一个共同祖先吗？也许当洛伊德注视龙王盾壳虫的时候，他就已经意识到了这种相似性，虽然这种相似性并没有亲缘意义。三叶虫有时候

　　　　　　　　　　三叶虫：演化的见证者

左图：三只小巧可爱的杰拉西虫个体，其中有一只似乎成了"电灯泡"。它们的大眼睛非常靠近头鞍，颊刺很短，胸部十节。来自摩洛哥的泥盆系。（照片来自查特顿教授）

下图：双切尾虫（*Ditomopyge*）是最后的三叶虫之一，图中的卷曲标本来自堪萨斯州威奇托的二叠系，大小是自然尺寸的三倍。

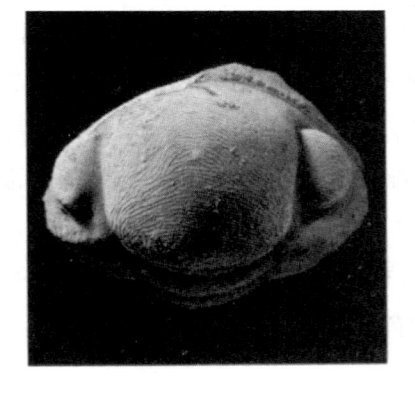

上图：这枚来自瑞典奥陶系的粘壳虫标本是三叶虫蜷缩的一个例子。图中大小与自然尺寸相同。

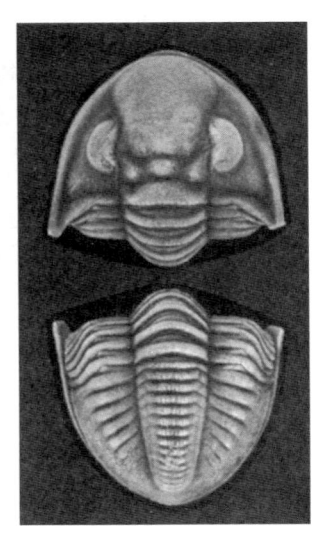

还能给人一种鱼的感觉——像人类纷扰复杂的事情一样，古生物也不只存在一种标准答案。

到二叠纪时，三叶虫已经为数不多，只剩下二十多个属。即便如此，它们偶尔也会成为地层中常见的化石。最后的三叶虫似乎消失于二叠纪末期的另一次大灭绝之前，那时它们在海洋的大戏中已经只是配角了。它们的好日子已经过去了。最后的三叶虫大多生活在热带海洋中较浅的水域，也许这使得它们特别容易受到气候变化的影响。与同时代的软体动物和腕足类动物不同，这些晚期的三叶虫都没有适应深海生活，这让我感到遗憾，如果是在那里，它们就有可能从横扫陆地和浅海的大灭绝中挺过去。但最终，它们变成了被换掉的布景，预告了生命故事的新一幕。我怀疑我们是否已经发现了真正的末代三叶虫，可能当恐龙的祖先已经在冈瓦纳大陆的河边大步行走时，仍然有罕见的古生代幸存者生活在某个不为人知的角落。三叶虫应该是逐渐退场而不是戛然而止。这让我想起了奥地利作曲家约瑟夫·海顿（Joseph Haydn）写的一篇文章，文中的宫廷音乐家对埃施特哈齐家族（Esterházy）微薄的工资表达了含蓄的抗议。在《告别交响曲》（*Farewell Symphony*）的最后乐章中，音乐家们在激昂的乐声中相继离席，直到只剩下小提琴的独奏，随后，一切归于宁静。

第八章　可能的世界

　　我的大部分工作时间都在重置这个世界。我推着半个欧洲跨过半个大西洋。我关闭了古老的海域，又开辟出新的。我曾命名了一个比地中海还大的海洋，然后又宣布了它的消亡。我的工作是描绘出消失大陆的轮廓，并勾勒出它们周围的海洋。简而言之，我在绘制接近五亿年前的世界地图。帮助我完成这项工作的是三叶虫。在我 6 点 21 分去泰晤士河畔亨利的通勤车上，偶尔会有熟人问我今天做了什么事。我大概会回答："我今天把非洲往南移了六百公里。"他们通常很快就扭回头去看手里的足球新闻。

　　最早让我认识科学迷人之处的是一本叫作《可能的世界》（*Possible Worlds*）的文集，作者是伟大的科学作家霍尔丹（J. B. S. Haldane）。书中有一个章节叫"做自己的兔子"（On being one's own rabbit），表达了实验冒险精神的典型。这个章节鼓励我大胆思考世界上的奥秘，也说明了为什么解决其中一两个小问题便已是生命中最值得的事情。现在，机缘巧合之下，我有幸能创造出属于我自己的可能世界：这是一个消失的世界，我将想象中的地理位置画在地图上，并与我的十几个同行辩论真相。

我曾梦见一串串的火山岛喷出熔岩和浓烟，海洋中的三叶虫和鹦鹉螺成群结队。我曾看到这些动物被火山活动困死于海底，但也恰好成就了不朽。我在威尔士的山坡上敲开坚硬的岩石，以验证这幕古老悲剧的真实性。火山灰的混入使得这些岩石的表面呈现木柴般的灰色，石化的三叶虫就隐藏在其中，对它可怕的结局默不作声。我的脑海中浮现出了火山群岛随着大陆之间的碰撞而崩塌和消亡的场景，在板块构造的巨大力量下，这些古老的斯特隆博利火山岛（Stromboli）就像胡桃夹子里的葡萄一样被轻而易举地夹碎。这就是奥陶纪的世界，一个几乎完全无法与现今地图相匹配的陌生世界。那时也存在着陆地和海洋，但大陆的模样与我们最早从课堂上记住的并不相同，它们轮廓陌生，排列奇特。

　　以地质学的时间标准来说，就在不久之前，我们对现今世界的地理分布还只是停留在臆测的阶段。在英格兰中部的赫里福德大教堂（Hereford Cathedral），一幅世界地图被展示在昏暗的灯光下。暗淡的光线是用来保护地图的，不过这种神秘的照明气氛也正适合审视 13 世纪晚期理查德（Richard）在羊皮纸上绘制的世界。图中的地理结构非常奇怪，世界上主要是陆地而不是海洋，这与我们所熟悉的墨卡托投影（Mercator projection，一种常见的测绘投影方式，经线在南北两极不汇合）下的世界大不相同。世界的中心是耶路撒冷，不列颠群岛在世界的边缘。但图中对林肯大教堂所在的小镇却用了近乎写实主义的风格来描绘：一条房屋林立的街道从山上的大教堂一直延伸到威瑟姆（Witham）河。这让人想到《纽约客》（New Yorker）杂志封面的一幅著名的漫画，它详

细地绘制了曼哈顿，而世界的其他部分则被逐渐简化为寥寥几笔。想必林肯镇是地图绘制者心目中的世界轴心，所以林肯镇以外的地方就只是粗略绘出。当时外出旅行是很难的，因此地图制作也不精确（也许理查德并不喜欢探险，就像有些纽约客只想待在布鲁克林，不愿意到更远的地方一样）。乍看之下，地中海周围的土地模糊得令人难以置信，但仔细观察，你还是能够勉强辨认出塞浦路斯和西西里岛。图中更偏远的地区居住着怪物和巨人：埃及有萨堤尔（satyr）；撒马尔罕附近住着鸟人（cicone）；在印度则有一种叫 avalerion 的鸟，六十岁时才产下两个蛋，之后投水自尽。文艺复兴时期及以后精确的制图技术将这些神话中的野兽驱逐到更偏远的角落。有些人还会把它们藏在安第斯山脉的深湖里，或者偏远的亚马孙地区，这已经是它们最后的藏身之处了。在绘制奥陶纪的古地理图时，我也在尽量排除属于珍禽异兽的想象空间，使模糊的内容更加清晰，并接近对某种真相的恢复。

二叠纪世界地图上的泛大陆（Pangaea，或称为盘古大陆），几乎已经为人所熟知。现今所知的所有板块曾汇聚成一块超级大陆，是许多人喜爱接受的用一句话能讲清楚的科学概念之一，这样的例子还有圆周率永远无法精确计算，以及黑洞能够吞噬所有物质。南美洲东岸和非洲西岸惊人的外形吻合也找到了合理解释：这是超级大陆分裂所留下的印记。海洋地壳自大西洋的中洋脊不断生成，将大西洋从原先的一条裂缝逐渐扩张成了今天的大洋，而非洲和南美洲则是各自随所在的板块分离。这些一度被认为离谱的想法，如今已经得到普遍认同——大陆当然曾经聚在一起，那

很明显嘛! 印度从非洲的东边裂开 (马达加斯加岛则留在原地),随后撞上了亚洲, 接着便形成地球上最高的喜马拉雅山脉。从卫星照片可以看出, 褶皱区域就在这块楔状次大陆的前缘戛然而止, 喜马拉雅山脉所承受的巨大压力尽收眼底。从太空高处看地球, 形成这些山脉的过程似乎很容易, 就像推动桌垫时会起褶子一样。阿尔卑斯山脉也以类似方式从欧洲蜿蜒而过, 这个褶皱的缝合线讲述的也是板块挤压弯曲的一个例子, 这是非洲板块向北推移, 推动地中海周边系列板块的结果。泛大陆最终解体了, 板块之间各奔东西, 看来这不算是天作之合, 只是板块构造的一个凑合结果。

泛大陆汇聚之时, 也正是三叶虫消亡之日。一些研究人员试图找出泛大陆的形成与物种大灭绝之间的联系。确实, 超级大陆的形成可能造成了多数生物无法适应的反常环境。而且正如我们前面谈到的, 三叶虫的类群在这时已经很脆弱了。但在三叶虫仍然主导地球的更早时期, 板块之间的情况是怎样的呢? (我意识到我是有点过分强调三叶虫时代的重要性了, 不过当我偶尔跳出科学的思维, 我确实对恐龙的霸权有点嗤之以鼻。) 在过去二十五年期间 (1974—1999), 大家广泛地了解到泛大陆不过是大陆历史中的一个阶段。板块构造并非始于泛大陆的分裂, 也不会终于蒙塞拉特 (Montserrat) 的火山爆发。更确切地说, 大陆漂移只是地球内部动力引擎的表现, 地球内部热量驱动的深层对流推动着表面的板块, 就像汤锅上漂动的油膜, 这种势不可挡的力量几乎和地球本身一样古老。在泛大陆出现之前, 还存在着设计各不相同的其他可能的世界。泛大陆本身也只是一个短暂的统一阶段, 它是由更

早的分散大陆碰撞而形成的，而在它之后大陆又进入了长期的分散时期。泛大陆就像一床布头缝制的粗劣百家被，由早期的各种板块通过构造运动缝合出来。更早的板块仍然包含了我们熟悉的许多大陆主体，它们都具有古老的前寒武纪结晶基底，比如非洲、北美洲（劳伦板块［Laurentia]）、西伯利亚和波罗的海，但其排列方式就跟我们在学校地图册上看到的完全不同了。也确实，大自然没必要用雷同的方式来设计奥陶纪的世界。

这些大陆之间曾经都有海洋的分隔，随着泛大陆的聚合，这些海洋逐渐消失了。海洋地壳在海沟俯冲进入地球内部并湮没，这种机制在今天日本的东海岸仍然能够看到。而含有三叶虫的奥陶纪火成岩可能就是形成于火山岛周围，就像现今印度尼西亚的火山岛一样。这些火山岛是板块运动破坏力的爆炸性体现，而三叶虫正是这片充满了蒸汽和炽热火山灰的海洋的见证者。

既然奥陶纪的海洋已经消失了，那我们怎么知道它们曾经存在？如果它们真的消失得无影无踪，那我们确实无从得知，不过几乎所有古代海洋都在地球表面留下了痕迹。曾经隔海相望的板块在最终碰撞时会形成山脉，就像印度板块与亚洲板块的碰撞形成了喜马拉雅山脉一样。现今大陆上纵横的山脉就像是古老的伤疤，标示着过去海洋的边界。经过数千万年的侵蚀，有些古老的山脉与较为年轻的阿尔卑斯山脉和安第斯山脉相比，已经比较低矮了。随便找出一幅亚洲地图，你很难不注意到乌拉尔山脉，这条山脉从北极地区的俄罗斯新地岛（我崇拜的奥斯陆前辈霍尔特达就是因为描述了此地的古老岩石而成名）开始，向南蜿蜒至里海岸边。这

条山脉看起来像一条缝，实际上它也的确是波罗的海板块与西伯利亚板块之间的缝合线。在奥陶纪时这两个板块还远隔重洋，但它们命中注定要相会。当它们之间的海洋最终被板块俯冲作用吞噬之后，两个板块才会固定在一起，这种拼合过程在泛大陆出现之前就早已开始了。

一些仍然残留的死火山，或者海洋地壳俯冲消亡时从地球内部渗漏出来的铜或挥发性矿物，都能揭示出古代海洋的存在。非常古老的板块边界可能没那么明显了，特别是当它们已经被更年轻的地层部分覆盖时。要重建过去的地理分布，科学家必须找出并揭开这些旧伤疤，再次打开已消失的海洋，让时间倒流，一步步回到过去。距今越是久远，各大陆的位置就越难恢复准确，我们对古地理的认识就越像理查德（前文中中世纪地图的绘制者）那样似是而非。我在通勤车上的伙伴可能会发问："把非洲移了六百公里？为什么不是九百公里，或者两千公里？"虽然很努力，但我们对奥陶纪世界的了解仍然是不完全的，就像反拿着望远镜去看东西一样：在糟糕下午的一个恍惚就可能造成一百公里的偏差。

所以我们必须忘记已知的地理，重新思考"可能的世界"。有一些工具可以帮助我们，比如藏在某些岩石中的磁性矿物。英国女王伊丽莎白一世的御用内科医生威廉·吉尔伯特（William Gilbert）首先使用这种重而黑的磁铁矿来研究磁性，他在 1600 年出版的《论磁石》（*De Magnete*）中预见性地指出地球"像一个巨大的磁铁"。磁极之间能形成流动的磁场，就像铁屑在纸上能围绕着磁棒排成"力线"一样，悬浮的磁铁也因同样的原理不可避免

三叶虫：演化的见证者

地指向地球的两极。磁铁矿在自然界中很普遍，它们常像蛋糕中的坚果一样以颗粒的形式散布在砂岩中。当岩石沉积（或熔岩喷发）时，如果岩石内含磁性矿物，它们就会根据当时的磁场方向磁化。即使岩石所在的板块最终可能已经偏离了原地，这种磁化作用还是会像化石一样一直存留在岩石中。通过对磁倾角和磁偏角进行一些相对简单的测量，我们就可以恢复矿物磁化时磁极所在的方位，就像用指南针指出当时的极向一样。我们可以通过这个方法得到古纬度，但经度就难确定得多，所以我们永远无法确知某块大陆的真正位置。但这些数据为重建全球古地理提供了一个极好的起点，古地磁学家也因此被他们的同事称为"古魔法师"（palaeomagicians），当然这其中也带一丝讽刺意味。不过，时间越往前追溯，问题就越多，到了三叶虫的时代，许多古地磁的测量被证明是不可靠的，因为岩石可能在后来被重新磁化，使得原有的信息消失殆尽。这导致了古魔法师和古生物学家之间的冲突，他们各自为自己提出的古地理解释辩护，偶尔这种辩护也会演变成争吵比赛。古魔法师们认为只有他们的科学才是"硬"科学，我有一次甚至听到他们中的一个人宣称："一个古地磁数据胜过一千块化石。"我怀疑这个人也同样会宣称一个物理学家抵得上一打古生物学家，真是没有见识的粗鄙之人。

利用化石来重建消失的世界有着悠久而光荣的传统。早在大多数物理学家接受泛大陆的概念之前，化石便已成为有关泛大陆争论中的关键因素。如果不是曾经连接在一起，南非、南美洲和印度之间的二叠纪植物区系和动物群怎么会如此相似？三叶虫也可以

被应用在类似的议题上：我们可以用三叶虫的分布来绘制古代大陆的地图。三叶虫在奥陶纪无处不在：它们聚集在北美洲内陆的浅海；它们在寒冷的冈瓦纳海岸大量繁衍；它们在爱沙尼亚和瑞典南部的软泥上爬行。三叶虫无视我们的政治边界，只按照自己的地理喜好行事。就像今天的热带和温带具有不同的海洋生物，生活在浅海中的三叶虫也受到气候和温度的影响。海洋生物都有自己的最适温度，而且它们大多都是挑食的美食家，对就餐的场所和食物种类都很挑剔。捕食者对猎物的挑剔就如同行家能从普通酒中挑出拉菲一样。有的生物独爱灰岩，有的则藏身于沙子中，而有些则喜欢黏糊糊的黑泥巴。总之，海洋动物择地而栖，三叶虫也不例外。

当奥陶纪的大陆分散于全球各地的海洋中时，三叶虫也在各个隔离的板块上独立发展，特别以处于不同纬度的板块差别最为明显。每个大陆都有自己的特色，或者应该说是各有其特殊的组合，这个组合中就包括了许多三叶虫。画出三叶虫的地理分布，你就等于画出了各大陆的地理分布。在古地磁数据的帮助下，我们有希望确定不同三叶虫组合的适应纬度。同样地，岩石类型也能大体推断古代环境，因为不同的岩石类型也通常沉积于不同的纬度。石灰岩通常形成于热带的阳光下，它主要是由被称为文石的碳酸钙泥晶胶结形成，单层厚度很大。今天，你必须到巴哈马这类地方才能找到类似的岩层。在原为热带石灰岩礁的陡崖上采集化石是种令人沮丧的体验，因为这些岩石非常坚硬，总是能把你的锤子弹开。稍有经验后，你就会先检查岩石表面的微小征兆再敲击，这

　　　　　　　　　　　三叶虫：演化的见证者

种征兆有可能是岩石上风化出来的一小片尾部。但当你要把这块含化石的珍贵岩石敲下来时，你仍然会咒骂为何会如此坚硬，我就是因此弄掉了两片指甲。但只要能把它们敲下来，你一般都会获得保存相当完好的标本。而在当时世界的另一端，也就是极地附近，就没有灰岩。那里的三叶虫都保存在页岩中，这其中很容易找到完整的背壳，但往往不如石灰岩那样保真。因此，岩性、化石类群和古地磁数据都能为我们复原三叶虫时代的古地理提供帮助。

想象一下，如果你是外星地质学家中的一员，在两亿年后来到了地球，那时，由于人类的过度利用，陆地上已经如同奥陶纪一样贫瘠。尽管地面上已发生巨变，但板块运动的引擎不会停歇。如果那时的澳大利亚被已经像泛大陆那样被分割成了三块，分别漂移到了南极洲、非洲和亚洲，外星古生物学家该如何重建先前的大陆？她可能会先从识别这三个碎片的地质完整性开始。接下来，化石的收集将很快揭示这些分散的碎片之间的紧密联系：因为这三个地区都具有袋鼠、袋熊、袋貂、考拉等特殊的有袋类动物。若把这些陆块拉到一起，就能看到一个有袋类家族的共同家园。除非后继的板块运动扰乱了陆块的轮廓，否则这三个陆块应该可以像拼图一样严丝合缝地吻合在一起。

在三叶虫的例子中，我们就像是来到陌生世界的未来访客。有人可能会反对说，澳大利亚的有袋类是陆生动物，因此它们比那些能游过海洋的动物更具有古地理意义。这说法倒没错，但奥陶纪的情况与现今有很大不同。那时的海洋比现今更加深入内陆，而这些浅海就像地方性物种演化的温床。想象一下海水淹没澳大利

亚广袤的内陆平原，深入现在是沙漠和无尽灌木丛的荒凉之地，奥陶纪时的情况就是如此。我曾在澳大利亚最内陆的地区采集过三叶虫，那里非常偏远，就连野犬都变得怕人，只敢偷偷摸摸地窥探。今天这里距离大陆的边缘多远，在奥陶纪时就有多么遥远，这可以看出奥陶纪海水深入大陆内部的程度。野犬好奇地看着我，我也同样好奇地看着三叶虫，我们都是某种程度上的外星人。从一处低山上可以眺望整个准平原，在这里你可以看到侵蚀的极致力量。就如《以赛亚书》所说的那样："大小山脉都变得低矮……崎岖的地方变得平坦。"我不难想象这片不毛之地曾经被温暖浅海淹没的景象，那曾经是一片生活着三叶虫的生机盎然的海洋。在这里的岩层中，我们还发现了已知最早期的鱼类：这又是个陌生人。这里的一些三叶虫已被证明像袋鼠一样与众不同。

我现在要画一幅四亿七千万年前的奥陶纪地图，这是我自己的"可能的世界"。地图中有些地方我们看着似乎很眼熟。劳伦古陆由北美洲和格陵兰岛组成，这两个地方在当时就像现在一样挨在一起。但与现在不同的是，当时劳伦古陆是侧卧的，赤道从它的腹部穿过，古陆的东侧也与现代不同，不列颠群岛西部的一部分附着其上，所以来自苏格兰西北部和爱尔兰西部的三叶虫与来自纽芬兰岛和格陵兰岛西部的三叶虫相同。来自斯凯岛（Skye island），也就是查理王子逃遁之地[*]的岩石和在纽约州发现的石灰岩是同

---

* 查理王子（Bonnie Prince Charlie），即查尔斯·斯图亚特（Charles Stuart），祖父为被罢黜的英国国王詹姆斯二世，查理王子1745年曾返回苏格兰发动叛乱，但旋即战败，曾在斯凯岛躲藏追捕。——译者注

一种，它们都是在热带的阳光下沉淀出来的。相反，纽芬兰岛只有西部的大北半岛（Great Northern Peninsula）这一部分是属于劳伦古陆，那是一个形状像大拇指一样矗立在加拿大一侧的半岛，那里的三叶虫和地层表明它与内华达州和俄克拉何马州有联系。

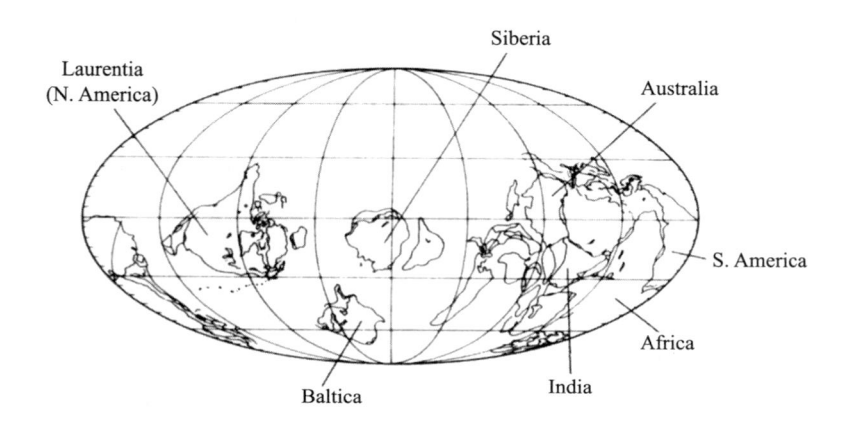

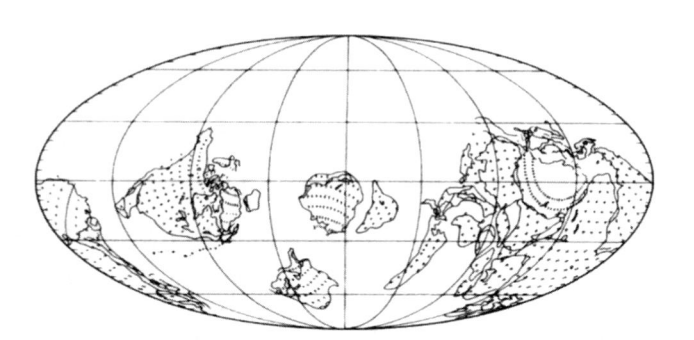

三叶虫所揭示的奥陶纪早期（距今 4.85 亿年）的世界，标注了几个现代的主要大陆在当时的位置。图中使用墨卡托投影，古代的赤道从中心穿过。下方地图上的叉号表示了现代的纬度线。

19 世纪中叶的先驱古生物学家以利加娜·比林斯（Elkanah Billings）曾为许多化石命名，其中就包括深沟虫科（Bathyuridae）的小深沟虫（*Bathyurellus*）和佩蒂古拉虫（*Petigurus*）。它们是劳伦古陆奥陶纪热带地区的典型生物，就像澳大利亚的袋鼠一样。只要在岩石中找到它们的化石，就表示你所站的陆地曾经是劳伦古陆的一部分。在纽芬兰岛，它们只在岛的西侧被发现；在东部找到的同时代化石就完全不同了。一条缝合线将纽芬兰岛一分为二，它代表着一个被称为巨神海（Iapetus sea）的消失大洋。在奥陶纪早期，纽芬兰的东西海岸被海水隔开，就像今天的巴西和尼日利亚一样。深沟虫科的分布向北延伸到苏格兰和格陵兰岛，并直到我的地质启蒙地——斯匹次卑尔根岛，这些地区也都曾属于劳伦古陆的一部分。然后，这些标志性三叶虫的分布再从加拿大北极区的埃尔斯米尔岛（Ellesmere Island）拐到阿拉斯加，跨过加拿大西部，再穿过美国西部大盆地的犹他州、内华达州和爱达荷州，再通过得克萨斯州、俄克拉何马州，沿着阿巴拉契亚山脉西侧一路北上，直到纽约州，也就是无所不在的沃尔科特第一次描述深沟虫（*Bathyurus*）的地方。这条用三叶虫明确标记出来的古地理边界是几十名古生物学家努力的结果。在我到访纽芬兰多年后，我来到了内华达州，并在散发着清香的果松下敲到了多年前在北极采到过的相同三叶虫，当时还有只燕鸥因为我走得离巢太近而大声警告我。这些地区之间三叶虫惊人的相似性表明，在奥陶纪，赤道是纵向穿过今天的北美洲的，北美洲的朝向显然也不是现在的南北走向。我可以说，劳伦古陆是古地理复原中最简单的一个例子了。

冈瓦纳大陆的西部是气候的另一种极端。这块以"冈德人（Gonds）之地"命名的古老大陆在人们认识泛大陆的故事中占有重要的地位。世纪之交的伟大地质学家爱德华·苏斯曾用这个词来解释南美洲、印度半岛和非洲（现在我们知道其中还包含南极洲）之间在地质上的一致性。这些地区曾在二叠纪结合，然后又被分开。但冈瓦纳大陆早在二叠纪之前就存在了，事实上，它是这个星球集体记忆中最重要的组成部分之一。冈瓦纳大陆最初聚合的时间是前寒武纪的晚期，而它的基底岩石年龄比地球年龄的一半还要多，它历经六次影响地球表面的剧变，却依旧坚如磐石。我学生时代的教科书将这样古老而稳定的地体称为"地盾"（Shield，比如加拿大地盾），我喜欢这个名字，因为这个词来自盾牌，有着坚不可摧的意味。在奥陶纪，当时的南极点位于冈瓦纳的西缘，可能位于今天的非洲北部。这片大陆的大部分挤在当时世界的南半部，但它最北端的澳大利亚已经穿过赤道到了北半球。这种从极点延伸到赤道的庞大规模，今天的大陆没有一个可以与之相比。在冈瓦纳大陆上有另外一组三叶虫，就像劳伦古陆上的深沟虫类一样，它们也能用于确认冈瓦纳的古地理。

　　第三个主要地体是波罗的海板块。按今天的地理概念，波罗的海板块包括挪威、瑞典和立陶宛、爱沙尼亚、拉脱维亚三个波罗的海国家，并向东一直延伸到俄罗斯的乌拉尔山脉。回忆一下，上面我们已经提到过，这条山脉曾经是大陆的边缘，是西伯利亚和波罗的海板块碰撞形成亚洲大陆时才形成的一条缝合线。奥陶纪时的西伯利亚本身是个独立的板块，当时所有今天的主要大陆

都尚未拼接，缝合带也还没有形成。1975 年，我和一位瑞典中学校长托尔斯滕·杰维克（Torsten Tjernvik）一起探索了波罗的海板块的奥陶纪。他带着我参观了瑞典南部的一系列小型石灰石采石场，那里的岩层水平分布，没有变形。自从 4.5 亿年前被沉积下来，直到我来到此处，这里都没有受到任何外力的侵扰。值得注意的是，这里极薄的地层就浓缩了很长的时间。在威尔士，我已经习惯了数百英尺厚的黑色泥岩只代表着一两个百万年的沉积。而在瑞典，在一个采石场中就能纵观大半个奥陶纪，也就是三千万年或更久的时间。奥陶系内部细分的小单元像饼干一样薄，用专业术语来说，这是一套浓缩（沉积速度非常缓慢）的序列。不过这里的三叶虫还是很多的，和我们在纽芬兰所采的三叶虫也都不相同。到处都是一种叫作大盾壳虫（*Megistaspis*）的三叶虫的大尾巴（大盾壳虫与龙王盾壳虫有比较疏远的亲缘）。我访问瑞典时，杰维克已经八十多岁了。他的英语非常流利，其中的习语很多来自伍德豪斯的小说，因此充满了有趣的时空错乱感。*当一个特别好的大盾壳虫出现时，他会说："绝对一流，老兄！"（absolutely top hole, old bean）如果他想告诉你一些重要的信息，他会说："能否在你的贝耳边说话？"（"Can I have a word in your shell-like？" 其中 shell-like 是伍德豪斯笔下"贝壳状耳朵"的简写，最初是用来形容漂亮女性的陈词滥调。）在一天结束的时候他会说："回见，

---

* 伍德豪斯（P. G. Wodehouse），英国小说家，其作品背景主要是一战以前的英国社会，因此在作者看来其中的遣词造句已是明日黄花。——译者注

三叶虫：演化的见证者

伙计！"（"Toodle-pip, old boy"，上述几处或都来自老式英语。）我在这里所看到的一切都指出波罗的海板块曾代表一处独立的大陆。岩石类型和三叶虫（以及随后的古地磁）证据都表明，波罗的海板块在奥陶纪早期位于温带地区，介于劳伦古陆和冈瓦纳大陆之间。至于三叶虫，它们"棒极了！"（"absolute corkers"，或许一样来自老式英语）。

　　长串的名字和地点总要令人生畏，对这些琐碎内容的背诵让人想到书呆子才会有的超人但毫无意义的本领。毕竟没人真的想知道在过去几个世纪的闰年里，2 月 29 日都是星期几。三叶虫的名字也都是冗长乏味的，但是，通过对来自几十个地方的化石清单进行耐心的汇编，就能为了解地理分布提供出原始的材料，而这些地理分布又显示了过去大陆的边界。这正是最为重要的信息，这份清单就代表着过去的世界！因此，在这里我要打破我尽量不罗列属种名的原则，在这里列出一份三叶虫的清单，它们发现于冈瓦纳大陆西部的早期奥陶系，而且只生活在那里靠近极点的冷水中，它们是：岛头虫（*Neseuretus*），小泽利斯科虫（*Zeliszkella*），欧马虫，欧几龙王虫（*Ogyginus*），凹头虫（*Colpocorypus*），隐头形虫（*Calymenella*），新月盾虫（*Selenopeltis*，插图 28），布雷多拉虫（*Pradoella*），盾板虫（*Placoparia*），梅林虫（*Merlinia*）……这简直就是个绕口令，不过我还能给你继续说下去。每一种虫都独有特色，它们综合起来就能描绘出大半个生态系统。我之所以特别提到这份清单，是因为它拯救了我的学术饭碗。

　　英格兰、威尔士和纽芬兰岛东部一起组成了阿瓦隆（Avalonia），

欧几龙王虫，一类来自什罗普郡奥陶系的标准冈瓦纳型三叶虫。图中大小与自然尺寸相同。

这个名字具有亚瑟王传奇的色彩，但实际上这个地名是源自纽芬兰圣约翰港所在的阿瓦隆半岛。根据地层信息，纽芬兰岛的东部和威尔士在奥陶纪时曾经是一个整体，相比之下，纽芬兰岛东部和西部之间却被巨神海所分隔。阿瓦隆是一个微型地体，即一个相对较小的大板块的碎片，它独立于劳伦古陆和冈瓦纳大陆之外，曾在历史上发生过漂移。这个地体能与亚瑟王的传说沾边也许不无道理，因为阿瓦隆曾在地理上展开过大胆的远征，并留下关于分离和碰撞的故事。在 20 世纪 80 年代，有一场关于阿瓦隆与冈瓦纳大陆相对位置的科学冲突。我和我的老朋友、腕足类专家罗宾·科克斯（Robin Cocks）共同提出：在奥陶纪早期，阿瓦隆可能是冈瓦纳大陆的一部分。我有一份来自威尔士和什罗普郡的三叶虫化石名单作为支撑论据，它们是岛头虫、欧马虫、欧几龙王虫、凹头虫、隐头形虫、盾板虫、梅林虫，都是典型的冈瓦纳"居民"。这份名单的重要性在这时就显而易见了，有了名单对照，阿瓦隆根本不会跑到别处去。由于阿瓦隆在三叶虫和腕足类

上均与波罗的海板块没有任何相同之处，我们得出结论：冷水型的阿瓦隆和温带的波罗的海板块之间肯定是相隔重洋的。我们在1982年将这片海域称为特恩奎斯特海（Tornquist's Sea），以纪念这位曾在这一区域工作过的著名地质学家，这就是我提到过的为消失的海洋命名。在奥陶纪后期，三叶虫动物群发生的变化显示阿瓦隆已经脱离冈瓦纳，开始向北移动，并最终横跨特恩奎斯特海与波罗的海板块相撞。我承认，对着这块现在居住着五千万人的土地像上帝一样指点江山，确实让我有一种自大的满足感。

争议出现了，因为按照古地磁的"定位"，阿瓦隆此时应该更靠近赤道和波罗的海板块，距离我们设想的位置有几千公里之遥。就像科学争论的日常，这两种观点马上就闹僵了。有人直截了当地告诉我们，一个古地磁数据点的价值相当于一千只三叶虫。我们则反驳说，如果阿瓦隆和波罗的海板块的距离那么近，为什么所有的化石都如此不同？而且相反地，阿瓦隆的化石却与法国、西班牙和北非的化石如此相似。这对我们来说是一个考验，这场"软科学"与"硬科学"的较量里，化石是我们的武器。最后，化石赢了！梅林虫取得了胜利！不过，从非科学的角度上讲，既然梅林虫是以亚瑟王的魔法师命名的，那阿瓦隆的命运由谁决定早就是显而易见的了。后来证明，这个古地磁数据是有缺陷的，一个更好的数据展示了与三叶虫一致的看法。今天，所有奥陶纪地理地图上都标明了特恩奎斯特海，这片海洋已经从神秘的传说变成了公认的事实，这是三叶虫的胜利。不过，随着阿瓦隆从冈瓦纳大陆向波罗

的海板块移动，特恩奎斯特海最终消失了，一个新的海洋也同时从阿瓦隆的背后出现了。生于板块运动，死于板块运动。

那么，位于冈瓦纳大陆东部的澳大利亚是什么情况呢？昆士兰西部和毗邻的北领地部分地区在奥陶纪同样被海水淹没。当约翰·舍戈尔德（John Shergold）和我来到这个偏远地区时，我们对这边岩石里可能存在的东西只有一个最模糊的概念。这是一个空虚之地。耐寒的桉树点缀着一片广阔的半荒漠地带，只有几头肉牛靠风力从井中打上来的地下水勉强维持生存。但这些水井也经常会干枯或变得有毒。没有任何硬化的路面。一离开布里亚（Boulia），道路就消失得无影无踪，四面都是遍布着风棱石的荒原戈壁。此处非常容易迷路，我花了好些时间探出车窗，寻找折断的树枝，这可能意味着一辆路虎在上个野外季节曾经驶过此处。荒原上生活着凶猛的内陆太攀蛇，它是世界上最毒的蛇之一，其一口释放的惊人毒液就足以杀死数百只小白鼠。在这个食物匮乏的地区，成为一个有效的掠食者是必要的，但也大可不必如此凶险吧，毕竟它又不吃袋鼠。这是自然界中最符合"过度杀伤"字面意思的例子。此地酷热无情，但一天里还是有美妙的半小时。当太阳快要落山之时，拉开啤酒，听着牛排被烤得嗞嗞作响，你会觉得能在此处工作真是科学家最大的特权。研究生那些年的贫困生活，以及之后薪水微薄的助教时期，突然之间变得值得了。你喃喃对自己说："这就是我最大的报酬。"然而，天气接着就开始变冷了。

只有一次，我对沙漠的热情受到了打击。内陆地区的酒吧很少，而且都是些只具备最基本功能的地方：普通的吧台，木地板，

以及后面的廉价旅馆。牧场工人在拿到工作了几个月的薪水后，打算去布里斯班享受上流的生活。但他们通常进了第一家酒吧就挪不动脚了。他们花费的金额被记在一块"石板"上，然后他们就坐在那里，更经常是站在那里，把手里的钱喝光。他们就这样神志不清一两个礼拜，醉眼蒙眬且富有攻击性，满是怨气。他们变成了澳大利亚人口中的鼠辈（ratbag），随时准备打架斗殴。他们故意去那些有英国口音的酒吧找碴儿，大声嚷嚷着"英国佬! 快滚"，并攥了攥手中的拳头。在这个岛屿大陆上的偏僻孤岛，西部的狂野之风仍然存在。不管是真有争端还是只是臆想，总要靠打架来解决，像我这样天生胆小的人简直受不了这场面。在我首次遭遇这样的酒鬼之后三个小时，我一直改用中欧的口音说话，以避免他们的注意。面对来自瓦拉吉亚（Wallachia，在罗马尼亚南部）的人，他们就很难横得起来。

澳大利亚的热带奥陶纪三叶虫也被证明是与众不同的。它们与冈瓦纳大陆西部地区的纬度不同，而与劳伦古陆远隔大海，因此也演化出了自己的生物类型。有一种奇怪的三叶虫头盖上有好几个鼓包，看起来就像是泥盆纪的镜眼虫，但仔细观察后，我们觉得它还是更像洛伊德博士的"比目鱼"和栉虫（*Asaphus*），并把它命名为诺拉栉虫（*Norasaphus*）。[*] 这是解释同形（homoeomorphy）

---

[*]　这个属名比较常规，来自化石所在的地层单位诺拉组，但有趣的是，作者将诺拉栉虫下的一个种命名为梦露诺拉栉虫（*N. monroeae*），作者仅在文章中简洁地说明种名是献给玛丽莲·梦露，但未说明详细原因，这是古生物学家在化石命名中埋下的另一个引人遐思的彩蛋。——译者注

的一个很好的例子，说明生活在相似栖息地中的三叶虫会变得彼此相像，就像不同的演员在扮演相同角色时会穿着相同的衣服。当我们在柔软的灰质砂岩中采集这些三叶虫的时候，还有一个活生生的同形例子正在灌木丛中打盹儿：这种有袋类的"老鼠"（袋鼬科的动物）在外形和习性上与真老鼠相似，但它们其实与袋鼠和考拉一样同属于有袋类动物。大自然就喜欢搞这样的障眼法。我和谢尔高德刚从内陆的早奥陶纪岩石中找到的另一个标本也在玩着相同的把戏。

　　尽管三叶虫在解决部分争议中起到了关键作用，但想假装仅靠三叶虫就能重建奥陶纪世界是不诚实的。虽然有点遗憾，但我不得不承认，从前用纸板来拼凑大陆的日子已经过去。如今，如此复杂的信息必须由计算机来处理。计算机可以整合来自古地磁、三叶虫、沉积物等多种来源的信息，也能处理所有的投影及比例问题。而这些问题对于理解最终结果是必不可少的，只需轻轻点击，图上的世界就能天翻地覆。在计算机做出的奥陶纪墨卡托投影图中，冈瓦纳大陆似乎被奇怪地挤压在世界的底部（这与许多现代地图上格陵兰岛看起来像三角形是一样的道理）。而如果以极点为中心进行投影，你就能更好地理解冈瓦纳的真实轮廓，对计算机而言这都是小菜一碟。但是，无论用什么技巧，把一个球体变成一个平面总是很困难的，而且我们对这些大陆的形状还是非常陌生的。计算机重建的效果取决于我们给它提供的信息质量如何，所谓"垃圾进，垃圾出"，这句格言也同样适用于婚介机构。众所周知，机器也可能给并不匹配的大陆乱点鸳鸯谱。

　　　　　　　　　　　　　三叶虫：演化的见证者

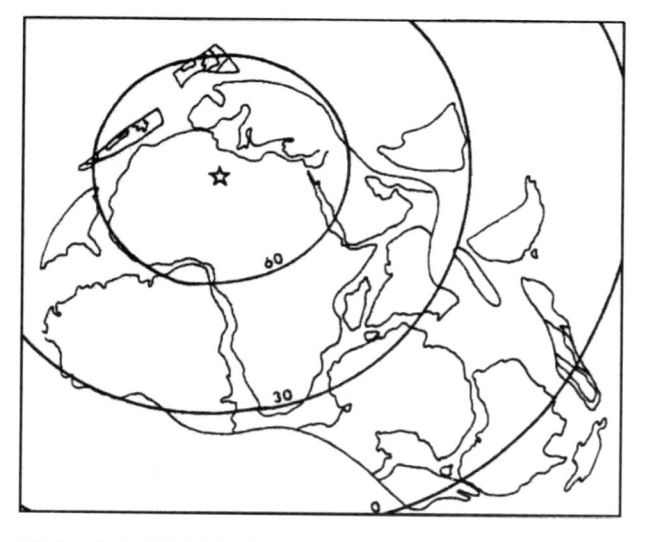

极地视角下的奥陶纪冈瓦纳大陆，图片中心的非洲、印度半岛、南
美洲和南极洲很容易辨认。地图最上方的小海角是英国的南部。

　　在上面的内容里，我描述的是三叶虫三亿年历史中挑选出的
一个几千万年的片段。更准确地说，它只是奥陶纪的一个时间切
面。在变换的历史中，大陆的全球旅行几乎从来没有停止。经过
四千五百万年到了志留纪时，曾经将劳伦古陆与阿瓦隆和波罗的
海板块隔绝开的巨神海已经荡然无存，取而代之的是在随后的大
陆碰撞中形成的加里东造山带（Caledonides），这一宏伟的山脉从
阿巴拉契亚山脉直通苏格兰，并最终到达多山的峡湾国家挪威。
这次碰撞与两亿五千万年之后阿尔卑斯山脉的形成几乎是同样精
彩复杂。曾经住在不同地方的三叶虫被外力强扭在了一起，动物
群的组成也随着地理环境的变化而变化。在此之后许久，大西洋

大致沿着泥盆纪时的加里东造山带将泛大陆裂解。但是这两条线没有完全重合，导致了早期的大陆被撕裂，一些残块与奥陶纪时的位置最终渐行渐远：苏格兰北部被大西洋分隔在了劳伦古陆的另一侧，而原本相隔遥远的纽芬兰东西部分则被连在了一起。就在巨神海关闭之时，横贯中欧并延向东欧的海西（Hercynian）海道也已经打开。在本书的开头我们便提到过这片海域，哈代笔下的三叶虫就生活在其中（如果那不是出于他的杜撰的话），而康沃尔崎岖的悬崖和花岗岩则是这片海在下一个构造循环时湮灭的遗迹。地球好像总是良心有愧一样自揭伤疤，或许几千万年后，欧亚大陆会再次沿着乌拉尔山脉裂开，而谁又知道在那破碎的生境下，生物会有怎样新的演化？

要写清三叶虫所目击的大陆运动历史，恐怕要再写一本同样厚的书才够。从五亿四千五百万年前的寒武纪早期到最终灭绝，三叶虫经过了几乎三亿年时光。在这段漫长的时间里，全球面貌发生了两次重大转变，而每一次重组都使得三叶虫的地理分布随着新的气候和海陆变化而调整。即使在今天，科学界对奥陶纪晚期及志留纪早期的古地理图仍然充满争议，还没有一种框架成为最终定论，每一种假说都仍代表着一个可能的世界。但已经有足够的证据能够支持地理的变化和演化的进程是翩翩起舞的双子星，而三叶虫就是两者密切关系的见证人。

现在，我们终于可以重建三叶虫的世界，并看到它们复眼中看到的海洋了。我们也能够理解为什么哈代笔下的主人公仅在生死时刻与三叶虫产生了灵光一现的交集，就可能已经洞见了时间

　　　　　　　　　　　三叶虫：演化的见证者

的深邃。奥陶纪时，从珊瑚成礁的热带海域，到寒冷的极地海域，三叶虫已遍及全球。那时的陆地还是一片荒芜，沉积物在暴风与洪水的侵蚀下冲刷入海，将三叶虫的壳埋藏，直到我们用锤子把它们的秘密揭示出来。我们可以看到如今已不复存在的广袤海洋。很少有三叶虫能够横跨这片大洋，但有一些眼睛巨大的家伙却能沿赤道在全球扩散，它们就像金枪鱼一样可以无视海洋的辽阔。每个板块上都栖息着数以百万计的三叶虫，海水深入大陆内部，形成丰饶的浅海生态，特化的三叶虫便在这里施展拳脚。虽然那时的环境背景与今日迥异，但生态系统中的功能类型，即生态位（ecological niches），已经是我们非常熟悉的样子了。（三叶虫不曾进入淡水冒险，如果那样的话它们可能会存续至今。）* 当时有碗大的等称虫在捕食小型的蠕虫，这些小东西不是纷纷躲避，就是蜷缩成球来保命。有些巨无霸会用强壮的附肢抓住猎物，再用口板后端的分叉抵住猎物的残骸，将其撕成小片。而另一些捕食者则可以把倒霉的猎物整个塞进头鞍下肿胀的胃里，比如钟头虫（插图 19）。像螃蟹般大小的镜眼虫则可能会利用其敏锐的视觉在昏暗的光线中精确地找到食物。镜眼虫可不是简单原始的掘泥者，而是经过精心设计的猎杀机器；它们既会伪装，也善于隐藏。多刺的三叶虫紧紧蜷缩时会变成一个刺球，同样让捕食者难以下口。有些三叶虫或许会用一些其他小动物，比如苔藓虫或水螅，来伪装自己，使自己隐身在这些小动物形成的茂盛族群之中。更有些三

---

* 　三叶虫并非完全与淡水无缘，已有研究显示三叶虫或可进入河流中活动。——译者注

叶虫在白天会将身体埋进沉积物中，只露出柄状的眼睛小心张望，直到晚上才现身在海藻间觅食。生活在潮线附近的厚壳三叶虫则在海边跑来跑去，它们的触角能够通过化学信号来"嗅闻"食物和危险，眼睛还能看出最微小的移动。这些动物能看到我们永远也不会看到的东西，例如无法保存成化石的微小生物，或早已被分解消失的摇曳的海藻。不见得所有历史都能完整留存下来。

凡是松软且充满有机物的海底，都生存着真正的掘泥者。这些以寒武纪的爱雷斯虫（*Elrathia*）为代表的小型三叶虫以搜寻沉积物中可食用的颗粒为生，它们不停地在海底移动，不断地翻动着表面的沉积物，拾取和清理其中的有机残渣。有的地方会留下这些动物的遗迹，那是它们用附肢觅食时在沉积物上犁出的沟槽，有时在沟槽两侧还会看到一对颊刺划出来的沟。这些痕迹就像沙滩上的脚印，大半会被抹去，下午的印记到了第二天早上便消失在潮水中。但是，如果这些痕迹在适当的时机被大量的沙覆盖，它们就有可能被以岩石的形式保存下来，成为时光舞曲中留下的足迹。其中一些掘泥者可能还会在沉积物表层之下耕耘，就像三叶虫中的鼹鼠。今天，上千种类似虾的动物有着相同的习性。这些三叶虫世界的工兵和无产阶级在海底不停地辛勤工作，具有这类习性的三叶虫往往在头部下方有活动而不是固定的口板，方便把令人没食欲的柔软食物舀入口中。从寒武纪到石炭纪，这类三叶虫的外表看起来都很相似。它们体型较小，具有颊刺，头鞍相对较小，胸部和尾部具有很多分节，这是由于它们需要更多的附肢来从烂泥中滤出想要的东西。它们就像捷克作家雅洛斯拉夫·哈谢克

（Jaroslav Hašek）笔下顽强的好兵帅克（Good Soldier Schweik）一样，当其他更艳丽，或者位于食物链中更高位置的三叶虫在奥陶纪末期和泥盆纪晚期的灭绝中失败时，这些掘泥者幸存了下来。我们发现它们的身上会有"咬痕"，看来一些捕食者觉得它们很好吃。从这些三叶虫的经历中我们或许可以看到这样的信条：心怀希望，埋头生存。

接下来的是一些滤食者，它们通常不会比掘泥者更大，但它们的头盖却明显比之后的躯体膨胀和突出，在头部之下则会形成一个腔室。头部前刺如同长毛的膝尾虫和饰边上布满奇特小孔的三瘤虫（插图 14）是其代表，它们用附肢翻搅沉积物，使头部腔室中充满细粒悬浊液，再从中摄取可食用的部分。你可以将这一过程想象为搅动汤汁以从中捞出面条。这些搅动泥巴的爬行者行动迟缓，它们无力的肌肉只够让它们在食物变少时稍作移动，好到另一个地方继续搅泥巴。它们总依赖雪橇般的颊刺来保护自己，而它们本身则多数是瞎子，仿佛它们平静的世界不太为捕食者所烦恼。不过，当威胁来临时，滤食者还是能够将胸部及尾部缩到隆起的头盖之下，以度过危机。

捕食者、掘泥者和滤食者共同生活在同一个群落中。现在，你可以想象一下，从被淹没的大陆中心开始，一直往外延伸到环绕四周的深海，各式各样的动物如何组成不同的群落组合。在不同的深度及生境中，都有一群群三叶虫在忙碌，它们或捕猎，或掘泥，或把松软的泥土搅拌成悬浮状。在含氧量较低的深水环境中，生物随时面临着含氧量过低带来的窒息，因此，像第三章中所介绍的三分节

虫这样特化的三叶虫就从其他三叶虫手中接管了这块栖息地。而在海底之上，形状有如扁豆的球接子类三叶虫在游来游去，在这昏暗的环境中，眼睛已失去了效用。这里是盲者的领地，触觉和嗅觉胜过视觉，造就了一个充满触探和微妙信号的黑暗世界。每个古板块周围的大陆架都按顺序排列着不同的环境，其上聚集着一组又一组不同的三叶虫，它们在不同的环境中为自己的生计而各自忙碌着。现在我们就可以理解为什么有这么多不同种类的三叶虫了：生态习性的差异再加上地理位置的不同，使得三叶虫的世界被分割成了各种各样的生态位，也无外乎三叶虫被称为"古生代的甲虫"了。

如果我们从奥陶纪的海上掠过，会发现它与今天的大海一样是咸的，也会在阳光下波光粼粼，也会受到风暴的打搅。地平线上一座冒烟的火山，可能见证了看不见摸不着、十分缓慢但不可抗拒的板块蠕动。这里没有海鸥的哀鸣，也没有鱼群闪着银光的身影。如果我们用深海拖网打捞些东西倒在甲板上，你会看到一大堆翻腾的三叶虫。一个盘子一般大的怪物飞快地奔向水闸，试图逃跑，它被水面上明亮的光线弄得眼花缭乱。其他渔获大部分都是甲虫一般大的小动物，它们有的无助地仰面朝上，胡乱地拍打着离水的四肢。网的底部有一些像弹珠一样圆的球，细看之下会发现它们也是三叶虫，或许是大头虫（*Bumastus*）？它们正紧密地蜷缩起来，以抵御突如其来的冲击。它们的防御姿势在陆地上用处不大，但当你把它扔回水中时，它会像石头一样直直地回落到海底，然后毫发无损地爬走。甚至捞上来的泥浆中也充满了微小的三叶虫，有些瓢虫般大小的盲眼掘泥三叶虫是其同类中体型最小的。当你

在捞上来的一堆杂草中翻拣时，一只奇妙的多刺三叶虫——齿肋虫——正藏在灌木丛中。哎哟！你机警地缩回摸索的手指。

除了三叶虫之外，或许我们也应该看看还捞到些什么……在剩下的渔获中，我们发现了一些相当熟悉的动物：几只蜗牛、容易辨认的鹦鹉螺和几十个小蛤蜊、一些像虾的动物和苔藓虫，还有多种多样的腕足类外壳，其中有一个类型与现今生活在新西兰附近的某些腕足类还是远亲。看来也不是所有的东西都是我们陌生的。若在泥巴中进一步探索，又会发现各种不同的蠕虫，如星虫（sipunculans）或多毛类（polychaetes）。如果在显微镜下检查这些泥巴，你又会进一步发现其中有有孔虫（foraminiferans）这类单细胞动物和细菌，这些生物从前寒武纪以来便负责处理海洋中的废物。奥陶纪的海洋是陌生与熟悉的组合，我们这些渔夫正急切地向网中张望，试着认出我们所知道的，并发掘我们所不知道的。三叶虫正好介于两者之间，它既属于我们所熟悉的节肢动物，却又具有我们感到陌生的独特构造。

如果我们现在把船划到更深的水域再次撒网，我们会收获另一网惊奇，它们会是另一些蠕动的三叶虫，很少跟上次捕捉到的重样。大海就是这样富饶。

生物世界由许多小生物所构成，但它们同样休戚与共。在大自然的舞台上，即使最小的生物也有它自己的角色，自己的坐标点。大自然也许肆意创造着各种物种，但每一个物种都在万物的关系网中占有一席之地。从小小的三叶虫可以窥视整个世界。近来，威尔逊（E. O. Wilson）将这种不同知识的统一称为"一致性"

（consilience）。三叶虫的故事就是这种一致性的小规模展示，仅靠一串三叶虫的鉴定名单，就可以与地磁和板块构造理论结合，来共同描绘一个消失了的世界。科学之美不只是抽象纯粹的数学定理，这些定理在爱因斯坦、约翰·纳什、海森堡等大师和其他数论、几何和代数学家的传记中都得到了颂扬。毫无疑问，这些纯理论的拥趸已经取得了辉煌的科学胜利，但理论综合与理论分析应当是同样重要的。基本方程的吸引力在于，它为人们提供了终极真理的希望，使得人们相信其他一切都可以从这个真理中推导出来，甚至包括我们这个混乱而又无可救药的复杂世界。而在三叶虫研究中，我们关注的是不同知识领域卓有成效的结合，有如思维上的泛大陆。或者你可以把这想象成某种殊途同归，就像哈代笔下的人物在生命的关键时刻走上了康沃尔的悬崖上的小径，与三叶虫和消失的海洋连接了在一起。我自己的脚步以及本章的叙述，也是遵循着同样的道路。我们已经探索了那个三叶虫既是目击者又是受害者的过去，并经由它们提供的证据重建了过去的那个可能世界。然后，通过知识之间的一致性，这个被重建的世界又帮助我们更多地了解了三叶虫。我看不出以诗意的想法走这条重建之路有何不妥。在一致性的态度下，一切东西都有助于我们对世界做出准确的描述。我不禁想起了汤姆·冈恩（Thom Gunn）在1971年的作品《魔草》（*Moly*）中的诗句：

　　　鹦鹉、飞蛾、鲨鱼、豺狼、鳄鱼、蠢驴、跳蚤。
　　　在我躯壳之内便是熙攘的众生。

第九章　时　间

　　我们都在与时间对抗。无可避免的死亡使得时间成为我们的主宰，但我们则仍旧假装自己能够让时间屈服于意志：我们在做事时要"腾出"时间；我们称英年早逝的人"天年不遂"，仿佛我们都会拥有一段与生命完美匹配的时间，就像冲浪者能够在浪尖乘势前行。我孩子在提问时总以"在你们那个时代……"开头，这似乎暗示着我的时代已经过去了，那或许是昨天的事？但为何我没察觉呢？和一般人比起来，古生物学家有更多的理由去思考和时间有关的问题，包括如何度量时间，持续时间多长，以及结局如何。如今我们已经可以通过原子的振动来测量时间，其精度可以达到某些尖端技术的极限要求。一纳秒（nanosecond，等于十亿分之一秒）的时间或许与大脑皮层上单个神经元的化学变化及其影响有关，但与我们的现实生活和生命的节律已经毫无瓜葛。我们的思维或许就是在这短暂的瞬间灵光乍现，但归根到底，我们最自然的生物时间单位仍然是一天。当斯嘉丽（Scarlett O'Hara）在《飘》（*Gone with the Wind*，也译作《乱世佳人》）的结尾说出"明天又是崭新的一天！"时，我们不会认为那是陈腔滥调，新一天

的开始确实是令人满怀希望。法庭上的证人会被要求回忆某一天发生的事，即使是美国的律师也不会强迫你提供秒一级的事件陈述。伟大的阿根廷作家博格斯（J. L. Borges）在一篇名为《博闻强识的富内斯》（Funes the Memorious）的短篇故事中，叙述一个能记得所有事情及其相关细节的不幸者，这种对时间的精确掌握令他脑中一片胡乱。大脑的选择性失忆使得我们能够顺利地工作生活下去，但这并不表示我们（尤其是科学家）可以漠视真相，后面会看到一个关于三叶虫学家违反这项规则的故事。

读者在面对以几亿年计的时间单位时，要么没有什么感觉，要么就是一头雾水。在复原古地理时我随手一挥便是十个百万年；寒武纪则开始于五百四十个百万年前，而泥盆纪则持续了五十个百万年。一般认为百万年的时间尺度适用于三叶虫的时代，而对于更遥远的年代，我们的认识便更不精确，几百万年的时间也就不那么值得注意了。对三叶虫而言，人类统治地球的时间还比不上它某个种的延限。虽然事实如此，但我们仍然能避开令遥远的事物显得渺小的时间望远镜，观察三叶虫生命中的某一天。一层沉积物的表面记录的只不过是一天的信息，这是名副其实的古生代生命日记。如果那一天的记录得以被快速埋藏下来，它就有希望在后世为人所见。

我在前面已经描述过了三叶虫的蜷缩行为，这种对威胁的即时反应形成了一个时间胶囊，三叶虫瞬间的恐慌就凝固其中。之后我也讲述了三叶虫如何通过蜕壳成长，它们蜕下的外骨骼就是这一过程的见证。有时这些残片被随意地丢在一旁，就像青年人把

　　　　　　　　　　　　三叶虫：演化的见证者

外套随便丢在房间地板上一样。有些三叶虫对蜕壳采取谨慎策略，毕竟这是它们生命中最脆弱的时刻，绝对有必要小心。因为三叶虫不只要蜕去坚硬的外壳，而且连附肢上最细致的绒毛也同时蜕壳。若是这一过程发生在平静的海底，这些弃置的壳就不会被扰动，你便得以体会三叶虫蜕壳时的焦虑不安。想象你正从三叶虫的生命中撷取一个简短的片段，而这只三叶虫的一生不过是其物种存续的一个瞬间，而每个物种的存续又不过是地质历史中的片刻，这古老的一刹那值得细细品味。

三叶虫在蜕壳前，会先分泌一种特殊的激素软化腹侧的表皮（插图30），头部的缝合线也会松动。当时机成熟时，许多三叶虫就会将颊刺插入沉积物中，以此作为杠杆，使活动颊的壳从头盖上脱落（口板的壳也会同时脱落）。由于大多数三叶虫的眼睛都附着在活动颊上，因此这样的蜕壳过程可以使这一最脆弱的部分在蜕壳的早期就从旧壳中释放出来。较原始的三叶虫在眼部周围有一圈缝合线，所以也能单独蜕壳。[*]颊部的旧壳脱落后，身体前端便出现开口，三叶虫可以缓缓往前爬出外骨骼的其余部分，只留下身后的头、胸旧壳，对人诉说它的冒险经历。

不过，蜕壳通常不像我前面所说的那么理想化，蜕下来的胸壳和尾壳多半会分散开来，头部的旧壳可能仍会附着在三叶虫头上，跟随它行进一段距离。三叶虫通过在蜕壳时翻转头部来刮

---

[*] 作者所述的这一认识已过时。现在所知早期三叶虫并无面线经过眼睛，其蜕壳的缝合线与腹边缘重合。——译者注

下头上的旧壳，因而留下的外壳往往头部倒转，活动颊向一边倾侧，而胸部和尾部的位置正常。镜眼虫类三叶虫头部缝合线的功能已经消失，因此它在蜕壳时经常会把头部反转，甚至把整个身体颠倒过来，让人觉得它好像是在做特技表演。就像许多现代节肢动物一样，三叶虫可能会在"软壳"期进行交配，这使得整个蜕壳过程更加紧张急迫。那时的古生代海洋中应该充满了负责控制蜕壳、产生精子、传达讯息等各种功能的激素。有些三叶虫在新壳尚未完全硬化的"软壳"状态下死亡并保存了下来，这些化石看起来就像幽灵，比如一只真实但若隐若现的镜眼虫。有些三叶虫在蜕壳的关键期会躲藏起来，我的同事布莱恩·查特顿（Brian Chatterton）曾经告诉我，在泥盆纪的一个沉积物掘穴中（这个洞穴可能是其他动物制造的），挤满了一堆正在长新壳的三叶虫。这个洞穴本应是它们的庇护所，但最终反倒成了它们的葬身之地：而片刻的悲剧却又使它们以化石的形式更长远地保存了下来。

　　在第七章讨论三叶虫的演化机制时，我曾提到过三叶虫的个体发育（第188页）。这样的成长（蜕壳）从生到死，贯穿了三叶虫的一生，也是所有时间尺度中与生命的联系最为密切的。我们对三叶虫个体的生命轨迹竟能了解得如此之多，也算得上令人吃惊了。由于三叶虫会蜕去过紧的旧壳，并重新长出较大的新壳，所以想追溯某个三叶虫种类的成长轨迹，最好的方法便是找到这个物种不同大小的蜕壳系列。这就需要有某种特殊的环境，能够原封不动地把成体和幼体保存在同一地点。伟大的三叶虫学者

一个巨型寒武纪三叶虫——奇异虫——的蜕壳标本，来自纽芬兰东部的寒武纪中期地层。奇异虫常常跟龙虾一样大，具有膨大的头鞍和一直延伸到尾部的长肋刺。如图所示，当三叶虫蜕去"旧"的外骨骼并向前爬行时，活动颊会被翻转扭曲，并被压在身体的其他部分下面。这个标本长约 15 厘米。（照片来惠廷顿）

约阿希姆·巴兰德在波希米亚一个采石场的"梨树下"（"under the pear tree"）发现了这样的地方。这片现今属于捷克的土地上，有丰富的古生代地层剖面，而巴兰德则是首先为这些地层著书立传的人。伦敦自然历史博物馆的善本收藏室里，得到特许的访客可以有幸翻阅其中的一整柜珍藏图书，柜中的每本书都比电话簿还要厚，这些就是巴兰德的毕生心血——《波希米亚的志留系》（*Systéme Silurien de la Bohême*，正如前文提到的，在巴兰德的时代，寒武、奥陶和志留都被统称为志留系）。对研究三叶虫的学生来说，这些简直就是圣物。一张张美丽的石版画图版（巴兰德终其一生都坚持聘用最好的艺术家绘制插图）在今天看来仍是如此赏心悦目。想当初，这些插图一定也曾让同时代的人惊艳不已（插图 32 是其中的一幅）。即使今天最先进复杂的摄影设备也不见得能比当年做得更好。

巴兰德不只研究三叶虫，他也描述过软体动物、珊瑚及其他门类的化石。不过，从他自 1852 年第一次在一处特殊地点采集后，他投入了大量精力来钻研三叶虫标本。到了 19 世纪末期，所有古生物学者对我们现今称为沙卡（Šarká）和克拉夫杜尔（Králuv Dvůr）的化石产地都已是耳熟能详。布拉格郊区有处叫作巴兰德夫（Barrandov）的地方，你可以到那里的"三叶虫酒吧"喝上一杯。事实上，这个美丽的城市几乎到处可见三叶虫的影子。巴兰德的研究生涯开始于偶然，某个星期天他外出散步时，在兹契夫（Zlichov）教堂附近发现了两个皱壳齿唇虫（*Odontochile rugosa*）

三叶虫：演化的见证者

伟大的波希米亚古生物学家和三叶虫命名者：约阿希姆·巴兰德。

的尾部。他把这两件标本带回了家，管家巴宾卡（Babinka）*却把它们给扔了（一般而言，这种事情通常是妻子做的）。巴兰德叫她把标本找了回来，他一生的研究生涯就此展开。如今，这两件标本和其他的大批藏品一起被收藏在纳罗德尼博物馆（Narodný Museum），这是栋壮丽的柱列式建筑，俯视着布拉格的温塞拉斯（Wenceslas）广场。这两件标本受到极高尊崇，与圣徒的遗骨不相上下。每有科学家来访，他们都会被带去瞻仰这两件标本，以及标本前标示着的伟人巴兰德肖像。巴兰德逝世一年后，布拉格的泥盆纪山坡上竖立起了一块巨大匾额向他致敬。

巴兰德的一本著作描述了一些现今被称为中寒武三叶虫的种类，书中的一张图版描绘了戴氏奇异虫（*Paradoxides davidis*）的发育序列，我年少时在威尔士圣戴维崖上发现的第一个三叶虫就是这种。巴兰德在波希米亚发现了一个三叶虫的宝库，其中保存了三叶虫从幼体到成体的完整生长序列。这类三叶虫的幼体最小不过针尖大，成年后却可以成长为龙虾般的大块头，真是十分神奇。而他描述的另一种三叶虫，粗面萨饿虫（*Sao hirsuta*，插图31），还能提供更多的发育细节。几年前，我曾造访了波希米亚斯克村（Skryje）附近那棵有名的梨树，如今它已凋敝，枝上仅挂着零星的叶子，我怀疑巴兰德是否还能认出它了。在树下的采石场里，仍能发现页岩中保存的三叶虫幼体。

---

* 后来，巴兰德将自己研究的一个化石蛤蜊命名为巴宾卡蛤（*Babinka*），用她的名字命名一个蛤蜊看起来像是含蓄的批评。

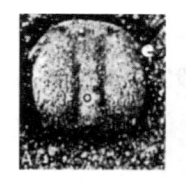

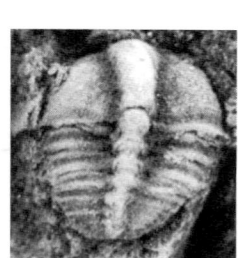

来自波希米亚寒武系的粗面萨饿虫的个体发育标本。左上角是幼虫的最小阶段，即原甲期的标本。之后，随着虫体逐渐增大，胸节数也在不断增加，直到达到成年的数量。标本依次展示1节、3节、4节、6节和13节的发育阶段。最小的两个标本长度不超过一毫米，而直到6节其才刚刚超过两毫米。左上小图中的e表示幼虫眼睛的位置。

终其一生，三叶虫的外貌都在不断地发生改变，但最剧烈的变化发生在它们非常小的时候。三叶虫是从针头般大小的幼虫开始，经过一次次的蜕壳逐渐成长的。巴兰德发现，三叶虫的成长伴随着胸节数量的增多，直到生长到成体该有的数目为止，举个例子，洛伊德的龙王盾壳虫有八个胸节，那么它的幼体在发育过程中每一次蜕壳将增加一个胸节，在达成八个胸节后，虫体仍将随着每次蜕壳长大，但胸节不会再增加。在自然节目中深受喜爱的乌龟，一孵化便具备成体的完整形貌，而三叶虫与它们完全不同，它的每次蜕壳都会带来结构的转变。当铰接的胸节达到足够的数目时（我们此时称三叶虫已进入成虫期），三叶虫也只长到了其极限体型大小的几分之一。而在成虫期之前，三叶虫要经历一系列蜕变，同时伴随着胸节的"释放"，一般情况下，越小的幼体，胸节数也越少。当一路追溯到这段分节历程的起点，也就是幼体仅一毫米左右大小时，我们会发现这时的三叶虫不具有任何活动的体节，它的原始头部直接和原始尾部连接在一起，中间不存在胸节。再向前回溯一个阶段，我们会看到最初的三叶虫幼虫只是个简单的盾状物，头尾都愈合在一起，这也就是我们所说的原甲期（protaspis）。有些三叶虫原甲的尺寸还不到一毫米。毫无疑问，这些原甲是由三叶虫卵孵化而来的，但三叶虫卵化石的真实性仍然悬而未决。若不是因为有明确的证据显示，原甲期和三叶虫成体之间有一系列连续性的过渡阶段，这类小东西能不能被当作三叶虫的幼虫还说不定。巴兰德所收集的原甲标本大多已显露出三叶虫典型的"三叶"特征，尤其是能够看出头鞍的轮廓（许多其他的

　　　　　　　　　　　　　　三叶虫：演化的见证者

种类并不如此)。从这个扁平的圆盘发育成奇异虫这样的大型捕食者，确实算得上是一种蜕变。这个从古老地层中发掘出来的故事，竟然与我们熟悉的蝶变是如此相似。

许多三叶虫在最早的生长阶段很可能是浮游的，它们就像现代的藤壶或虾的幼虫一样以微小的植物或其他动物的幼虫为食。从生命早期的某个节点开始，幼虫会来到海底，过上与成年类似的生活。在硅化三叶虫被发现不久后，科学家就从筛子底部的"细粒"中识别出了最漂亮的早期幼虫标本。将这些幼体标本与成年个体正确对应是一项需要技巧的侦探工作，这要求我们必须了解已知属种的发育变化序列。在斯匹次卑尔根的奥陶纪地层中，我很幸运地找到一些很完美的原甲。这些石灰质的薄薄外壳，由于被磷酸钙取代而得以保留，其保存的细致程度甚至连千分之一毫米尺寸的小刺也可以看到，可谓麻雀虽小，五脏俱全。这些丰富的微观生命中，有一两个标本看起来像长了一对角的气球。惠廷顿将它们归为桨肋虫(*Remopleurides*)的幼虫，其与桨肋虫的成年个体差异很大。作为一种与龙王盾壳虫具有亲缘关系的三叶虫，桨肋虫幼虫的外表相当平滑，三瘤虫的幼虫也是如此，这些类型的幼虫都未具备它们在成年阶段所具有的显著特征。我的同事查特顿认为，这些扁豆状的小东西是为了适应浮游生活而由不同的演化路径演化而来的。这种幼虫的腹侧几乎完全被带刺的原始口板封闭起来，只留下足够伸出三对小短腿的孔洞。在淡水池塘中，有时你可能会看到一群群微小的"水蚤"(枝角目甲壳类)在富含藻类的水中疯狂地跳跃。我父亲曾大量捕捉它们，并在他的水族商店里作为鱼

食出售。我对奥陶纪海洋及其中浮游三叶虫的想象，就来源于我凝视池塘里颤动的浮游动物集群的那几个下午。和水蚤不同的是，这些像跳蚤的三叶虫幼虫在之后的生命历程中会发生很大的变化，并可能长到原来大小的百倍。

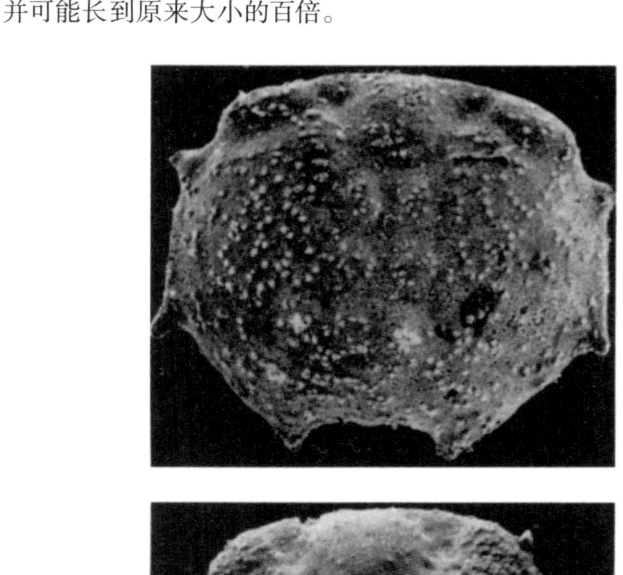

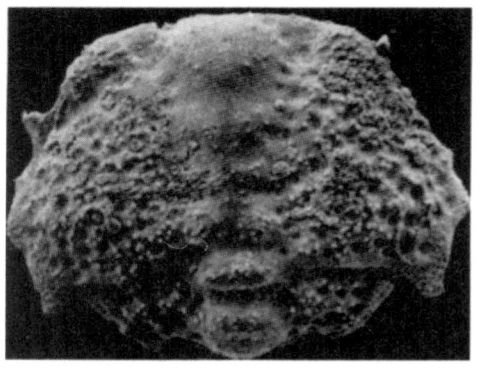

拟赛美虫（*Cybelurus*）原甲期幼虫的电子显微照片，来自斯匹次卑尔根岛的奥陶系。尽管它们只有一毫米长，但这些单一甲壳已经显示了最细微的结构。下部的幼虫较大，已经能够区分出原始头部和原始尾部。

三叶虫：演化的见证者

当然，如果没有性就不会有三叶虫宝宝。可惜的是，对于三叶虫的性生活，我们所知道的并不像我们想知道的那么多。如果三叶虫的性生活和多数的现生海洋节肢动物一样，那么应该是由雌性先产卵，然后由雄性授精。有几种方法可以完成这一过程，其中最简单的是雄性将精子释放到水中，然后精子在水流中与卵细胞相遇。事实证明，要在三叶虫身上区分性别是非常困难的，没有任何生殖器的软组织解剖结构被保存下来，也无法识别出明显的第二性征，比如某些现代雄性虾用来抓住雌性虾的"抱握器"。看来，大部分三叶虫的两性差异是非常小的。1998 年，我和同事休斯认为，我们可能识别出了几种三叶虫的雌性个体，它们的共同特征是头鞍前部的鞍前区上有一个鼓包，在有些标本中这个鼓包尤其显眼。现生的节肢动物有些也具有这种膨胀结构，这是雌性个体用来携带卵子或幼虫的育儿袋。三叶虫或许也具备这种携带式育儿袋，而鼓包所在的位置更提高了这种解释的可信度。

几年前，我在泰国南部的一家海边餐馆挑选晚餐时，我的注意力被一个水缸吸引了，有各种美味佳肴在其中爬来爬去，等待被食客挑选。其中有一只鲎正垂头丧气地躲在一些看起来比较好吃的鱼和甲壳类中间。我一下就被迷住了，鲎可是三叶虫的现存近亲或远房表亲。*一个世纪以来，它的幼虫一直被称为"三叶形幼虫"，它们确实和原甲期的三叶虫有几分相似。我想这可能是我品尝三叶虫真实滋味的最佳时机了！于是我点了它。当它被端上来

---

* 这种观点已改变，见前文中的相关注释。——译者注

时，我才惊讶地发现，鲎竟然是整只蒸好上桌的，而且看起来非常令人没胃口。当我将头甲从腹部的结构（我们称三叶虫的这个部位为腹边缘）上掀开后，我的惊讶更近了一步，脑袋之下就是鲎的可食部分：一些粗粒的"黄"（即卵）。显然鲎的卵是位于头部的，而不是像虾或其他甲壳类那样把卵挂在胸部的下方。这种布局恰好与三叶虫头部鼓包的位置吻合，当然这只算是间接证据，但总比完全没有证据强。*至于鲎的味道，虽然我搭配大量面条一起吃，但仍然难掩其强烈的腥臭味。我觉得三叶虫尝起来应该会更甜美一些。

　　从原甲期到成虫的成长轨迹被称为三叶虫的个体发育。所有的复杂动物都有其个体发生过程，就像我们最熟悉的个体发育过程：我们从受精卵开始，从一个卷曲的胚胎发育成胎儿，再最终成为婴儿。通过对三叶虫个体发育的详细研究，我们已经取得了一些意想不到的新发现。上文中我已经描述了一种通过调控发育时间而实现演化创新的机制。许多成体很小的三叶虫，可能就是由大小正常的祖先通过提前性成熟演变而来的，对其发育过程的研究也显示了这种可能性。对早期发育阶段的研究表明，有些成年显著不同的三叶虫具有非常相似的幼虫，这展示了它们之前其实具有更密切的亲缘关系。幼虫可以揭示血缘根部的历史。不过这已经不是五十年前动物学中的箴言"个体发育是系统发育的重演"了，一种更恰当的说法是"可以通过个体发育来了解它们"。现在，幼虫告

---

* 鉴于鲎可能不再被认为是三叶虫的近亲，这种相似性或许是一个美丽的巧合。——译者注

诉我们隐头虫和镜眼虫可能具有亲缘关系，而爱雷斯虫则和三分节虫比较亲近。三叶虫世界的联系仍然有待破解，而这些来自幼虫的证据可能会为这个繁复的类群提供新的分类系统。能够看到三瘤虫饰边的发育是一件美妙的事情：它最开始只有一排小坑，然后饰边发育得越来越宽，最后这些小坑自行对称发育，形成孔洞系统。你也可以看到线头虫（*Ampyx*）的头刺在发育过程中逐渐变长，就像匹诺曹说谎后的鼻子。惠廷顿发现，即使是在没有发育出胸节的时期，线头虫的幼虫也能把自己蜷缩起来。身为三叶虫，似乎再小都需要有防御措施。齿肋虫及其亲缘类型在幼年期便已长满长刺，使天敌难以下口。在最原始的几类三叶虫，如小油栉虫和球接子中还没有发现原甲期，它们的原甲可能并未钙化，或者它们本来就缺乏这个阶段，其生命轨迹是直接从幼年期的最早阶段开始的。

关于胸节是如何发育出来的，我前面已经提过詹姆斯·斯塔布菲尔德的研究，他于1926年证实了胸节"萌发"自尾部的前端，而不是来自头部的后端。他的证据来自舒马德虫——一种奥陶纪小型三叶虫——的发育序列。舒马德虫有一个特别大的胸节，也就是术语中的大肋节，这根胸节位于成年舒马德虫六个胸节中的第四节。与其他三叶虫一样，舒马德虫的发育起始于微小的原甲，接着原甲中间出现一条界线，将原始头部和原始尾部分开，随后就是一连串的蜕变，依次长出第一、二、三、四……胸节，直到最后的第六胸节。在舒马德虫具有四胸节时，大肋节是最后一个胸节；等发育到了具有五胸节的阶段时，大肋节仍是第四个胸节，在它

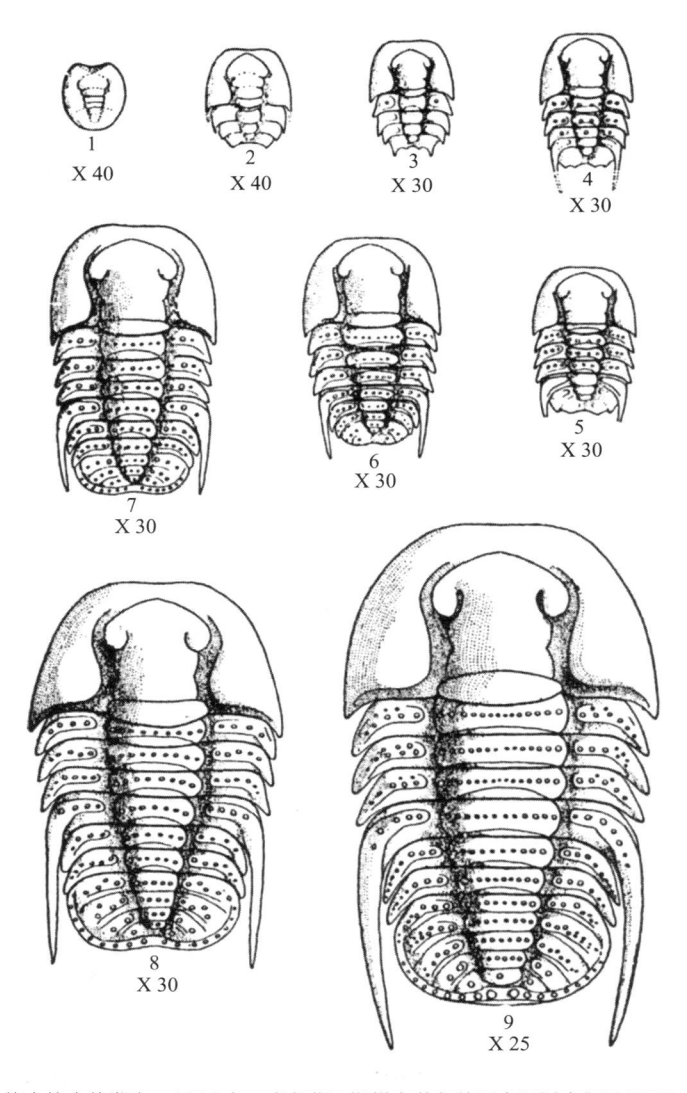

舒马德虫的个体发育。1926 年，詹姆斯·斯塔布菲尔德爵士通过它们展示了三叶虫的胸节是如何在发育过程中从尾部前端释放出来的。最大的舒马德虫只有几毫米长。

的后面多出了一个大小正常的胸节。而在成体的舒马德虫中，大肋节的后面则有两个正常的胸节。换言之，这些正常的节是从大肋节后方加进来的，也就是从尾部的前端释放出来的。在斯塔布菲尔德发表这篇文章 64 年之后，我重新检查了他的样本，我发现他的报告几乎在每一个细节上都完全正确。自 1926 年之后，他的观察也已经在许多其他三叶虫的身上得到证实。我在 1999 年撰写本书时，他已经活了将近一百岁（他在本书印刷时逝世），大家都昵称他为斯塔比（Stubbie），甚至他的妻子也这样称呼他。自发现三叶虫的发育规律后，他在大英地质调查局（Geological Survey of Great Britain）步步高升，一路成为局长，并最终受勋为爵士。这位三叶虫学者最大的成就是通过对最小的三叶虫进行最细微的观

1936 年，詹姆斯·斯塔布菲尔德（右侧持烟斗者）和地质调查局的两名同事前往设得兰群岛（Shetland）和奥克尼群岛（Orkney）。

察得到的。在詹姆斯爵士采集的半个世纪后，我和同事欧文斯在20世纪80年代末开始在什罗普郡的同一条溪谷中采集标本；而詹姆斯爵士则帮我们从某个地方弄到了一份他1927年原始论文的副本，并在封面上用蓝墨水写道："致以迟来的问候……"

　　下面我们谈三叶虫的遗迹化石，它们是生命瞬间的印记，或许只是记录了三叶虫的某一餐，化石世界的时间尺度还有比此更短暂的吗？将一种特定的遗迹化石与三叶虫种类相对应是很困难的一件事。遗迹化石往往保存在砂质沉积物中，这种环境中实体化石往往很稀少。毕竟，如果沙滩上一组脚印的尽头还能发现尸体，那可是很惊人的。毫无疑问，其他节肢动物也能留下与三叶虫类似的足迹，所以我们该如何指认出到底谁是真凶？几年前，我曾对阿曼的一处前人未研究过的寒武纪晚期地层进行了实地调查，这些岩石大约形成于4.8亿年前。这里的三叶虫残缺而稀少，但由于它们可能是整个阿拉伯半岛上唯一能找到的这一时期的三叶虫，所以仍然值得探究。胡克夫（Huqf）是一个偏远的地区，除了偶尔出现的一棵孤树，这里几乎没有其他的植物。砂岩和石灰石形成了低矮的陡崖，你可以沿着单一的层面手脚并用地爬行，以寻找古老的遗迹，就像在寒武纪海底上爬行一样。地层中的所有迹象都表明这些岩石是在非常浅的海水中沉积下来的，盐时不时地会从下降蒸发的海水中结晶出来。很少有三叶虫能消受得了这样的浅水。但我们取得了令人兴奋的发现，这里有许多漂亮的爬痕。而最不寻常的是，充填这些足迹的岩石含有一种特殊三叶虫的残壳，这个种类显然喜欢近岸生活。我们能把这些遗迹和制造它们的动物

　　　　　　　　　　　　　　　　三叶虫：演化的见证者

联系起来吗？如果就是这种三叶虫留下的足迹，那么虫体的遗迹在大小上应该是相互吻合的。

1994 年，我和著名的德国古生物学家多尔夫·赛拉赫（Dolf Seilacher）再度造访阿曼，他是遗迹化石研究的元老级人物。我们一起花了几天的时间来测量遗迹的大小并采集三叶虫。我们小心翼翼地翻开石板，一方面是因为完美的遗迹铸模就保存在石板下，另一方面也是出于谨慎，因为有些蝎子白天就躲在这些石板下。我从阿曼的东道主那里得知，大得像虾的黑色蝎子不如躲在岩石下的黄色蝎子可怕，虽然后者的体型只有前者的一半，但它们的毒刺就像套索一样斜在身体一侧。在这片空旷的沙漠中，我意识到这些蝎子和庇护了它们的含三叶虫岩石之间存在着微妙的联系。蝎子是一种蛛形纲动物，这是一个庞大的节肢动物类群，包括蜘蛛和螨虫，以及其中最原始的鲎，在泰国我还有幸品尝了它的卵。如今对整个节肢动物进化的研究表明*，在现存的动物中，鲎是最接近三叶虫的类群，再远一点是蝎子。在阿曼的一个遥远角落，蝎子和三叶虫这两个远古亲戚穿越遥远的时空相逢，让我不禁感叹大自然造化神奇。在沙漠的清晨，你可以看到成群的蝎子在沙地上

---

* 如第五章所述，这些结论是基于分支分类研究得到的。从现生节肢动物和化石类型中得出的分析结果否定了认为三叶虫与甲壳类动物最接近的早期观点，支持将它们归入在一个巨大的蛛形类动物进化支中。三叶虫保留了触角，而其他蛛形纲类群或螯肢动物类群的触角已经消失了。在这本书成书的过程中，一项新的研究表明这些触角实际上可能与现生蛛形纲共有的前部附肢——螯肢——是同源的。**

** 上述关于三叶虫亲缘关系的论述许多已过时，相关内容可参考译者在第五章中的注释或最新的系统分类研究。——译者注

留下的足迹混在我们研究的古老遗迹之间。赛拉赫告诉我，在泥盆纪的地层中便已发现类似的蝎子足迹。想想看，当镜眼虫仍十分繁盛时，我们所熟知的蝎子就已经挥舞着它们赖以谋生的致命毒刺出现在地球上了。如果古代的蝎子能穿越时空从地层中爬出来，那么它们会在现生后裔的足迹旁边留下相似的痕迹。当我坐在胡克夫的低矮悬崖上，正午的热浪滚滚而来，我强烈地体悟到了过去、现在，以及失落的时光。

三叶虫的遗迹。这块来自阿曼上寒武统的半织克鲁兹迹是三叶虫在沉积物上犁出的沟。标本的最长直径为17厘米。

三叶虫：演化的见证者

我们的测量很成功。三叶虫壳的大小正落在遗迹化石的尺寸范围之内，而三叶虫头部两边的颊刺也能与遗迹两侧的小沟匹配上。赛拉赫指出，这种特殊的三叶虫似乎是转着圈寻找食物的，就像窗户清洁工使用的刷子。这种遗迹甚至还有自己的学名：半织克鲁兹迹（*Cruziana semiplicata*）*，这个名字由"英国巴兰德"约翰·索尔特于一个多世纪之前授予。这一遗迹化石最初是在威尔士北部梅里奥尼思（Merioneth）附近的寒武纪晚期地层中发现的，那是一个与胡克夫完全不同的荒凉、潮湿、多山的地域。最近，我们在阿曼发现的疑似三叶虫造遗迹者，也在北威尔士被发现了，而且就在索尔特最初报道遗迹化石的不远处，这为我们的证据链添上了最后一笔。也许我们正在尽可能地接近三叶虫生命史中的某个特定瞬间：举手投足都已历历在目。

下面，我们讨论一下地质年代。

百万年的具体时间可以作为地质年代的标尺，三叶虫也同样堪此大任。由于三叶虫的演化非常迅速，它们可以作为一种独特的地质时钟来使用。我们能够通过面孔鉴定出三叶虫，就像一个熟练的钱币学家能够识别出新发掘钱币上小众的罗马皇帝肖像一样。在实践工作中，研究者希望找到一个完整的化石动物群，这样一个层位中的不同种类就可以为地质年代提供交叉证据。对地层系统研究能提供的新信息，我永远充满好奇。在阿曼之旅开始几小时后，我便已经确认当地地层的年代为寒武纪晚期。在另一次前

---

* semiplicata 为拉丁文词根 semi-（一半）和 plicat-（编织）的组合词。——译者注

往泰国的开拓性考察中，我将一些含三叶虫的石灰岩与几十年前在中国发现的含三叶虫石灰岩进行比较，并确定了它们的年代为奥陶纪。尽管在之前出版的泰国南部地质图上，这些地层被标记为志留纪。这些鉴定的基础来自上百个"小巴兰德"的工作，事实上，来自泰国的一种三叶虫就是由他同时代的一个捷克人第一次命名的。知识源于积累，且得来不易。命名三叶虫属种，然后按地层顺序把它们归入庞大的三叶虫年代目录，是一项极其乏味的工作。三叶虫的数量浩如烟海，而且不断有更多的三叶虫被加入这个列表之中，研究者即使穷极一生也不可能完全掌握。即使经过了二十五年的学习，我对地质历史的某些部分仍然是很陌生的。不过，尽管地质学家和古生物学家还在努力提高年代分辨率，通过当今的认识水平，全面观察三叶虫不同类群之间的潮起潮落已经是可能的了。

五亿四千万年前的早寒武纪地层中，三叶虫迅速展现出很高的多样性。当时三叶虫的典型特征是具有长而窄的头鞍，通常向一端变细。在北美洲，小油栉虫及其相关类型数量庞大，它们胸部很长，节数很多，尾部很小，通常在一个特别大的胸节之后，身体会变得非常狭窄。它们狭长的眼睛伸入头鞍，但头部表面上却没有用于蜕壳的面线。而从中国到近东的广大区域上，生活着一系列与小油栉虫相似但具有面线的类群，其中分布最广泛的是莱德利基虫（*Redlichia*）。我曾在澳大利亚昆士兰的一处酷热的石坡上采集过这一属的碎片，我当时觉得这可能是我最接近烤三叶虫的一刻。中国人则以不同类型的莱德利基虫作为详细划分地层的标

志。差不多在同一时期，岩石中出现了第一批微型三叶虫，比如佩奇虫（*Pagetia*，插图 29），我认为它们是球接子类的原始近亲。这些通常只有一只小西瓜虫大小的微型三叶虫具有不显眼的眼睛和三个胸节；还有一些亲缘种类是盲眼且只有两个胸节，它们更类似球接子。迈入寒武纪中期之后，真正的盲眼球接子便开始大量频繁地出现了。这些小型三叶虫对于确定地层的年代非常管用，因为这些类群具有广泛的地理分布，而且演化非常迅速。如果它们真的是浮游类群的话，这种广泛的地理分布就很容易解释了。它们是经过精密设计的微型计时器，在需要防御时，球接子全身的甲壳可以相互卡死，蜷缩成一个完美的小胶囊。

在寒武纪中期的岩石中，除了各种球接子类外，也有奇异虫这样的巨无霸，它们不是在海底上方游弋，而是在海底潜行。这种三叶虫也能起到定年标尺的作用，如果能够发现奇异虫，那必是寒武纪中期了。和它一起的还有一些正常大小的盲眼三叶虫，比如梅内夫虫（*Meneviella*）。早在一个多世纪前，巴兰德就已经识别出了一些盲眼三叶虫（如插图 26），它们在法国、威尔士和西班牙的出现为这些地区这一时期地层之间的密切关系提供了证据，这些类型显然也能够用于确定地层年代。这些盲眼类型的亲戚都有正常的眼睛，这表明这些三叶虫很可能是后天失明的，而不是说它们本身就是没有眼睛的原始类型。它们要不就是居住在大海深处，要不就是居住在浑浊的海水里。产自波希米亚的精美三叶虫——线纹褶颊虫（*Ptychoparia striata*），就是盲眼三叶虫的一种带眼睛的亲戚。这种三叶虫长相四平八稳，

就是大家认识中的普通三叶虫形象，在任何特征上都与夸张不搭边：一个中等大小的尾部和向前变窄的头鞍，中等大小的眼睛和比较多的体节。来自北美寒武系的金氏爱雷斯虫（*Elrathia kingi*），也是这样一种大路货，它或许跟褶颊虫在胖瘦上略有不同，但同样都是长相中规中矩的三叶虫。这类令人脸盲的三叶虫有几十种之多，*甚至连最有耐心的三叶虫专家都不禁对它们的鉴定咬牙切齿。相关工作需要许多的技巧和经验，因为有大量大同小异的类似三叶虫散布在寒武纪中期和晚期的地层中。要辨认出寒武纪中期动物群中出现的一些带刺的三叶虫就容易多了，这是三叶虫史上许多多刺类型中的第一个。**与此同时，具有较大尾部的三叶虫也变得很常见了。其中最引人注目的就是纵棒头虫（*Corynexochus*）及其近亲，比如第 255 页图片中展示的博氏似阿尔伯塔虫（*Parabertella bosworthi*），这类与众不同的三叶虫具有长且向前扩张的棒状头鞍，通常有带刺的胸部和特殊的口板。寒武纪中期是三叶虫的盛世，如果你还记得之前提到的这一时期布尔吉斯页岩中多样的节肢动物，把寒武纪封为"节肢的时代"完全不过分，这一时期可能确实是节肢造型的巅峰时代。

---

* 作者还是比较保守的，事实上，褶颊虫属和爱雷斯虫属所在的褶颊虫大家族有上百个属，它们均长相平平。——译者注

** 事实上，在寒武纪早期就已经出现了多刺的三叶虫。——译者注

球接子和其他许多三叶虫都进入了寒武纪晚期的地层。*在中国，这一时期的地层里出现的是以德氏虫（*Damesella*）为代表的一系列奇特的三叶虫，比如第 258 页中所展示的蝙蝠虫（*Drepanura*）。它们的尾部具有各种不同排列的边缘刺，看起来像梳子或某种奇怪的农业工具。其中有个种类被中医称为石燕，研磨后可以当作药剂使用。我所接触过的大多数中药据说都有延年益寿的功效。可以想象，这种年岁最高的药物可能具有魔法般的心理暗示作用。

博氏似阿尔伯塔虫长 6 厘米，是一类产自加拿大不列颠哥伦比亚省的经典"中寒武"三叶虫。

由于医书记载了蝙蝠虫，于是蝙蝠虫

---

* "中晚寒武"界限的概念在 21 世纪发生了较大改变。现今，寒武纪晚期的概念与"芙蓉世"相同，然而在作者的时代，传统的晚寒武具有比今天的"芙蓉世"更大的时间范围，下文中提到的中国和澳大利亚三叶虫其实在今天的概念里都属于寒武纪中期，而不是晚期。——译者注

便成为西方世界最早认识的中国三叶虫。*与德氏虫相关的物种也扩展到了澳大利亚，在昆士兰中部的多棘灌木丛下，著名的爱沙尼亚流亡者亚历山大·奥佩克描述了一系列奇特的三叶虫。在北美三叶虫界，与奥佩克齐名的是昵称为"皮特"（Pete）的埃利森·帕尔默（Alison R. Palmer），他是一个真正不知疲倦的人。他关于大盆地（包括犹他州和内华达州大部分地区在内的广阔盆地和山区）的工作是身体和意志克服物质条件的极致体现。我曾攀爬过他工作的山坡，高度令人喘不过气。一个不小心，你可能就会从布满碎石的斜坡上滑回山脚下去。空气中弥漫着松脂的芳香，仙人掌的尖刺常令你措手不及，偶尔还会传来响尾蛇骇人的沙沙声。虽然炎热，但总体上气候还算不上恶劣。在皮特工作过的山坡上，可以看到盆地中生长的野草，其间点缀着几头牛，盆地的最低处也许是闪闪发光的白色盐田。皮特详尽地采集了周边全部的露头，从平坦的石灰岩和页岩中发掘出数百种不同的三叶虫，它们讲述了寒武纪晚期演化辐射和局部灭绝的另一个故事。皮特对这些动物的每一个细节都了如指掌，他具有无比的热忱，这是许多美国知识分子的显著特征。毫无疑问，这也是他们能够傲立于全球的原因之一。

在北美大陆的边缘、斯堪的纳维亚和威尔士，寒武纪晚期的

---

* 作者在这一部分混淆了"燕子石"和"石燕"，前者是对三叶虫化石的传统称呼，后者是一类古生代的腕足化石，两者在英文中或许都被笼统地称为"swallow stone"。作者文中提到的被用作中药药材的是腕足类化石"石燕"，而不是这里想说的三叶虫化石"燕子石"。——译者注

三叶虫：演化的见证者

地层中出现了一些不同的三叶虫，即第七章中已经介绍过的油栉虫类。它们更喜欢低氧的特殊栖息环境。利用这些三叶虫作为定时器，可以在五十万年的精度上识别地质事件。与1931年8月15日凌晨4点39分这样的时间数值相比，五十万年似乎算不上精确，但如果考虑到那是五亿年前，则五十万年已经达到了千分之一的精度。对时间而言，精确度是一个相对的概念。

奥陶纪可能是三叶虫在海洋中数量最多、生态类型最多样的时期。从最浅的沙质海滩到最深的黑色页岩，从阳光普照的礁石到不见天日的深渊，它们无处不在。一些寒武纪的类群幸存了下来，比如油栉虫类和球接子类，但塑造奥陶纪独特三叶虫面貌的是另一些新出现的类群，它们是三叶虫后续发展历史的基石，比如手尾虫类、齿肋虫类、砑头虫类、隐头虫类、彗星虫类、裂肋虫类、镜眼虫类和达尔曼虫类等各种各样的类群。如果本书不涉及奥陶纪及之后的历史的话，列举这样一大长串三叶虫类群确实不太合适（其中大多数类群的典型代表已经在本书中提到过了）。熟悉几十个这样的类似种类可以帮助你掌握地质时间，为你标定大陆分裂的年表或第一只蝎子出现的时刻。这些名字确实具有重要作用。大多数用来判定奥陶纪地层的三叶虫并未存活到志留纪。这些类型包括一些自由游动的三叶虫，比如圆尾虫和卡罗琳虫。而在海底，则生活着许多栉虫类，它们类似于洛伊德的龙王盾壳虫，旁边还有精巧的三瘤虫和带长枪的线头虫。有的三叶虫像豪猪一样多刺，有的则像煮熟的鸡蛋一样光滑；有的比龙虾还大，有的则比蚊子还小。因为当时的大陆是分散的，因此在不同

的大陆上也会有不同的三叶虫标尺。读者此时可能能够体会到一名研究人员在努力了解这些时，对自己工作的重要意义所生出的敬畏感。

爱雷斯虫是一类经典的寒武纪中期三叶虫，其体长不超过几厘米，最多几厘米长，具有一个锥形的头鞍、十三个胸节和一个中等大小的尾部。与其大致类似的三叶虫有数百种之多。这个标本来自美国西部的犹他州。

"燕子石"，即来自山东寒武纪中期石灰岩上的蝙蝠虫尾部。更多信息见插图33。

三叶虫：演化的见证者

奥陶纪末期发生了一次大规模的生物灭绝，这是整个生命史上最重要的几次灭绝事件之一。奥陶纪后期以北非为中心的大冰盖无疑使气候急剧降温，这可能是生物界危机的主要原因。你可以在非洲和其他许多地方找到与这次冰河时期有关的沉积物，而且值得注意的是，附近还有三叶虫的出现。少数三叶虫对寒冷有明显耐受力，在冰河时期广泛分布的尖盾虫就是其中一种。我在泰国就采集过此种三叶虫，我毫不惊讶地发现它与最初在斯堪的纳维亚发现的某个种高度类似。三叶虫的时间框架真是适用于世界各地！奥陶纪末期有大量的三叶虫科灭绝，其中一些类群，比如球接子类，其历史可以追溯到寒武纪。我最喜欢的一些三叶虫也在灭绝之列：不再有三瘤虫了，等称虫也不见了踪影。我怀疑自由游泳的三叶虫自此之后就没有再出现。奥陶纪之后的三叶虫面貌已经是另一个不同的世界了。但幸存下来的三叶虫很快就恢复过来，到了志留纪中期，那些劫后余生的科又发展出极高的多样性。学生只需要稍加练习，就能认出志留纪的巴里柔玛虫（*Balizoma*，插图 27）、隐头虫、砑头虫或特诺拉虫（*Ktenoura*）。它们仍然很常见，可用作有效的精密计时器。

泥盆纪早期三叶虫与志留纪三叶虫的区别远小于寒武纪与奥陶纪三叶虫之间的区别，或奥陶纪与志留纪三叶虫之间的区别。泥盆纪是镜眼虫及其亲缘类型的鼎盛时期：一时之间，它们的聚合眼在海洋中占据优势地位。多刺三叶虫在这一时期也是种类繁多。在某些地方，尤其是今天的摩洛哥，几乎每只泥盆纪三叶虫的身上都披挂着各种刺。就在撰写这些文字的前一周，我刚刚看到了一只

未命名的三叶虫，它的头鞍上长出了一根巨大的三叉戟，这种特化奇异而令人费解（见第280页）。如果你再次找到这种三叶虫，你就能确切地知道你所关注的究竟是哪个地质时期。不过除了头上的三叉戟之外，这个三叶虫倒并没有那么特殊，只是达尔曼虫的另一个亲戚罢了。还有如第261页图中所示的这种三叶虫，从颈环上生出一对巨大而卷曲的螺旋角，还有的类群在这里长出了吓人的长刺。一些与裂肋虫有关的三叶虫有着中世纪教皇一般的华丽装饰（插图20），而齿肋虫类从奥陶纪起源开始就长有一簇簇的小针。即使是通过对自然界几十年的探索而变得见怪不怪的动物学家，在第一次看到这些三叶虫时也不由得啧啧惊叹。毫无疑问，这种盔甲具有保护作用。是否当时出现的一些新威胁促使它们这么反应过度？这可能与大约在同一时期出现的有颌鱼有关吗？就像所有的相关性一样，我们很难知道一个特定的观察结果是否明确地指向某个因素，通常会有许多种其他的备选解释。如果仅是为了对时间进行评估，我们就不需要知道这些装饰的具体来由了，我们权可以把这些奇怪的三叶虫当作一种遗失文化的奇怪雕像或图腾，它们代表了一个特定的时期，一个定格的过去。

几乎所有这些神奇的三叶虫都没能活过泥盆纪。在泥盆纪的后期，一系列的灭绝事件导致一个接一个的三叶虫科灭绝。这些事件中影响最大的是最后发生的弗拉—法门灭绝事件。很少有三叶虫能够逃过此劫，甚至连镜眼虫也难逃厄运。幸存的三叶虫类群都与泥盆纪动物群中不那么起眼的砑头虫及其近亲有关。这类三叶虫小而紧凑，大多都没有同时代三叶虫身上那种浮夸的刺。它们

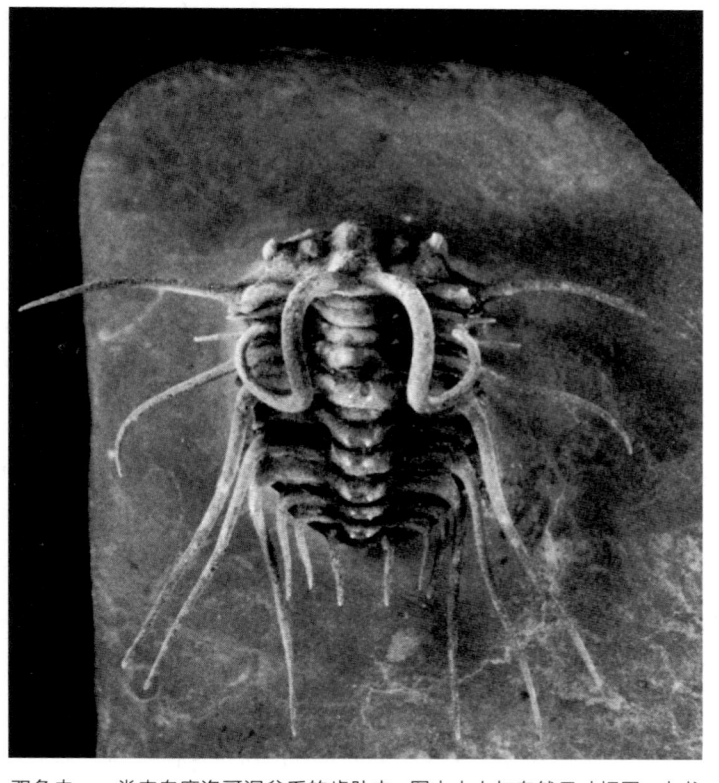

双角虫，一类来自摩洛哥泥盆系的齿肋虫。图中大小与自然尺寸相同。本书英文版封面图。

中的一些类群头上长了瘤点，这就是它们在石炭纪之前最大的花样了。从石炭纪开始，时间就完全由砑头虫类来书写了。我的朋友鲍勃·欧文斯会称赞它们微细之处的变化；德国教授格哈德·哈恩（Gerhard Hahn）和雷娜特·哈恩（Renate Hahn）则知道它们中每一种之间的细节。在石炭纪早期，当欧洲大部分地区为热带

海洋所淹没时，䚡头虫类产生了许多不同的设计。其中一些造型类似于更早的三叶虫，可能是因为它们具有类似的生活习惯。深水中有盲眼的居民；而石灰岩中的一些类型很容易被粗心的观察者当作镜眼虫；甚至有一些看起来像奥陶纪的镰虫（*Harpes*）。不过，像粗筛壳虫这样看起来外观结实、具有大眼睛的小个头仍然是最常见的䚡头虫类型。我相信此时三叶虫非但没有走上末路，反而保持了它们的演化动力，重新入侵了曾经生活的栖息地，并向深水区拓展。新的形态仍以很快的速度演化出来，因此它们仍然可以用于划分和确定地质时间。不过，断言三叶虫在石炭纪的地层露头中仍像在志留纪地层中一样普遍，就显得过于乐观了。哈代笔下的主人公如果是悬在了奥陶纪的悬崖上，遇到三叶虫的可能性会更大一些。显然，三叶虫的王国正在萎缩，这在石炭纪之后的二叠纪尤其明显。如果我们在两亿五千万年前涉水穿过西西里岛或帝汶岛的浅滩，仍然可能在一些地方看到大量的三叶虫。新的三叶虫属仍然在出现，所以即使已经接近其末日，三叶虫仍然能够用于衡量地质时间。不过，在记录了三倍于恐龙时代的时间后，三叶虫时间标尺最终停止了工作。

我不应该给读者一种这样的印象：这段宏大的历史是很容易解读的，仿佛有一大套连续的地层能按顺序产出一个接一个的三叶虫。现实中很少有地方具有这样浅显易懂的地层，更多的时候我们要把零散的信息拼凑在一起。这其中就会存在错误和争论，有些还是带着恶意的。即使是伟大的查尔斯·沃尔科特也免不了犯错误。1883 年，他以那代表性的冷峻风格写道："在波茨坦砂岩

（Potsdam Sandstone，内华达州的一个地层单位）之下有一个独特的动物群，其特征是小油栉虫的极大发展，这个属内几个种的个体发育信息表明小油栉虫是从奇异虫类演化而来的，因此其时代较晚。"你或许还记得，我们提到过奇异虫是寒武纪中期的标准化石，而小油栉虫则代表着寒武纪早期，沃尔科特把它们的顺序弄反了。沃尔科特之所以会搞混，显然是因为他混淆了我在本章中提到的两种时间范畴：个体发育顺序和地质时间顺序。他认为发育阶段的小油栉虫看起来像是成年阶段的奇异虫，我们当今对异时发育的了解使得我们对于这一现象有了不同的解释：这些相似之处仅仅是两者间具有共同祖先的结果。在对时间顺序做假设时要格外小心，因为地层最终会拨乱反正。几年之后，这种事就发生在了沃尔科特身上：来自斯堪的纳维亚的地质学家布罗格（W. C. Brøgger）证明，在挪威，含有奇异虫的岩层是覆盖在具有小油栉虫类的岩层之上的。布罗格发现的化石保存在未经扰动的地层中，如同连续的书页，而沃尔科特的朋友马修（G. F. Matthew）之前在新不伦瑞克的褶皱岩系中未获得明确的证据。沃尔科特重新检查了这些证据，并像一位优秀的科学家那样依据事实改变了自己的观点，而不是试图扭曲时间来附和他的先入之见。

关于时间框架的争论永无停歇，随着认识的发展，问题的焦点会集中在越来越小的尺度上。我投入了许多的科学生涯，以观察关于寒武纪与奥陶纪界限的国际共识是如何缓慢形成的，三叶虫计时器在这一过程中也发挥了作用。这个问题看起来深奥，虽然其不过是生命历史上的一个象征性的瞬间，但我曾见过成年男

子为了它而大动肝火。在纽芬兰岛、犹他州、中国和挪威的几个不同地点，有希望能够定义这一界限的候选剖面已经被提出。而这些剖面我均已造访过。

在中国的浙江省江山市 * 附近，我遇到了时间的另一种表现形式。当时惠风和畅，我们一行人正在考察这条跨越争议界限的剖面，并采集关键层位的化石，就像云雀一般快乐（可能还要更快乐）。不时有巨大的东西嗡嗡着从身旁飞过，但我全神贯注，几乎没有注意到它们。突然，我感到侧面一阵灼痛：有一只大虫子爬进了我的野外服里，肯定是我猛烈敲击时惹怒了它。我一跃而起，我这辈子见过的最大一只胡蜂掉到了地上。这样一种巨大且充满毒液的生物不但能离开地面，还能飞来飞去，实在是令人费解。疼痛在加剧，我试图让团队的翻译注意到我病情的急迫性。她听不懂"大黄蜂"（hornet）这个词，于是我拍打双手，模仿嗡嗡作响，又做了一个刺中我侧面的夸张动作。"啊哈！"她热情地笑着说，"蜜蜂啊！那不会很危险的。"这时我眼前的稻田已经开始摇晃了。幸好我朋友戴维·布鲁顿看到了全过程，并最终向东道主说明我被一只飞行怪物蜇到了肚子。接着，一个名叫吉姆·米勒（Jim Miller）的强壮美国人小心地背起我，走上了稻田间纵横交错的田埂。穿过麦田逃回马路的过程历经考验。在清醒的片刻，我从吉姆的后背上望见一片长满莘莘的水塘，心想"我大限到了"。我的时间将停止

---

* 作者在书中写成了江山隔壁的常山县，但其考察的位于南方的寒武奥陶界限候选剖面应当是碓边剖面，位于今江山市。——译者注

　　　　　　　　　　　　三叶虫：演化的见证者

在中国的中部，只是为了解决一个我和其他几十个同事都感兴趣的问题。这一刻，我与我正在探寻的4.89亿年前的另一个时刻产生了联系，我明白了自己在地质历史面前的渺小。

幸运的是，我赶上了越野车，它迅速地把我送到了江山。在20世纪80年代初，一个西方人在这个偏远小镇上的出现足以引起轰动，全县城人民跟着我蜂拥来到了"医院"——所谓医院只是一座窗户上没有玻璃的简易建筑。几十个脑袋在窗口想要一探究竟，对他们而言这是好玩的经历，而我则几乎什么都不记得了。后来别人告诉我，医生用消毒的刀割开了肿块，并用力按压，挤出了淤血，然后给伤口涂上一层捣碎的草药泥膏。我的医生自信地点点头，通过翻译说道："我们这里采用的是中西医结合的疗法。"他给了我一片阿司匹林，还有一大瓶由野草制成的大药丸。它们确实有效，两天后我就已经能下床走动了。这次遭遇还使我有些没面子。因为我康复后，著名的中国老教授卢衍豪跟我说："我见过这种昆虫很多次，但你是第一个被咬的人。"然后他顿了一下，又说："也许一些农民也被蜇过吧。"回到伦敦后，我把这段经历告诉了自然历史博物馆的胡蜂专家。"多希望你带回那只该死的胡蜂，"他说，"我想我们的收藏里还没有那种东西呢！"

科学依赖于诚实的报道。如果本书前面的故事中有情节被夸大了，或者有一部分是编造出来供读者消遣的，这都不是太重要——不过我保证我已经尽可能清楚地回忆所有的情节了。但科学作品就不同了，它不能允许故意的误导。而如果这种欺骗是为了获得个人的成功，那就更糟了。戴普拉事件显然就是如此。

雅克·戴普拉（Jacques Deprat）是 20 世纪早期受雇于法属印度支那（今中南半岛大部分地区）地质调查局（Service Géologique de l'Indochine）的一名年轻的地质学家，当时，现今的越南还是法国的殖民地。那是地质勘查的英雄时代，科学解开了阿尔卑斯山脉和喜马拉雅山脉许多复杂的地质问题，事实上，整个地球的结构似乎都在这些勇敢而睿智的英雄人物的掌握之中。因为研究相关问题的核心就是对未知之地的大胆探索。毫无疑问，戴普拉是一位才华横溢、勇敢且精力充沛的地质学家。他是一位有成就的登山家，喜欢从常人难以接近的山峰上收集信息，并能将收集来的信息重建成三维上复杂的岩石结构。他在古生物领域也颇有建树。今天，这样的通才可谓少之又少。他靠着天赋和勤奋，从平庸的中产阶级跻身于社会上流，他确实称得上那个时代的英雄人物。在阶级森严和精英主义盛行的法国，这是一个不小的成就。为了成就事业，戴普拉来到了法兰西帝国的边疆，但即使是在那里，权贵们也瞧不起圈外人，比如他的宿敌——上司奥诺雷·兰特诺瓦（Honoré Lantenois），他和其他的反对者都出身于法国的精英教育系统。但是到了 1912 年，戴普拉已经享誉世界，这都要归功于他辛勤的野外工作：他发现在欧洲识别的构造概念可以应用于中南半岛的褶皱和逆冲地层中，而更重要的是，他在这边远地区发现了奥陶纪的三叶虫，并以此确定了地层的年代。戴普拉发现的三叶虫中包括约阿希姆·巴兰德最初在布拉格周围命名的物种，没有什么证据能比伟大的先驱人物描述的物种更有力了。这些物种今天被称为高福狄恩虫（*Deanaspis goldfussi*）、社

会小达尔曼虫（*Dalmanitina socialis*）和美丽美女神母虫（*Dionide formosa*）。前两个种是为人所熟知的晚奥陶纪三叶虫，在波希米亚的莱特纳组（Letna Formation）中非常常见，在大多数有旧藏的博物馆，抽屉深处都有它们的标本。美丽美女神母虫产于维尼斯组（Vinice Formation），较为稀有，但也很有名。看来，这些可靠且历史悠久的三叶虫时间标尺具有广泛的分布范围。戴普拉采自越南的标本由其在地质调查局的同事、古生物学家亨利·满苏（Henri Mansuy）于 1912 年和 1913 年在《地质调查》（*Service Géologique*）杂志上发表。戴普拉的名声在此时达到了顶峰。

　　但疑云很快就出现了。满苏开始对戴普拉持谨慎态度。而兰特诺瓦的态度则更进一步：他断言，之所以这些高福狄恩虫和社会小达尔曼虫看起来与波希米亚的一模一样，完全是因为它们本身就是来自波希米亚的标本，而非来自越南的荣市（Vinh）的纽纳玛（Nui-Nga-Ma）地区。言外之意，它们是"移植"来的，是谎言，是欺骗；或者含蓄一点，引述让－路易·亨利（Jean-Louis Henry）在 1994 年的相关文章中所使用的词：它们是"杜撰的"，即真实性值得怀疑。如果确有其事，这种表里不一的行为显然打破了科学界诚实的铁律。戴普拉有力地为自己辩护，对这些指控表示不屑一顾，将它们归为诽谤。这说明他此时可能已经精准地意识到，能力次之但社会关系较好的奥诺雷·兰特诺瓦对他在地质学界的声名鹊起已经心生怨恨。毕竟，是兰特诺瓦使得印度支那地质调查局的工作有了坚实的科学基础，但荣誉却大都归于了戴普拉。永远不要低估愤怒的力量。戴普拉的情况开始变得不利。

随着机构内部的调查被官方法庭接手，法国地质学会（Société Géologique de France）也被卷入其中，并向当时的大科学家们征询意见。一支官方派出的考察队来到纽纳玛，找寻戴普拉曾采到的标本，结果却一无所获。戴普拉又拒绝让调查委员会检查他的野外笔记，这无疑坐实了他的罪名。在当时有成千上万的法国年轻人在战壕中惨遭屠杀，*相关案件的审理非常缓慢，毕竟遥远的印度支那的殖民世界仿佛在另一个时空。从法国本土寄来的最后判决结果花了好几个星期才从海上寄到。垂死之际会觉得时间越来越快，但兰特诺瓦对戴普拉的追捕却是以跨越长距离的慢动作进行的。最后，雅克·戴普拉名誉扫地，那些曾经赞扬过他的地质学又终结了他的职业生涯。戴普拉曾经的支持者、巴黎地质学会的元老特米尔（Termier）教授，最终不情愿地终结了戴普拉的名誉。法国地质学会的委员们一致认为那些来自纽纳玛的化石是杜撰的。那些曾经赞扬过年轻的戴普拉的人，现在亲手埋葬了他。1920年11月，戴普拉被解雇。你不能在三叶虫的事上撒谎，也不能在时间的问题上撒谎。因为谎言终会被揭穿。

不过相对而言，戴普拉的名声尚未完全破产。在一段时间的休养后，戴普拉把整个事件写了下来。在他那本名叫《狂吠的猎犬》（Les Chiens abouient）的影射小说里，你可能会发现他毫不掩饰地提及了他到达越南，他跟满苏和兰特诺瓦的关系，以及他挫败的故事。当然，这只是一面之词，但其间所言也确实有其道理。

---

* 指当时正在进行的第一次世界大战。——译者注

　　　　　　　　　　　　　　三叶虫：演化的见证者

现代读者很难不同情这位可能被狭隘的特权阶级所抹黑的草根。1990 年，杜兰德尔加（M. Durand-Delga）在法国地质学会的一次特别会议中大胆地试图为戴普拉平反，他显然认同戴普拉是被那些嫉妒他名声的人所"陷害"。这是戴普拉在多次改变主意之后，为自己采取的最终辩护，这真是一出大戏。戴普拉在地质科学的其他领域所取得的成就是毫无疑问的。在受到如此诽谤的情况下，他还展示出了写小说的天赋，也实在是个人才。

　　但这一切仍无法解决最重要的问题：他到底有没有作假？堪称楷模的古生物学家亨利·满苏，几乎不可能只因为嫉恨而放松自己的道德要求。此外，在 1913 年发表的文章中，为有争议的化石拍照的确实是戴普拉本人。如果他真的无辜，那么他为什么拒绝交出自己的野外笔记，从而正中对手下怀？但同样，正处在事业上升期的他，为什么偏要采取如此愚蠢的欺骗行为？难道他以为自己完全可以瞒天过海？还是因为他缺乏安全感，以至于必须夸大事实、引得世人关注才罢休？不管这一切的真相是什么，戴普拉的地质学家之路已经因此断送了。

　　几年后，戴普拉以小说家赫伯特·维尔德（Herbert Wild）的新身份重新出现在另一种生活中。写出《狂吠的猎犬》的就是这位"赫伯特·维尔德"，明眼人很容易就能察觉出这位维尔德与戴普拉之间的关联。他后来的几部小说都取得了巨大的成功，其中一部还获得了龚古尔文学奖（Prix Goncourt）的提名，这使他足以靠写作养活一家人。他也回归了初爱——群山——的怀抱，成为一名出色的登山运动员，成为攀登比利牛斯山脉的大师，以及几个更

具挑战性的山峰的开拓者。据我们所知，他再也没有写过有关地质学的文章。1935 年 3 月，群山最终夺去了他的生命。值得玩味的是，在他曾写过的一本小说里，相当详细地描述了登山失足的情形——他后来就是因此而死。直到他死后，维尔德和戴普拉之间的联系才终于被揭示了出来。

　　戴普拉的故事和本书开篇的《一双蓝眼睛》中的那一幕之间有一种有趣的对称性。两个故事都提到了虚构的三叶虫：哈代的主人公在悬崖上的生死关头与三叶虫对视，而戴普拉在三叶虫毁了他之后落下悬崖而死。在哈代的故事，一个虚构的康沃尔的石炭纪三叶虫被小说家用于戏剧效果，而他的声誉经久不衰，没人会因为他虚构出三叶虫而认为他不配如此。相反，小说家的工作就是要通过这些文字想象达到表达效果。而戴普拉则因不同情境下的虚构故事而使自己蒙羞，他应该遵循的是科学研究的原则。然而，不论我们如何为戴普拉才华的浪费而惋惜，为兰特诺瓦的穷追猛打而沮丧，我们都知道，科学的进步靠的不是戴普拉所被指控的这种行为。如果一个科学家所说的 78% 是真话，那他仍不值得信任，关于这一原则不可能有任何妥协。否则我们何以判断哪些是真的部分，哪些是假的部分？机缘巧合之下，戴普拉成了一个小说家，他甚至可能还会喜欢托马斯·哈代的作品。如果他以维尔德先生的身份虚构一只三叶虫，那就不至于招致批判了。在这个"双虫记"*的故事中，科学与艺术中虚构角色之间的差别被精确地

---

* *Tale of Two Trilobites*，作者模仿了《双城记》的名字。——译者注

       三叶虫：演化的见证者

描绘了出来，很难有比其更恰当的故事了。区别在于：像所有的艺术家一样，哈代创造了他自己的时空——小说中的天地有它自己的辩解，读者只要愿意，便可以沉浸其中。书中三叶虫可能的真实性只是一种偶然，就像哈代认为这种生物是一种化石甲壳类动物一样无足轻重。反之，戴普拉对时间的声明则等于一种誓言，需要遵从弗朗西斯·培根（Francis Bacon）在 1620 年出版的《新工具》（*Novum Organum*）中明确提出的信条：

> 如果任何人真诚地希望推动新的发现，而不是因循于旧想法；真诚地希望能靠双手征服自然，而不只是与敌对的批评家做口舌之争；想要求得明确和结论性的知识，而不只是或可成真的有趣理论；那么我们欢迎他以真正的科学之子的身份加入我们的行列。

假借欺骗手法来产生"明确和结论性的知识"的人并不是"真正的科学之子"。想象力可能是艺术与科学进步的源泉，但艺术家沉醉于虚构，就像科学家专注于求索。时间检验艺术家的想象力，也同样地考验着科学发现是否能够历久弥新。

第十章　目之所见

　　大多数科学家都奋斗在自己的小天地中。如果看看时下关于科学发现的流行描述，你会认为每一个穿着白大褂的男男女女都在寻求解决统一场论、确定癌症的遗传基础，或者构建一个关于意识的神经学理论。事实上，科学研究的领域有上千个，但很少有人能获得恰如其时的创新，从而斩获诺贝尔奖（我无意中听到一位英国皇家学会的著名研究员将之描述为"斯德哥尔摩之旅"）。但是科学工作之间的联系就像是蜘蛛网，结构中任何部分的活动都会被敏锐地感知，紧密的联结则赋予其坚韧性。三叶虫也与许多重大的科学议题有关，比如：物种是如何诞生和灭绝的；寒武纪的"大爆发"（或没有爆发）究竟是怎样发生的；我们所知的生物世界是如何形成的；古代的大陆是如何分布的。一名研究人员完全有可能工作多年，却只有十几名同事认识他，对工作的热爱是其不懈的动力。然后，通过学科之间的连接，她可能会突然站上了前沿，获得荣誉和赞美。

　　就像寓言中所说的那样（这里不光指三叶虫了）：可以看到的人终会看到。德维尔夫妇（Ruth and Bill Dewel）是美国东

　　　　　　　　　　　　三叶虫：演化的见证者

海岸一所小型大学的生物学教授，他们几乎是唯一一对缓步动物（tardigrades）抱有热情的人，这是一类生活于苔藓下的常见而微小的粗腿动物，可能与节肢动物的祖先很接近。随着人们认识到一些寒武纪早期的化石动物与缓步动物在头部的重要特征上有关，以及分子技术的发展确定了其演化位置，这些小生物从边缘角色变成了问题的关键。德维尔夫妇多年来的耐心观察，突然间就与各种重大科学问题产生了联系，这些问题涉及已知多样性最高的动物——节肢动物的演化过程。

科学生活的美妙之处在于，每一个诚实的实践者都可以为知识的大厦做出永久的贡献。他们研究的后继者可能很少会记住他们，但他们的贡献是重要的，就算连名字都没有流传下来也一样。我们没有必要去成为少数几个能产生永久影响的名人之一。我知道在布拉格以外，几乎没人听说过伟大的波希米亚古生物学家、三叶虫界的重要人物约阿希姆·巴兰德。但没有关系，他家乡的地质图和地层框架就是他恒久的纪念碑。如果再进一步探究，研究者很快就会发现，巴兰德的名字出现在上百种重要的化石动物的学名中。接着他会发现，巴兰德也犯了错误，最明显的是他基于岩石的错误对比而提出的波希米亚地区的动物化石序列。但没有关系，这些错误并没有被纳入知识大厦的结构中。相反，它们为历史学家提供了材料，让他们能够仔细研究思想概念从成形到最终被接受的复杂过程。最后，研究者将发现吹毛求疵的完美主义者约阿希姆·巴兰德，他一生致力于让世界了解古生代波希米亚岩石中的财富，他还以自己管家的名字为一种蛤蜊命名。马塞尔·普鲁

斯特（Marcel Proust，20 世纪法国小说家）用敏感的心性创作了最长也最伟大的小说之一，而巴兰德就像他一样把一生奉献给了自己的伟大愿景。巴兰德和普鲁斯特一样住在城市公寓里，由一位有主见的管家照料。从本质上来说，科学是人类活动的一种，同样充满了人类具有的所有弱点和怪癖。科学家的人生故事和其他人的人生故事一样，具有令人津津乐道的细节。但是，对于真理的大厦来说，巴兰德是圣人还是罪人，是异装癖者还是变体论者（transubstantiationist），都是没有关系的，只要他诚实地对待科学就行。

科学可能是不朽的一种途径，无论以哪种不同寻常的方式，因此知识分子才为其所吸引，将之作为寻求生命意义的选择。在我们这个世俗的时代，其他关于死后永垂不朽的诺言已经失去了其说服力。如果道德的奖励就是道德本身，那么科学的奖励则是一种永恒。最明显的持久性存在于一种标签中，一个发现或一个想法将永远与发现者的名字结合在一起，比如克雅氏病（Creutzfeldt-Jakob Disease）、阿斯伯格综合征（Asperger's Syndrome）、海森堡不确定性原理（Heisenberg's Uncertainty Principle）、哈雷彗星（Halley's Comet）。在生物学或古生物学中，作者则永远与由他第一次描述并命名的物种联系在一起，比如卡氏斜视虫（*Illaenus katzeri* Barrande）和平滑伯尼巴比虫（*Balnibarbi erugata* Fortey）就让巴兰德和我都获得了这种微小的永恒。其他科学分支的回报或许更微小，但也是类似的。人固有一死，但是一个人在壮年时的发现很可能比肉体的存在更持久。

三叶虫：演化的见证者

我发现科学中创造性的部分可以在三叶虫的尺度上解释得相当清楚。数以千计的科学家在从事核物理或生理学的研究，他们的进展会引起对事物规律认识的重大变革。我听说这些领域的期刊上几乎所有的文章在十年内就会过时；而相关研究者会发现他们很难跟上最新的进展，更不用说完整地了解学科发展的过去。为了跟上热点，过去往往会被抛弃。与此同时，他们有必要将精力只集中于该领域的一小部分，这些部分往往非常专精，而且是竞争激烈的前沿领域。只需把你的注意力稍微移开一会儿，别人就会捷足先登！相比之下，三叶虫研究的时间尺度让我们有闲暇去审视整个研究历史。我们发现，很容易就能将17世纪的洛伊德博士、18世纪的林奈及其同辈人，或19世纪的沃尔科特和巴兰德联系起来。一百年来的发现与更久的过去一脉相承，也并非无缝对接，因为进步几乎总是断断续续。但哈里·惠廷顿关于三叶虫幼虫的发现，显然是建立在他的前辈——如詹姆斯·斯塔布菲尔德爵士或比彻教授——的基础上的。我们不断地和过去保持联系，图书馆就是我们向前人致敬的地方，我们的文献从不会真正过时。尽管三叶虫可能只是位于科学知识网的边陲，但它们与更靠近中心的学科一样，能感受到体系的脉动，能对刺激做出反应。历史告诉我们，"过去"也是可变的，当有新的发现，我们就会重写历史"真相"。古生物学家的工作就是重塑过去，没有别的工作比这更需要科学想象力了。

　　有些人仍然认为科学和艺术在某种程度上是对立的：前者被认为更重剖析，而后者则看重创造性。20世纪50年代，小说

家兼高级公务人员斯诺（C. P. Snow）提出的"两种文化"（the Two Cultures）概念，就是对人们这种态度的概括。斯诺的概念由来已久，其至少可以追溯到神秘主义诗人和艺术家威廉·布莱克（William Blake，18 世纪末期英国浪漫主义诗人），以及 18 世纪那些反对英国皇家学会和西方其他科学机构所倡导的实验主义方法的人。他们暗示，艺术家通过他富有想象力的创作，能够比简化论者（reductionist）探索到更大的真理，后者试图通过拆卸蝴蝶的翅膀来探索蝴蝶的秘密。这类批评的态度在埃德加·爱伦·坡（Edgar Allan Poe）的诗句中得到了完美的展现：

> 科学！你是远古时代的产物！
>
> 你凝视的双眼改变了万物。
>
> 为何你如秃鹫的羽翼一般将枯燥的现实笼罩世界，
>
> 困扰着诗人的心？

古生物学确实是"远古的产物"，不然它还能是什么？而在本书中，我也是经由"凝视的双眼"这一意象来作为理解三叶虫世界的关键，而且我有意识地把这一意象与科学家对他们希望复活的化石材料所做的观察活动联系在了一起：他们就这样目不转睛地四目相对。我们的知识就是来自于观察之中，但我也将借观察得来的一切当作诗人的素材。最微小的科学发现也能令人欣喜，而真理的美丽与热带蝴蝶所闪耀的彩虹般光芒也别无二致。

那么，为什么这么多人对科学或科学家持矛盾态度？对于科

学家，大家的脑海中或许会浮现出几个形象。首先是一种由电视广告传播的刻板印象，我称之为"科学怪咖"：他们秃顶，耳朵上方却毛发旺盛，面部抽动，苍蝇都不敢降落；面对自己的最新发明——通常是一个不接地气的小发明，他会兴奋地手舞足蹈。他们穿着一件宽大的粗呢夹克，螺丝刀从胸前的口袋里伸出来。他们总是戴着厚重的眼镜，不知为何，这几乎成了一种时尚。不过话说回来，近视和智力之间确实存在着统计学上的显著联系。他们的体格总是那么虚弱，就好像大脑的发育会妨碍肌肉的生长一样。在这种假设里，大脑本身就被视为一种需要身体其他部位供养的寄生虫，随着头盖骨的扩张，肱二头肌和胸肌就会萎缩，直到达到一种大家脑海中完美的科学家体型：细长的四肢顶着一个巨大的脑袋，如同竹节虫带顶一台计算机。侦探漫画《丁丁历险记》中的卡尔库鲁斯教授（Calculus）就是这种科学家的典型：他像你预想的一样聪明，但总是手足无措，无法打理生活中的日常，而他的发明总是有可能发展为一场灾难。然而，没有人怀疑卡尔库鲁斯教授的想法是正确的，他的发明总能化不可能为难以预料。如今，这种科学家的形象进一步进化为狂热的极客，他们带着钢琴师的那种满满的自信摆弄着机器。不知道他们熟练的电子技术下会诞生美丽的机器人还是时间机器。

　　但爱伦·坡笔下的科学家则更加邪恶[*]：他也许是一个无情地

---

[*]　埃德加·爱伦·坡本人曾对天文学和生物学提出了一些科学观点，但都遭到了其他学者的冷遇。他对科学家的偏见可能与他个人的怨恨有关。

解剖无辜动物的人，或者是一个基因工程师，或者是像《莫罗博士之岛》（*The Island of Dr. Moreau*）里那样拼接生物器官。威尔斯（H. G. Wells）的这个故事为几部电影提供了原型，在以自己名字命名的小岛上，莫罗博士以恐怖的器官拼接手段造出了一群怪物。不过，就像威尔斯的大部分作品一样，曾经看似夸张的想象如今几乎都变成了可能，而且也没有那么邪恶。今天我们已经不再相信植入猪的心脏就会使接受者变成猪。但当威尔斯指出科学技术与道德脱钩所面临的问题时，可能确实对妖魔化科学家起到了一定的作用。不过这也并非不无道理，我们在 20 世纪所经历的纳粹时代的例子比威尔斯最可怕的想象还要有过之。那时迫害者已经不单单是爱伦·坡诗歌中"秃鹫的羽翼"了，他们带着一种比食腐的机会主义者还要巨大的恶意。无论科学家的形象是温和的还是令人生畏的，都反映出外行人眼中这个角色的模糊。一方面，许多人把科学家看作无所不能的人，每周都能传来新的"突破"。另一方面，这个成功突破中的大部分内容都佶屈聱牙，又给大众造成了一种被"他们"牵着鼻子走的排斥感，因此才会出现斯坦利·库布里克（Stanley Kubrick）所饰演的奇爱博士（Dr. Strangelove），或是詹姆斯·邦德为了拯救大家而毁掉的嗞嗞作响的实验室。

然而，三叶虫是无辜的。我觉得古生物学家的形象或许会更像卡尔库鲁斯教授而不是奇爱博士。我想破脑袋都想不出极权政府利用三叶虫学家来压迫人民的桥段："啊哈，邦德先生！你们来得正是时候，见证三叶虫的胜利和人类的灭亡吧！"我猜 80% 的科学工作像三叶虫一样，不涉及道德层面的问题。奇怪的是，这些

研究正是因为无害才更难获得资助，不需要为资金犯愁的反而是那些具有军事或医学意义的科学。

我们这个时代的所有爱伦·坡都搞错了！一项研究如何获得资金支持的问题才是他们诗中所说的"枯燥的现实"的真面目，而这项工作在会计人员的一个工作周期内不会产生任何现实效益。要确定什么是真正的价值，就必须从长远的角度来看。举个例子，人们普遍为之着迷的恐龙，是兢兢业业的科学家首先呈现在世人面前的。其间需要挖掘、修理、拼凑不同的化石碎片，最后再复原上血肉，这个过程有时要花十年之久。想象一下，如果霸王龙还不为人所知，有多少孩子的生活会为之失色。而且，如果你把恐龙电影、书籍和其他上百种通俗的"衍生品"都考虑在内的话，这些严肃的科学工作甚至得到了经济上的回报。

我想，或许有一天，我展示的三叉戟三叶虫会在一个孩子身上激起片刻的好奇，这可能会使他转而进入科学世界，为其间奇妙的问题所着迷。三叶虫甚至还能激发起诗人的想象之旅：爱伦·坡诗作中的秃鹫可以借助科学毫不费力地腾飞，就像雄鹰一样展翅翱翔。

或许有人会说，现在我们知道的已经够多了。我们已经认识了十二种恐龙，为什么还需要知道第十三种？这世界上的三叶虫还不够多吗？对此，我的回答是：探索将永无止境，我们永远不可能知道下一个悬崖或下一块页岩中还隐藏着什么。三叉戟三叶虫只应该是一个不存在的幻想，但它却真实地存在。如果它一直未被人发现，这个世界就会更贫瘠一点。我期待着更多这样的发现，即使

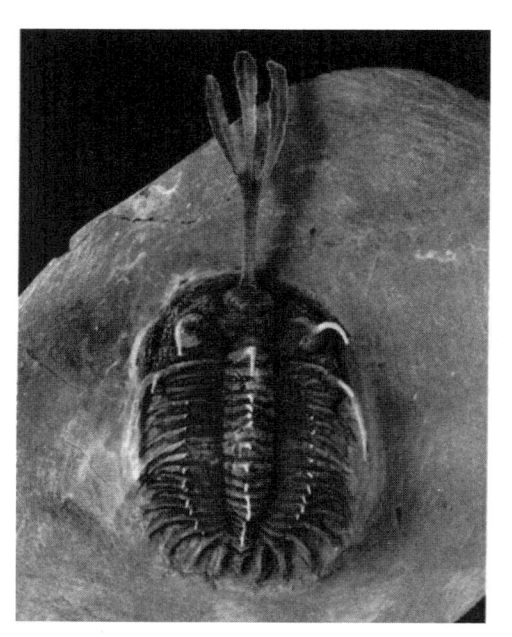

一种来自摩洛哥泥盆系的三叉戟造型三叶虫。

（原文中称此三叶虫未命名，其现已命名为 *Walliserops*［瓦勒西虫］。——译者注）

知道这是必然存在的事实，但想来仍觉得激动人心。也许一些幸运的研究者会发现三叶虫幼虫的附肢，这样我们就可以知道它们的生活与成虫时期相比如何。会不会有人发现三叶虫在前寒武纪晚期的祖先？我们能不能像当年沃尔科特研究三叶虫的附肢一样，进一步解开这个时代创新的奥秘？这些不是"枯燥的现实"，而是想象力的翅膀。我希望我能活到谜底揭晓的那天，但即使我知道了答案，我也永远不会喊出"足够了！"。

　　未来的知识网络将依赖于十几个不同学科的进展，因此要预测它们之间的联系就更加困难。不过我相信，这种联系将继续建立在过去推理路线的基础上。尽管人们在谈论股市时常说"过去的表现并不能保证未来的收益"，但事实上，如果这些股票在一个多世纪以来都稳定地产生着回报，聪明的投资者应该仍会投资于这些股票。我可以想象，未来的物理学家将开始研究三叶虫的视觉光学，我们将更清楚地了解三叶虫的视觉原理，它们的眼睛也将继续清澈地凝视着消失的世界。我们将从分子研究中了解三叶虫与所有现存亲属之间要如何进行相互比较，我们也能因此了解究竟应关注哪些解剖结构。当然，我们也会学到更多关于三叶虫如何形成其甲壳的知识，电子显微镜已经能够探索最微小晶体的细节。我们或许会发现，三叶虫甲壳所含的微量元素可能是过去海洋环境的晴雨表，就像现生生物中所含的污染物一样，而且有赖于现代科技的非凡精度，它的测量精度可以达到十亿分之一。我们肯定能够更加精确地测量地质年代，从而重写历史。我们将不再只把三叶虫作为地质年代的划分标准，而是在更精细的时间尺度

上检验三叶虫的演化规律，我们可能因此会对可怜的考夫曼所识别的演化机制有更新的认识。古生代将变成生命史的实验室，而三叶虫将成为古生代的果蝇。

这些梦想现在只是一种可能性，然而，我也知道没有什么是比追求这些梦想更美妙的事情。对真理的追求是人性中的美好部分，而三叶虫给研究者的回报，也将比金钱更有价值，比浮名更加隽永。

一种志留纪多刺三叶虫——克特纳盾壳虫（*Kettneraspis*）——的完整标本，来自英国伍斯特郡达德利市。标本约 2 厘米长。（照片来自德里克·西维特）

致谢

首先我要感谢三叶虫界的老前辈哈里·惠廷顿教授，他领我走进三叶虫的天地，直到最近还慷慨地为我提供所需的照片。感谢哈斯教授（Winfried Haas）、查特顿教授、克拉克森教授、利瓦塞提教授、西维特博士（Derek Siveter）、欧文斯博士、约切尔森博士（Ellis Yochelson）、拉什顿博士和自然历史博物馆为本书提供了许多丰富多彩的图片。戈德温（Heather Godwin）既是批评者，也是我工作的支持者，本书的每一页都包含我对她的感谢。感谢科克斯阅读了初稿，他的许多意见都对终稿产生了影响。感谢我的妻子仔细阅读了校样。感谢麦利士（Claire Mellish）的技术支持；感谢汉诺斯（Pam Hanus）和韦勃（Nicola Webb）帮助翻译德语。感谢哈珀柯林斯出版社（HarperCollins）的派克（Arabella Pike）和菲什维克（Michael Fishwick）一直在鼓励着我，尤其是派克发现并纠正了书中的许多小错误，并以一贯的幽默使问题化繁为简。感谢与我同乘那班8点02分通勤车的同事们，在我几次低落的时候，他们都是我的快乐源泉。最后，本书的问世要感谢那些来自天南海北的研究三叶虫的同行，虽然没有足够的篇幅将他们的名字一一提及。

索引

A

阿德里安·拉什顿　169, 190

阿加莎·克里斯蒂　107

阿瓦隆　217—220, 223

埃德加·胡佛　112

埃迪卡拉动物　133

埃尔斯米尔岛　214

埃舍尔　91

埃谢栉蚕　148

艾伯堡　18

艾尔弗雷德　12, 16, 24

艾玛·吉福德　14

爱丁堡石灰岩组　38

爱雷斯虫　226, 245, 254

爱伦·坡　276—279

凹头虫　217, 218

奥拉夫·霍尔特达尔　47

奥诺雷·兰特诺瓦　266—268, 270

B

巴宾卡蛤　238

巴里柔玛虫　259

半织克鲁兹迹　250, 251

保罗·赫德　17

鲍勃·欧文斯　55, 200, 261

鲍格朗氏虫　146, 147

北方半岛　129

北康沃尔　1

奔宁山脉　200

本登巴赫　74

比彻　67—73, 275

比彻三叶虫层　67, 70

比尔斯　185, 187

彼得·谢尔顿　185

碧奇海角　15

蝙蝠虫　255, 258

扁水虱　163

宾尼崖　1, 12, 14, 15, 17, 85

波恩虫　130

波恩湾　129

波斯尔思韦特　169

波易豪　19

博德明　8, 9, 18

博格斯　232

博斯卡斯尔　1, 4, 5, 11, 18

博斯卡斯尔组　6

不眠凝视虫　116

布尔吉斯页岩　131, 134, 135, 137—139, 141—145, 148, 151, 152, 254

布莱恩·查特顿　234

布雷多拉虫　217, 218

布伦尼希　50

布罗格　263

三叶虫：演化的见证者

布氏隐头虫　82

C

查尔斯·狄更斯　158
查尔斯·拉普沃斯　191
查尔斯·斯图亚特　212
齿肋虫　40, 83, 245, 257, 260, 261
粗面萨饿虫　238, 239
粗筛壳虫　262

D

达尔曼　72
达尔曼虫　257
达特穆尔　9, 18
大盾壳虫　216
大头虫　228
戴安娜·麦克梅纳明　151
戴恩福公园　48
戴氏龙王盾壳虫　48—50, 187
戴氏奇异虫　238
戴维·布鲁顿　44, 139
戴维·哈德维克　121
戴维·斯沃福德　142
岛头虫　217, 218
德里克·布里格斯　70, 71, 137, 139,
　　141, 142, 144, 145
德氏虫　256
德维尔夫妇　272, 273
等称虫　80, 196, 225, 259
等足类　56, 57
笛卡尔　114
蒂姆·麦考米克　120
豆状球接子　79, 167
杜内斯　191

盾板虫　217, 218
盾形虫　85
多尔夫·赛拉赫　249—251
多佛白崖　97, 98
多肋希若拉虫　62
多萝西　42, 43
多毛类　229
多切斯特　169
多须虫　139

E

厄兰奇异虫　167
恩斯特·迈尔　176

F

法罗特虫　92
菲尔·莱恩　36
菲尔德盾壳虫　254
菲利普斯虫　85, 86
弗吉尼亚州　38, 40
弗拉—法门灭绝事件　199, 260
弗兰伯勒　15
弗兰克·克罗斯　55
弗朗西斯·培根　271
弗里茨盾壳虫　147
弗里乔夫·南森　46, 47
福提盾甲虫　166
抚仙湖虫　93
副巴兰德虫　121, 122

G

冈德人　215
高福迪恩虫　266, 267
格哈德·哈恩　261

格雷厄姆·巴德　148

格雷格·埃奇库姆　145

格林　62

葛利普　33

古斯塔夫·马勒　7

怪诞虫　132, 148

H

Hox基因　89, 90, 140, 172

哈里·惠廷顿　34, 38—44, 65, 68, 70, 134, 137—139, 235, 241, 245, 275

哈里发马蒙　170

哈氏虫　131

海西造山带　7, 10

寒武纪大爆发　93, 132—134, 140, 156

豪斯曼　82

赫伯特·维尔德　269, 270

赫尔克里·波洛　107

赫南特贝动物群　197

赫南特峡谷　198

亨利·福特　156

亨利·满苏　267—269

亨利·希克斯　54

洪斯吕克板岩　74—76

鲨　66, 147, 156, 170, 193, 243, 244, 249

华兹华斯　169

缓步动物　273

彗星虫类　198, 257

惠更斯　114

惠廷顿虫　166

霍尔拜因　11

霍尔丹　203

霍金　143, 144

J

吉姆·米勒　264

棘肋虫　189, 190

加里东造山带　223, 224

加拿大虫　139

尖盾虫　197, 198, 259

桨肋虫　241

杰克逊·波洛克　41

杰拉西虫　199, 201

金氏爱雷斯虫　254

镜眼虫　75, 76, 84, 85, 108—115, 117, 174—176, 178, 188, 199, 200, 221, 225, 234, 245, 250, 257, 259, 260, 262

九井　19

居纳尔·亨宁斯门　44

锯圆尾虫　110, 119

菌蚊　150

K

喀麦登郡　119

卡尔·波普尔　23

卡菲湾　19

卡罗琳虫　118, 119, 257

卡明斯　198

卡氏斜视虫　274

康韦·莫里斯　130, 137—139, 152—156

考纳斯　184

柯勒律治　125

科斯维克　169

克金顿　5

克里斯·休斯　139，243
克林特·伊斯特伍德　16
克氏舒马德虫　55
肯·麦克纳马拉　190—193
肯尼思·奥克利　136
肯尼思·托　111，112

L

拉迪亚德·吉卜林　34
拉氏小油栉虫　191，192，194
莱德利基虫　252，253
莱姆里吉斯　169
莱特纳组　267
莱茵兰　74
赖德·哈格德　34
赖因哈德·凯撒　181
兰代洛镇　26，48，50，79，80
兰德林多德韦尔斯　185
劳伦古陆　46，212，214，215，217，218，221，223，224
雷娜特·哈恩　261
里卡尔多·利瓦塞提　112—114，283
理查德·道金斯　151，155，156
理查德·费曼　144
理查德·陆文顿　154
利夫·施特默　137
利泽半岛　15
镰虫　262
列文虎克　48
裂肋虫　85，257，260
林奈　52，162，275
龙王盾壳虫　50，51，186，188，196，200，216，240，241，257
鲁道夫·考夫曼　87，178—185，194，282
鹿湖　129
罗阿尔德·阿蒙森　46
罗宾·科克斯　218，283
罗伯特·史蒂文森　23，168
罗德里克·麦奇生　50，54，80，120
罗斯柴尔德勋爵　170
洛伊德　26，48—50，67，80，186，200，221，257

M

马丁·李斯特　26，48
马格德林人　136
马克·麦克梅纳明　151
马塞尔·普鲁斯特　273，274
马修　66，263
马修·威尔斯　144
梅里奥尼思　251
梅林虫　217—219
梅内夫虫　253
美丽美女神母虫　266，267
孟德尔　179
梦露诺拉栉虫　221
米哈伊尔·阿波罗诺夫　87
明矾页岩　178，179
摩泽尔河　74
莫查岛　4

N

奈尔斯·埃尔德雷奇　174—179，187
尼亚加拉瀑布　13
拟小阿贝德虫　147
拟小油栉虫　191
拟油栉虫　134，135，143

诺拉栉虫　221

诺里奇　161

O

欧儿龙王虫　217, 218

欧马虫　136, 217, 218

欧内斯特·卢瑟福　167, 168

P

Pax6基因　90

帕梅拉·达尔齐尔　14

潘特冈湾　3, 7, 15

佩蒂古拉虫　214

佩奇虫　253

彭布罗克郡　54, 55

平滑伯尼巴比虫　274

珀西·雷蒙德　137

Q

七姐妹崖　98

奇异虫　20, 22, 30, 32, 78—80, 235,
241, 253, 263

奇异奇异虫　32

球接子　32, 79, 196, 228, 245, 253,
255, 257, 259

屈尔河畔阿尔西　136

R

桡足类　150

人属　172

S

塞奇威克　42, 53, 54, 120

塞奇威克博物馆　35, 139

赛尔乔·莱昂内　15

三分节虫　65—69, 71, 72, 75, 118,
134, 178

三瘤虫　80, 81, 123, 186, 196, 227,
241, 245, 257, 259

森纳瑞隐头虫　63

社会小达尔曼虫　266, 267

射壳虫　83

深沟虫　214, 215

深沟虫科　214

什罗普郡　50, 82, 125, 218, 248

圣安东尼　129

圣戴维斯　18, 19, 30, 35, 54

圣朱利奥　8, 14

史蒂芬·奈特　12—16, 21, 24, 79,
85, 127

始莱德利基虫　146, 147

饰边三瘤虫　54

手尾虫　198, 257

舒马德虫　125, 190, 245—247

双角虫　261

斯蒂芬·杰·古尔德　114, 131, 132,
139, 140, 145, 148, 151—156, 177,
178, 192

斯凯岛　212

斯匹次卑尔根　34, 43, 45, 46, 52, 72,
116, 118, 196, 214, 241, 242

斯坦利·吉本斯　168

斯伍德　7

索尔瓦　18

索氏线头虫　54

T

汤姆·冈恩　230

三叶虫：演化的见证者

特伦顿瀑布　58, 61

特诺拉虫　259

天山　163

廷巴克图　163

托尔斯滕·杰维克　216

托马斯·哈代　2, 3, 6, 11, 12, 14—
19, 21, 31, 66, 86, 136, 169, 224,
230, 262, 270, 271

W

蛙镜眼虫　84, 175

瓦达尔·贾纳森　183

瓦尔哈尔冰川　34

瓦尔希　49

瓦伦西河　1

威尔德　10

威尔逊　229

威廉·布莱克　276

威廉·哈维　28

威廉·吉尔伯特　208

威廉·施蒂默尔　75

威瑟姆河　204

威瑟斯　158

维尼斯组　267

温洛克　82

翁贝托·波丘尼　75

沃尔科特　58—68, 73, 134—136, 147,
214, 262, 263, 275, 281

沃尔科特盾壳虫　166

沃尔科特原海林檎　130

沃尔特·司各特　60

伍德豪斯　216

伍德沃德　42

武装拟小油栉虫　192, 194

X

西里斯帕斯特　131

希氏奇异虫　55

膝尾虫　186, 227

线头虫　245, 257

线纹褶颊虫　254

小俄诺涅虫　166

小雷宾纳虫　147

小深沟虫　214

小油栉虫　77, 78, 128, 130, 135, 146,
147, 171, 190—194, 245, 252, 263

小泽利斯科虫　217

斜视虫　81, 82

欣洛彭海峡　46

新地岛　47, 207

新月盾虫　217

星虫　229

Y

雅克·戴普拉　265—271

亚历山大·奥佩克　183, 256

亚历山大·布龙尼亚　50, 79

砑头虫　199, 200, 257, 259—262

叶足动物　148

以利加娜·比林斯　214

阴沟盾壳虫　72

隐头虫　31, 82, 83, 245, 257, 259

隐头形虫　217, 218

英厄堡·芒努松　181

尤安·克拉克森　104, 105, 110, 112,
113, 115, 117, 180, 283

尤蒂卡页岩　66, 68, 74, 75

油栉虫　72—74, 178—180, 182, 196,

257

油栉虫科　72

有孔虫　173, 229

有爪动物门　148

原法罗特虫　128, 147

圆尾虫　81, 119, 120, 257

约阿希姆・巴兰德　55, 81, 236—
238, 240, 266, 253, 266, 273—275

约翰・阿尔蒙德　65, 68, 69, 75

约翰・伯斯诺尔　35, 36

约翰・德莱顿　70

约翰・菲利普斯　85

约翰・济慈　24

约翰・雷　162

约翰・皮尔　131

约翰・舍戈尔德　220

约翰・索尔特　54, 55, 87, 187, 251

约瑟夫・海顿　202

Z

粘壳虫　57, 201

詹姆斯・霍尔　55, 77, 120

詹姆斯・斯塔布菲尔德　190, 245—
248, 275

栉虫　221, 257

钟头虫　85, 225

纵棒头虫　254

书中的三叶虫属名及学名对照表

中文名	属名或学名
棘肋虫	*Acanthopleurella*
棘尾虫	*Acanthopyge*
球接子	*Agnostus*
豆状球接子	*Agnostus pisiformis*
线头虫	*Ampyx*
索氏线头虫	*Ampyx salteri*
栉虫	*Asaphus*
巴里柔玛虫	*Balizoma*
平滑伯尼巴比虫	*Balnibarbi erugata*
小深沟虫	*Bathyurellus*
深沟虫	*Bathyurus*
鲍格朗氏虫	*Bergeroniellus*
波恩虫	*Bonnia*
大头虫	*Bumastus*
隐头虫	*Calymene*
布氏隐头虫	*Calymene blumenbachii*
森纳瑞隐头虫	*Calymene senaria*
隐头形虫	*Calymenella*
多肋希若拉虫	*Ceraurus pleurexanthemus*
手尾虫	*Cheirurus*
阴沟盾壳虫	*Cloacaspis*
膝尾虫	*Cnemidopyge*
凹头虫	*Colpocorypus*
钝锥虫	*Conocoryphe*
纵棒头虫	*Corynexochus*
钟头虫	*Crotalocephalus*
拟赛美虫	*Cybelurus*
圆尾虫	*Cyclopyge*
弯盾虫	*Cyphaspis*
达尔曼虫	*Dalmanites*
社会小达尔曼虫	*Dalmanitina socialis*
德氏虫	*Damesella*

高福迪恩虫	*Deanaspis goldfussi*
双角虫	*Dicranurus*
美丽美女神母虫	*Dionide formosa*
双切尾虫	*Ditomopyge*
蝙蝠虫	*Drepanura*
爱雷斯虫	*Elrathia*
金氏爱雷斯虫	*Elrathia kingi*
始莱德利基虫	*Eoredlichia*
法罗特虫	*Fallotaspis*
弗里茨盾壳虫	*Fritzaspis*
福提盾甲虫	*Forteyops*
抚仙湖虫	*Fuxhianshuia*
杰拉西虫	*Gerastos*
粗筛壳虫	*Griffithides*
哈氏虫	*Halkieria*
怪诞虫	*Hallucigenia*
镰虫	*Harpes*
超长盾壳虫	*Hypermecaspis*
斜视虫	*Illaenus*
卡氏斜视虫	*Illaenus katzeri*
等称虫	*Isotelus*
克特纳盾壳虫	*Kettneraspis*
特诺拉虫	*Ktenoura*
狮头虫	*Leonaspis*
似瘦模虫	*Leptoplastides*
裂肋虫	*Lichas*
大盾壳虫	*Megistaspis*
梅内夫虫	*Meneviella*
梅林虫	*Merlinia*
尖盾虫	*Mucronaspis*
岛头虫	*Neseuretus*
诺拉栉虫	*Norasaphus*
梦露诺拉栉虫	*Norasaphus monroeae*
皱壳齿唇虫	*Odontochile rugosa*
小俄诺涅虫	*Oenonella*
欧几龙王虫	*Ogyginus*
龙王盾壳虫	*Ogygiocarella*
戴氏龙王盾壳虫	*Ogygiocarella debuchii*
拟小油栉虫	*Olenelloides*
武装拟小油栉虫	*Olenelloides armatus*
小油栉虫	*Olenellus*
拉氏小油栉虫	*Olenellus lapworthi*
拟油栉虫	*Olenoides*

锯刺拟油栉虫	*Olenoides serratus*
油栉虫	*Olenus*
不眠凝视虫	*Opipeuter inconnivus*
欧马虫	*Ormathops*
佩奇虫	*Pagetia*
拟小阿贝德虫	*Parabadiella*
副巴兰德虫	*Parabarrandia*
博氏似阿尔伯塔虫	*Parabertella bosworthi*
奇异虫	*Paradoxides*
戴氏奇异虫	*Paradoxides davidis*
希氏奇异虫	*Paradoxides hicksi*
厄兰奇异虫	*Paradoxides oelandicus*
奇异奇异虫	*Paradoxides paradoxissimus*
副镰虫	*Paraharpes*
佩蒂古拉虫	*Petigurus*
镜眼虫	*Phacops*
蛙镜眼虫	*Phacops rana*
菲利普斯虫	*Phillipsia*
盾板虫	*Placoparia*
布雷多拉虫	*Pradoella*
锯圆尾虫	*Pricyclopyge*
砑头虫	*Proetus*
原法罗特虫	*Profallotaspis*
始劳氏三瘤虫	*Protolloydolithus*
线纹褶颊虫	*Ptychoparia striata*
射壳虫	*Radiaspis*
莱德利基虫	*Redlichia*
桨肋虫	*Remopleurides*
小雷宾纳虫	*Repinaella*
粗面萨饿虫	*Sao hirsuta*
盾形虫	*Scutellum*
新月盾虫	*Selenopeltis*
舒马德虫	*Shumardia*
克氏舒马德虫	*Shumardia crossi*
粘壳虫	*Symphysurus*
缨盾壳虫	*Thysanopeltis*
三分节虫	*Triarthrus*
三瘤虫	*Trinucleus*
饰边三瘤虫	*Trinucleus fimbriatus*
沃尔科特盾壳虫	*Walcottaspis*
瓦勒西虫	*Walliserops*
惠廷顿虫	*Whittingtonia*
小泽利斯科虫	*Zeliszkella*

自 然 文 库
N a t u r e
S e r i e s

鲜花帝国——鲜花育种、栽培与售卖的秘密
艾米·斯图尔特 著　宋博 译

看不见的森林——林中自然笔记
戴维·乔治·哈斯凯尔 著　熊姣 译

一平方英寸的寂静
戈登·汉普顿 约翰·葛洛斯曼 著　陈雅云 译

种子的故事
乔纳森·西尔弗顿 著　徐嘉妍 译

醉酒的植物学家——创造了世界名酒的植物
艾米·斯图尔特 著　刘夙 译

探寻自然的秩序——从林奈到 E.O. 威尔逊的博物学传统
保罗·劳伦斯·法伯 著　杨莎 译

羽毛——自然演化的奇迹
托尔·汉森 著　赵敏 冯骐 译

鸟的感官
蒂姆·伯克黑德 卡特里娜·范·赫劳 著　沈成 译

盖娅时代——地球传记
詹姆斯·拉伍洛克 著　肖显静 范祥东 译

树的秘密生活
科林·塔奇 著　姚玉枝 彭文 张海云 译

沙乡年鉴
奥尔多·利奥波德 著　侯文蕙 译

加拉帕戈斯群岛——演化论的朝圣之旅
亨利·尼克尔斯 著　林强 刘莹 译

山楂树传奇——远古以来的食物、药品和精神食粮
比尔·沃恩 著　侯畅 译

狗知道答案——工作犬背后的科学和奇迹
凯特·沃伦 著　林强 译

全球森林——树能拯救我们的 40 种方式
戴安娜·贝雷斯福德 – 克勒格尔 著　　李益然 译　　周玮 校

地球上的性——动物繁殖那些事
朱尔斯·霍华德 著　　韩宁 金箍儿 译

彩虹尘埃——与那些蝴蝶相遇
彼得·马伦 著　　罗心宇 译

千里走海湾
约翰·缪尔 著　　侯文蕙 译

了不起的动物乐团
伯尼·克劳斯 著　　卢超 译

餐桌植物简史——蔬果、谷物和香料的栽培与演变
约翰·沃伦 著　　陈莹婷 译

树木之歌
戴维·乔治·哈斯凯尔 著　　朱诗逸 译　　林强 孙才真 审校

刺猬、狐狸与博士的印痕——弥合科学与人文学科间的裂隙
斯蒂芬·杰·古尔德 著　　杨莎 译

剥开鸟蛋的秘密
蒂姆·伯克黑德 著　　朱磊 胡运彪 译

绝境——滨鹬与鲎的史诗旅程
黛博拉·克莱默 著　　施雨洁 译　　杨子悠 校

神奇的花园——探寻植物的食色及其他
露丝·卡辛格 著　　陈阳 侯畅 译

种子的自我修养
尼古拉斯·哈伯德 著　　阿黛 译

流浪猫战争——萌宠杀手的生态影响
彼得·P. 马拉 克里斯·桑泰拉 著　　周玮 译

死亡区域——野生动物出没的地方
菲利普·林伯里 著　　陈宇飞 吴倩 译

达芬奇的贝壳山和沃尔姆斯会议
斯蒂芬·杰·古尔德 著　傅强　张锋 译

新生命史——生命起源和演化的革命性解读
彼得·沃德 乔·克什维克 著　李虎　王春艳 译

蕨类植物的秘密生活
罗宾·C.莫兰 著　武玉东　蒋蕾 译

图提拉——一座新西兰羊场的故事
赫伯特·格思里－史密斯 著　许修棋 译

野性与温情——动物父母的自我修养
珍妮弗·L.沃多琳 著　李玉珊 译

吉尔伯特·怀特传——《塞耳彭博物志》背后的故事
理查德·梅比 著　余梦婷 译

稀有地球——为什么复杂生命在宇宙中如此罕见
彼得·沃德 唐纳德·布朗利 著　刘夙 译

寻找金丝雀树——关于一位科学家、一株柏树和一个不断变化的世界的故事
劳伦·E.奥克斯 著　李可欣 译

寻鲸记
菲利普·霍尔 著　傅临春 译

众神的怪兽——在历史和思想丛林里的食人动物
大卫·奎曼 著　刘炎林 译

人类为何奔跑——那些动物教会我的跑步和生活之道
贝恩德·海因里希 著　王金 译

寻径林间——关于蘑菇和悲伤
龙·利特·伍恩 著　傅力 译

编结茅香——来自印第安文明的古老智慧与植物的启迪
罗宾·沃尔·基默尔 著　侯畅 译

魔豆——大豆在美国的崛起
马修·罗思 著　刘夙 译

荒野之声——地球音乐的繁盛与寂灭
戴维·乔治·哈斯凯尔 著　熊姣 译

昔日的世界——地质学家眼中的美洲大陆
约翰·麦克菲 著　王清晨 译

寂静的石头——喜马拉雅科考随笔
乔治·夏勒 著　姚雪霏　陈翀 译

血缘——尼安德特人的生死、爱恨与艺术
丽贝卡·雷格·赛克斯 著　李小涛 译

苔藓森林
罗宾·沃尔·基默尔 著　孙才真 译　张力 审订

发现新物种——地球生命探索中的荣耀和疯狂
理查德·康尼夫 著　林强 译

年轮里的世界史
瓦莱丽·特鲁埃 著　许晨曦　安文玲 译

杂草、玫瑰与土拨鼠——花园如何教育了我
迈克尔·波伦 著　林庆新　马月 译

三叶虫——演化的见证者
理查德·福提 著　孙智新 译

图书在版编目（CIP）数据

三叶虫：演化的见证者 /（英）理查德·福提（Richard Fortey）著；孙智新译. —北京：商务印书馆，2023
（自然文库）
ISBN 978-7-100-22157-3

Ⅰ.①三… Ⅱ.①理… ②孙… Ⅲ.①三叶虫纲—普及读物 Ⅳ.① Q915.819-49

中国国家版本馆 CIP 数据核字（2023）第 052726 号

自然文库

三叶虫：演化的见证者

〔英〕理查德·福提（Richard Fortey） 著

孙智新 译

商 务 印 书 馆 出 版
（北京王府井大街36号 邮政编码100710）
商 务 印 书 馆 发 行
北京中科印刷有限公司印刷
ISBN 978 - 7 - 100 - 22157 - 3

2023年10月第1版 开本880×1230 1/32
2023年10月北京第1次印刷 印张9½ 插页10

定价：68.00元